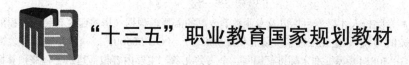

"十三五"职业教育国家规划教材

建筑工程概预算

（第3版）

主　编　侯春奇　侯小霞

U0234853

北京理工大学出版社

BEIJING INSTITUTE OF TECHNOLOGY PRESS

内 容 提 要

本书根据高职高专院校人才培养目标以及专业教学改革的需要，根据《房屋建筑与装饰工程消耗量定额》（TY01—31—2015）、《建设工程工程量清单计价规范》（GB 50500）、《房屋建筑与装饰工程工程量计算规范》（GB 50854）等标准定额进行编写。全书共九章，主要内容包括建筑工程概预算概论、建筑工程定额、建设工程投资估算编制与审查、建设工程设计概算编制与审查、建筑工程施工图预算编制与审查、建筑工程计量、建筑工程工程量清单计价、建设工程工程结算和建设工程竣工决算等。

本书可作为高职高专院校建筑工程技术、工程造价、建筑经济管理等专业的教材，也可供从事建筑工程造价编制、工程管理等工作的人员学习参考使用。

图书在版编目（CIP）数据

建筑工程概预算 / 侯春奇，侯小霞主编.—3版.—北京：北京理工大学出版社，2022.12重印

ISBN 978-7-5682-7946-8

Ⅰ.①建… Ⅱ.①侯… ②侯… Ⅲ.①建筑概算定额－高等学校－教材 ②建筑预算定额－高等学校－教材 Ⅳ.①TU723.3

中国版本图书馆CIP数据核字（2019）第253544号

出版发行 /	北京理工大学出版社有限责任公司	
社　　址 /	北京市海淀区中关村南大街5号	
邮　　编 /	100081	
电　　话 /	（010）68914775（总编室）	
	（010）82562903（教材售后服务热线）	
	（010）68944723（其他图书服务热线）	
网　　址 /	http://www.bitpress.com.cn	
经　　销 /	全国各地新华书店	
印　　刷 /	北京紫瑞利印刷有限公司	
开　　本 /	787毫米×1092毫米　1/16	
印　　张 /	16	责任编辑 / 李玉昌
字　　数 /	379千字	文案编辑 / 李玉昌
版　　次 /	2022年12月第3版第5次印刷	责任校对 / 周瑞红
定　　价 /	45.80元	责任印制 / 边心超

第3版前言

建筑工程概预算是指在工程建设过程中，根据不同设计阶段设计文件的具体内容和有关定额、指标及取费标准，预先计算和确定建设项目的全部工程费用技术经济文件，是对建筑工程建设实行科学管理和监督的一种重要手段。

现代建筑工程普遍存在着规模大、范围广、建设周期较长、影响因素较多、技术较为复杂等特点，这对建筑工程概预算编制工作也提出了更高的要求。本书在体现职业教育特色的基础上，以职业技能的培养为根本目的，旨在打造符合职业教育改革理念、内容简明实用、形式新颖独特、理论实践一体化的引领式职业教材，使教材更好地为教育服务，实现职业教育的培养目标。

本书第1、2版自出版发行以来，对广大学生如何从理论上掌握建筑工程概预算的编制原理，从实践上掌握建筑工程概预算的编制方法提供了力所能及的帮助。近年来，随着《房屋建筑与装饰工程消耗量定额》（TY01-31-2015）的发布实施，以及国家在建设工程造价领域积极推进营改增税收政策，建筑业现已全面实施了"营改增"，因而书中部分内容已不能满足当前建筑工程概预算编制工作的需要。为使本书能更好地满足高职高专院校教学工作的需要，编者依据最新建筑工程概预算定额及造价编制管理的相关文件，根据各院校使用者的建议，结合近年来高等职业教育教学改革的动态，对本书进行修订。

（1）根据高职高专学生工作就业的需要，结合建筑工程概预算编制工作实际，对本书的部分章节进行合并、删除或补充，如结合最新版工程消耗量定额对工程定额体系进行完善，并对单位估价表、企业定额和工期定额等内容进行补充；根据最新概预算编审规程对建筑工程设计概算、施工图预算、竣工结算等内容进行修订，并对投资估算的内容进行补充。

（2）根据建筑工程最新定额及造价相关政策文件对教材内容进行了修改与充实，强化了教材的实用性和先进性，使修订后的教材能更好地满足高职高专院校教学工作的需要。如结合《房屋建筑与装饰工程消耗量定额》（TY01-31-2015）的内容，对书中定额项目说明及定额工程量计算规则进行修订；根据国家全面开展营业税改增值税的相关政策文件，对书中有关税金计取的内容进行了修订。

（3）补充和完善新内容，强化适用性、针对性，突出"校企合作，工学结合"。在近几年教学实践中，编者发现书中尚有许多新的内容需要补充和完善。编者近几年深入工程建设一线，参与了很多建筑工程项目的概预算文件的编制。在实践过程中，积极与企业人员商讨，在基于工作任务和工作过程的基础上如何设计教材内容，强化教材的适用性、针对性，教材内容的组织以"校企合作，工学结合"的人才培养模式为出发点，从而培养学生的职业能力，满足企业用人的需要。

（4）对各章节的能力目标、知识目标、本章小结进行了修订，在修订中对各章节知识体系进行了深入的思考，并联系实际进行知识点的总结与概括，使该部分内容更具有指导性与实用性，便于学生学习与思考。

本书由吉林铁道职业技术学院侯春奇，长治职业技术学院侯小霞担任主编。本书修订参阅了国内同行的多部著作，部分高职高专院校的老师也提出了很多宝贵的意见供我们参考，在此表示衷心的感谢！

虽经反复讨论修改，但限于编者的学识及专业水平和实践经验，修订后的教材仍难免有疏漏和不妥之处，恳请广大读者指正。

编　者

第2版前言

《建筑工程概预算》一书自出版发行以来，经有关院校教学使用，深受广大师生的喜爱，编者倍感荣幸。本书对广大学生如何从理论上掌握建筑工程概预算的编制原理，从实践上掌握建筑工程概预算的编制方法提供了力所能及的帮助。根据各院校使用者的建议，结合近年来高职高专教育教学改革的动态，加之建设项目设计概预算编审规程及2013年版工程量清单计价规范的颁布实施，我们对本书的相关内容进行了修订。

本次修订严格依据《建设工程工程量清单计价规范》（GB 50500—2013）、《房屋建筑与装饰工程工程量计算规范》（GB 50854—2013）、《建设项目施工图预算编审规程》（CECA/GC 5—2010）、《建设项目工程结算编审规程》（CECA/GC 3—2010）等进行，修订后的教材能更好地满足高职高专院校教学工作的需要。本次修订时在保留原书必需的工程概预算基础知识和理论的基础上，删去其中与建筑工程概预算相关性不大的内容，重点对建筑工程设计概算、施工图预算、工程结算及工程量清单计价的方法、工程造价调整及价款支付等内容进行了必要的补充与修订，从而强化了教材的实用性和可操作性。各章之后"思考与练习"也进行了必要的补充，从而有利于学生课后复习，强化运用所学理论知识解决工程实际问题的能力。

本次修订主要进行了以下工作：

（1）根据高职高专学生工作就业的需要，结合建筑工程概预算编制工作实际，对教材部分章节进行了合并、删除或补充，如合并了原书第一章和第三章，并补充了部分内容；对工程定额体系进行了完善，新增了单位估价表、企业定额和工期定额等内容；补充了投资估算方面的内容等。

（2）根据《建设工程工程量清单计价规范》（GB 50500—2013）、《房屋建筑与装饰工程工程量计算规范》（GB 50854—2013）对建筑工程清单项目工程量计算的内容进行了修订，并补充了清单计价方面的内容。

（3）根据《建设项目设计概算编审规程》（CECA/GC 2—2007）对建设工程设计概算的内容进行了修订与完善。

（4）根据《建设项目施工图预算编审规程》（CECA/GC 5—2010）对建设工程施工图预算的内容进行了修订，包括施工图预算工作常用术语、施工图预算文件组成及签署、施工图预算的编制审查及质量管理等。

（5）根据《建设项目工程结算编审规程》（CECA/GC 3—2010）对建设工程竣工结算的内容进行了修订。

本书由侯春奇、侯小霞、范恩海担任主编，封文静、张信兴担任副主编，杨婷、蒋婷婷、孙娣参与了部分章节的编写。

本书在修订过程中，参阅了国内同行多部著作，部分高职高专院校老师提出了很多宝贵意见供我们参考，在此表示衷心的感谢！对于参与本书第1版编写但未参加本次修订的老师、专家和学者，本书所有编写人员向你们表示敬意，感谢你们对高等职业教育改革所做出的不懈努力，希望你们对本书保持持续关注并多提宝贵意见。

限于编者的学识及专业水平和实践经验，修订后的教材仍难免有疏漏或不妥之处，恳请广大读者指正。

编　者

第 1 版前言

建筑工程概预算是研究建筑产品生产成果与生产消耗之间定量关系以及如何合理确定建筑工程造价规律的一门综合性、实践性较强的应用型课程。通常所说的工程造价有两个方面的含义：一是工程投资费用，即业主为建造一项工程所需的固定资产投资、无形资产投资；二是工程建造的价格，即建筑企业为建造一项工程形成的工程建设总价或建筑安装总价。计价方式的科学、正确与否，从小处讲关系到一个企业的兴衰，从大处讲则关系到整个建筑工程行业的发展。

加入WTO后，我国经济逐渐融入全球市场，我国的建筑市场也将进一步对外开放。为适应国际建设市场的需求，我国工程造价管理模式就必须与国际通行的计价方法相适应。工程量清单计价是在建设工程招标投标方式下所采用的特定计价方式，建筑工程概预算是在建设项目决策阶段、设计阶段、实施阶段乃至招标投标阶段继续发挥作用的确定工程造价的方式。所以，目前还不能以清单计价方式取代定额计价方式。认真学好建筑工程概预算，掌握好定额计价方法，是学好工程量清单计价的基本要求。

建筑工程概预算是学习工程造价的核心课程。如何从理论上掌握建筑工程概预算的编制原理，从实践上掌握建筑工程概预算的编制方法是本课程要解决的主要问题。

为积极推进课程改革和教材建设，满足高职高专教育改革与发展的需要，我们根据高职高专工程造价类专业的教学要求，以《全国统一建筑工程基础定额（土建）》和《建设工程工程量清单计价规范》（GB 50500—2008）为依据，组织编写了本教材。

本教材以社会需求为基本依据，以就业为导向，以学生为主体，在内容上注重与岗位实际要求紧密结合，体现教学组织的科学性和灵活性；在编写过程中，注重原理性、基础性、现代性，强化学习概念和综合思维，有助于学生知识与能力的协调发展。

本教材以【学习重点】—【培养目标】—【课程学习】—【本章小结】—【思考与练习】的体例形式，构建"引导—学习—总结—练习"的教学全过程，对学生学习和教师教学作了引导，可使学生从更深层次复习和巩固所学知识。

本教材共分为八章，内容包括建筑工程概预算基本理论、建筑工程定额体系、建筑工程费用的确定、建筑工程工程量计算、建筑施工图预算的编制与审查、建设工程设计概算的编制与审查、工程结算与竣工决算、工程预（结）算的审查等。编写时，各部分内容紧扣培养目标，相互协调，减少重复，避免了庞杂和臃肿现象。

本教材由侯春奇、陈晓明、范恩海主编，陈丽楠、张信兴、杨少斌、杨茂森副主编，侯小霞、宋志慧、杜宏、杨婷等同志参与编写。

本教材既可作为高职高专院校工程造价专业教材，也可作为土建工程造价员学习、培训的参考用书。本教材编写过程中，参阅了国内同行多部著作，部分高职高专院校教师也提出了很多宝贵意见，在此，对他们表示衷心的感谢！

本教材编写过程中，虽经推敲核证，但限于编者的专业水平和实践经验，仍难免有疏漏或不妥之处，恳请广大读者指正。

编　者

Contents

目 录

第一章 建筑工程概预算概论

1. 熟悉工程建设项目的分解划分，认清工程概预算与基本建设的关系。
2. 了解建筑工程概预算的分类方法，掌握不同分类标准划分的建筑工程概预算的类别及内容。
3. 了解建筑工程施工不同阶段影响概预算的主要因素。
4. 掌握建设项目投资的构成及各项费用的计算方法。
5. 掌握学习本课程的方法。

能够按照不同的分类标准进行工程概预算的分类，掌握建设项目投资的构成项目，能够进行各项费用的计算。

1. 具有分析问题、解决问题的能力，会查阅、整理资料。
2. 具有良好的团队合作精神及沟通交流和语言表达能力。
3. 具有吃苦耐劳、爱岗敬业的职业精神。

第一节 建设工程概述

一、建设工程的定义

建设工程是指固定资产扩大再生产的新建、扩建、改建和复建等建设，以及与其相关的其他建设活动。建设工程实质上是活劳动和物化劳动的生产，是扩大再生产的转换过程，它以扩大生产、造福人类为目的，其主要效益是增加物质基础和改善物质条件。

建设工程一般包括建筑工程，安装工程，设备、工器具购置，工程勘察与设计，其他建设工程。

（1）建筑工程。建筑工程包括永久性和临时性的建筑物和构筑物的房屋建筑、设备基础的建造；房屋内部的给水排水、通风空调、电气照明等的安装；开工前建筑场地清理、土方平整、挖沟排水等准备工作；竣工后房屋外围的清洁整理、环境绿化、道路修建等的建设。

（2）安装工程。安装工程包括动力、电信、起重运输、医疗等机械设备和电气设备的安装或装配；安装设备附属的管线敷设、金属支架的装设和设备的保温、绝缘、油漆等；安装设备试运转等。

（3）设备、工器具购置。设备、工器具购置包括生产应配备的各种设备、工器具、生产家具、试验仪器等的购置。

（4）工程勘察与设计。工程勘察与设计包括工程进行地质勘察、地形测量和工程设计等。

（5）其他建设工作。其他建设工作是除上述四项工作外的其他建设工作，如征购土地、青苗赔偿、房屋拆迁、招标投标、建设监理、机构设置、人员培训、其他生产准备等工作。

二、基本建设

（一）基本建设的概念

基本建设是指国民经济各部门固定资产的形成过程，即把一定的建筑材料、机器设备等，通过建造、购置和安装等活动，转化为固定资产，形成新的生产能力或使用效益的过程。与此相关的其他工作，如土地征用、房屋拆迁、青苗赔偿、勘察设计、招标投标、工程监理等也是基本建设的组成部分。

（二）基本建设的分类

基本建设是由若干基本建设项目（简称建设项目）组成的。基本建设可按不同的建设形式、建设过程等进行分类。

（1）按建设形式的不同分类。

1）新建项目。新建项目是指开始建设的项目，或对原有建设单位重新进行总体设计，经扩大建设规模后，其新增加的固定资产价值超过原有固定资产价值 3 倍以上的建设项目。

2）扩建项目。扩建项目是指原有建设单位，为了扩大原有主要产品的生产能力或效益，或增加新产品生产能力，在原有固定资产的基础上兴建一些主要车间或其他固定资产。

3）改建项目。改建项目是指对原有设备、工艺流程进行技术改造，以提高生产效率或使用效益。如某城市由于发展的需要，将原 40 m 宽的道路拓宽改造为 90 m、集行车绿化为一体的迎宾大道，就属于改建项目。

4）迁建项目。迁建项目是指由于各种原因迁移到另外地方建设的项目。如某市因城市规模扩大，需将在市区的化肥厂迁往郊县，就属于迁建项目。这也是基本建设的补充形式。

5）恢复项目。恢复项目是指企业、事业单位因受自然灾害、战争等特殊原因，原有固定资产已全部或部分报废，需按原有规模重新建设，或在恢复中同时进行扩建的项目。

（2）按建设过程的不同分类。

1）筹建项目。筹建项目是指在计划年度内正在准备建设还未正式开工的项目。

2）施工项目（也称在建项目）。施工项目是指已开工并正在施工的项目。

3）收尾项目。收尾项目是指工程主要项目已完工，只有一些附属的零星工程正在施工的项目。

4)竣工项目。竣工项目是指工程已全部竣工验收完毕,并已交付建设单位的项目。

5)投产或使用项目。投产或使用项目是指建设项目已经竣工验收,并且投产或交付使用的项目。

(3)按建设项目的规模分类。

1)大型建设项目。大型建设项目是指建设项目在规定年产量数值以上的项目。

2)中型建设项目。中型建设项目是指建设项目在规定年产量数值之间的项目。

3)小型建设项目。小型建设项目是指建设项目在规定年产量数值以下的项目。

划分大、中、小型建设项目的具体标准并不是固定不变的,而是随着技术能力的提高和投资的提高而改变。

(4)按资金来源渠道的不同分类。

1)国家投资项目。国家投资项目是指国家预算计划内直接安排的建设项目。

2)自筹建设项目。自筹建设项目是指国家预算计划以外的投资项目。自筹建设项目又分为地方自筹项目和企业自筹项目两类。

3)外资项目。外资项目是指由国外资金投资的建设项目。

4)贷款项目。贷款项目是指向银行贷款的建设项目。

(5)按建设项目和隶属关系分类。

1)部属项目。部属项目是指属于国家各部直属管理的投资建设项目。

2)地方项目。地方项目是指属于各省(市)管辖的投资建设项目。

3)联合项目。联合项目指中央与地方、省(市)与各地区自筹资金共同投资的建设项目等。

(三)基本建设的分解及价格形成

基本建设是一个完整、配套的综合性产品,是指国民经济各部门固定资产的形成过程,即把一定的建筑材料、机器设备等,通过建造、购置和安装等活动,转化为固定资产,形成新的生产能力或使用效益的过程。与此相关的其他工作,如土地征用、房屋拆迁、青苗赔偿、勘察设计、招标投标、工程监理等,也是基本建设的组成部分。

基本建设可以分解为多个建设项目分项与多种工程类型分项,如图 1-1 所示。

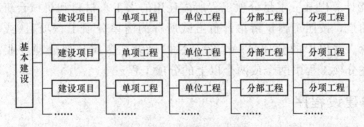

图 1-1 基本建设项目划分

1. 建设项目

建设项目是指有经过有关部门批准的立项文件和设计任务书,经济上实行独立核算,行政上实行统一管理的工程项目。

一般情况下,一个建设单位就是一个建设项目,建设项目的名称一般是以这个建设单位的名称来命名。如××水泥厂、××汽车修理厂、××自来水厂等工业建设,××度假村、××儿童游乐场、××电信城等民用建设,均是建设项目。

一个建设项目由多个单项工程构成，有的建设项目，如改建、扩建项目，也可能由一个单项工程构成。

2. 单项工程

单项工程是指在一个建设项目中，具有独立的设计文件，建成后可以独立发挥生产能力和使用效益的项目，它是建设项目的组成部分。如一个工厂的车间、办公楼、宿舍、食堂等，一个学校的教学楼、办公楼、实验楼、学生公寓等，均属于单项工程。单项工程是具有独立存在意义的完整的工程项目，是一个复杂的综合体。一个单项工程由多个单位工程构成。

3. 单位工程

单位工程是指具有独立的设计文件，可以独立组织施工和进行单体核算，但不能独立发挥其生产能力或使用效益，且不具有独立存在意义的工程项目。单位工程是单项工程的组成部分。工业与民用建筑一般包括建筑工程、装饰工程、电气照明工程、设备安装工程等多个单位工程。一个单位工程由多个分部工程构成。

4. 分部工程

分部工程是指按工程的工程部位、结构形式等的不同划分的工程项目。如在建筑工程这个单位工程中，包括土(石)方工程、桩与地基基础工程、砌筑工程、混凝土及钢筋混凝土工程、厂库房大门特种门木结构工程、金属结构工程、屋面及防水工程等多个分部工程。分部工程是单位工程的组成部分。一个分部工程由多个分项工程构成。

5. 分项工程

分项工程是指根据工种、使用材料及结构构件的不同划分的工程项目。例如，混凝土及钢筋混凝土这个分部工程中的带形基础、独立基础、满堂基础、设备基础、矩形柱、异形柱等，均属分项工程。

分项工程是工程量计算的基本元素，是工程项目划分的基本单位，所以工程量均按分项工程计算。

分项工程是工程概预算分项中最小的分项，每个分项工程都能用最简单的施工过程去完成，都能用一定的计量单位计算(如基础或墙的计量单位为 10 m^3，现浇构件钢筋的计量单位为 t)，并能计算出某一定量分项工程所需耗用的人工、材料和机械台班的数量。

需要注意的是，按照工程量清单计价方式所称的清单分项工程项目(或清单项目)，则不同于上述概念。清单中的分项是一个综合性的概念，多属分部分项专业工种工程分项，它可以包括上述分项工程中两个或两个以上的分项工程。

三、基本建设程序

任何一项事物的发展过程，就其内部变化情况，都可分为若干阶段。这些阶段紧密相连而又有先后顺序，从而构成这项事物的发展程序。基本建设程序是在基本建设工作中必须遵循的先后次序。不同的阶段有不同的内容，既不能互相代替，也不能互相颠倒或跨越。只有循序渐进，才能达到预期的成果。总之，基本建设是一项综合性很强的工作。

我国大、中型和限额以上建设项目的建设遵循以下程序：

(1)提出项目建议书。项目建议书是建设单位向国家提出的、要求建设某一建设项目的建议文件，即投资者对拟兴建项目的兴建必要性、可行性，以及兴建的目的、要求、计划等进行论证写成报告，建议上级批准。项目建议书是国家选择建设项目和有计划地进行可行性研究的依据。

（2）进行可行性研究。可行性研究是通过市场研究、技术研究和经济研究进行多方案比较，提出评价意见，推荐最佳方案，对建设项目技术上和经济上是否可行而进行科学分析和论证，为项目决策提供科学依据。在可行性研究的基础上编写可行性研究报告。

（3）报批可行性研究报告。项目可行性研究通过评估审定后，就要着手编写可行性研究报告。可行性研究报告是确定建设项目、编制设计文件的主要依据，在建设程序中占主导地位，一方面要将国民经济发展计划落实到建设项目上；另一方面使项目建设及建成投产后所需的人、财、物具有可靠保证。可行性研究报告经批准后，不能随意修改或变更。

（4）选择建设地点。建设地点应根据区域规划和设计任务的要求来选择，按照隶属关系，由主管部门组织勘察设计等单位和所在地有关部门共同进行。

（5）编制设计文件。可行性研究报告和选点报告批准后，建设单位委托设计单位按可行性研究报告中的有关要求，编制设计文件。设计文件是安排建设项目和组织工程施工的主要依据。

（6）建设前期准备工作。为保证施工顺利进行，必须做好征地、拆迁、场地平整；完成施工用水、电、路等工程；组织设备、材料订货；准备必要的施工图纸；组织施工招标，择优选择施工单位；办理建设项目施工许可证等建设前期的准备工作。

（7）编制建设计划和建设年度计划。根据批准的总概算和建设工期，合理地编制建设项目的建设计划和建设年度计划，计划内容要与投资、材料和设备相适应，配套项目要同时安排，相互衔接。

（8）建设实施。在完成建设准备工作具备开工条件后，建设工程正式开工。施工单位按施工顺序合理地组织施工。在施工中，应严格按照设计要求和施工规范进行施工，确保工程质量，努力推广应用新技术，按科学的施工组织与管理方法组织施工、文明施工，努力降低造价，缩短工期，提高工程质量和经济效益。

（9）项目投产前的准备工作。项目投产前要进行生产准备，包括建立生产经营管理机构，制定有关制度和规定，招收、培训生产人员，组织生产人员参加设备的安装，调试设备和工程验收，签订原材料、协作产品、燃料、水、电等供应运输协议，进行工具、器具、备品、备件的制造或订货，进行其他必需的准备。

（10）竣工验收。建设项目的竣工验收是建设全过程的最后一个施工程序，是投资成果转入生产或使用的标志。符合竣工验收条件的施工项目应及时办理竣工验收，上报竣工投产或交付使用，以促进建设项目及时投产，发挥效益，总结建设经验，提高建设水平。

（11）后评价。建设项目后评价是工程项目竣工投产、生产运营一段时间之后，对项目的立项决策、设计施工、竣工投产、生产运营等全过程进行系统评价的一种技术经济活动，通过建设项目后评价达到肯定成绩、总结经验、研究问题、吸取教训、提出建议、改进工作、不断提高项目决策水平和投资效果的目的。

在上述程序中，以可行性研究报告得以批准作为一个重要的"里程碑"，通常称之为批准立项。此前的建设程序可视为建设项目的决策阶段，此后的建设程序可视为建设项目的实施阶段。

大、中型和限额以上的建设项目建设程序，如图1-2所示。

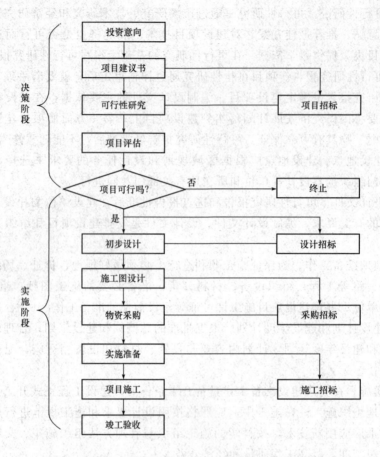

图 1-2   大、中型和限额以上的建设项目建设程序示意

第二节   建筑工程概预算基础

一、建筑工程概预算的概念

建筑工程概预算是建筑工程设计文件的主要组成部分。其是根据不同设计阶段设计图纸的具体内容和国家规定的定额、指标及各项费用取费标准等资料，在工程建设之前预先计算其工程建设费用的经济性文件。

二、建筑工程概预算的分类

所谓的工程概预算是一个不同工程类型的造价体系，它会以不同的价格形式出现：即工程概预算价格形式表现为按工程建设阶段分类、按工程对象分类和按工程承包合同的结算方式分类等。

(一)按工程建设阶段分类

1. 投资估算

投资估算是由计划部门或建设单位在工程项目建设前期（计划任务书阶段），确定建设工程项目从筹建至竣工验收的全部投资的经济文件。其是根据项目建议书、可行性研究报告、方案设计、投资估算指标等资料编制的。

通常，投资估算应将资金打足，以保证建设项目的顺利实施。投资估算在编制可行性研究报告时编制。

2. 设计概算

设计概算是指建设项目在设计阶段由设计单位根据设计图纸进行计算的，用以确定建设项目概算投资和进行设计方案比较，进一步控制建设项目投资的基本建设造价文件。

设计概算根据施工图纸设计深度的不同，编制方法也有所不同。设计概算的编制方法有根据概算指标编制概算、根据类似工程预算编制概算、根据概算定额编制概算三种。

在方案设计阶段和修正设计阶段，根据概算指标或类似工程预算编制概算；在施工图设计阶段可根据概算定额编制概算。

设计概算由设计院根据设计文件编制，是设计文件的组成部分。

3. 施工图预算

施工图预算是施工图设计阶段或施工阶段开工前，由设计单位或施工承包单位在开工前预先计算和确定的单位工程全部建设费用的经济文件。其是根据施工图纸、施工组织设计（或施工方案）、预算定额、各项取费标准、建设地区的自然及技术经济条件等资料编制的。

施工图预算是确定单位工程预算造价的具体文件；是签订施工合同，实行工程预算包干，建设银行拨付工程款，进行竣工结算的依据；是施工企业加强经营管理，签订工程承包合同，搞好企业内部经济核算，实行施工预算和施工图预算"两算"对比的重要依据。

4. 招标控制价、投标报价

招标控制价是招标人根据国家或省级、行业建设主管部门颁发的有关计价依据和办法，按设计施工图纸计算的，对招标工程限定的最高工程造价。国有资金投资的工程建设项目必须实行工程量清单招标，并必须编制招标控制价。

投标报价是指投标人投标时响应招标文件要求所报出的对已标价工程量清单汇总后标明的总价。

5. 工程结算

施工企业完成施工任务后，必须按照工程合同的规定，与建设单位办理工程结算。

工程结算可分为中间结算和竣工结算两种方式。

（1）中间结算。中间结算是在施工过程中对已完部分工程进行的结算。其可分为工程价款结算和年终结算两种。

1）工程价款结算。工程价款结算又称工程进度款结算。为了使企业在施工过程中耗用的资金能及时得到补偿并及时反映工程进度与投资完成情况，一般不可能等到工程全部竣工后才结算或支付工程款，而是对工程款实行月结算或分段结算等。计算方法是将每月或各阶段完成的工程量乘以预算定额单价，再计算出各项费用等。

2）年终结算。年终结算是指一项工程在本年度内不能竣工，而需要跨入下一年度继续施工，对本年度的工程进行已完成或未完成工程量的盘点，暂时结清本年度工程款。如果建设单位投资不受年度限制，不要求盘点，施工企业可以自行盘点，建设单位可以根据月报累计至年度上报。

（2）竣工结算。竣工结算是指建设工程承包商在单位工程竣工后，根据施工合同、设计变更、现场技术签证、费用签证等竣工资料编制的确定工程竣工结算造价的经济文件，是工程承包方与发包方办理工程竣工结算的重要依据。

竣工结算是在单位工程竣工后由施工单位编制，建设单位或委托有相应资质的造价咨询机构审查，审查后经双方确认的经济文件。竣工结算是办理工程最终结算的重要依据。

6. 竣工决算

竣工决算是指建设项目竣工验收后，建设单位根据竣工结算及相关技术经济文件编制的，用以确定整个建设项目从筹建到竣工投产全过程实际总投资的经济文件。其主要是反映基本建设实际投资额及其投资效果，是作为核定新增固定资产和流动资金价值，国家或主管部门验收与交付使用的重要财务成本依据。

竣工决算由建设单位编制，编制人是会计师。而投资估算，设计概算，施工图预算，招标控制价、投标报价，工程结算的编制人是造价工程师。

可见，基本建设造价文件在基本建设程序的不同阶段有不同的内容和形式，其对应关系如图1-3所示。

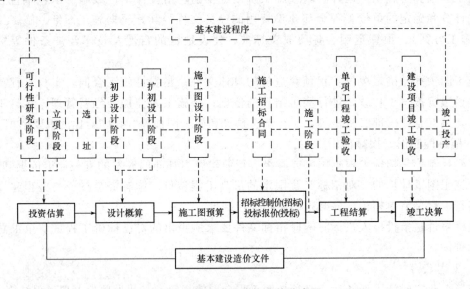

图1-3　基本建设造价文件分类图

（二）按工程对象分类

1. 单位工程概预算

单位工程概预算是以单位工程为编制对象，确定工程建设费用的技术经济文件。

2. 单项工程综合概预算

单项工程综合概预算是确定单项工程建设费用的综合性技术经济文件。其是由该建设项目的各单位工程概预算汇编而成的。

3. 建设项目总概算

建设项目总概算是以一个建设项目为编制对象，确定整个建设项目从筹建到竣工所需建设费用的技术经济文件。其是由该建设项目的各单位工程综合概预算和其他工程概预算汇编而成。

4. 其他工程概预算

其他工程概预算是根据设计文件和国家、地方主管部门规定的取费标准进行编制的，以独立的费用项目列入单项工程综合概预算或建设项目总概算中。

（三）按工程承包合同的结算方式分类

我国为了适应工程总承包管理新体制，同时与国际工程承包计价方式接轨，推行工程量清单计价方式。《建筑工程施工发包与承包计价管理办法》（住建部第 16 号令）第 13 条规定，实行工程量清单计价的建筑工程，鼓励发承包双方采用单价方式确定合同价款。建设规模较小、技术难度较低、工期较短的建筑工程，发承包双方可以采用总价方式确定合同价款。紧急抢险、救灾以及施工技术特别复杂的建筑工程，发承包双方可以采用成本加酬金方式确定合同价款。

按照国际上通用的承包合同规定的不同工程结算方式，工程概预算可分为以下 5 类。

1. 固定总价合同概预算

固定总价合同概预算是指以投资估算、初步设计阶段的设计图纸和工程说明书为依据，计算和确定的工程总造价。此类合同是按工程总造价一次包死的承包合同（固定合同）。其工程概预算是编制的设计总概算或单项工程综合概算。工程总造价的精确程度取决于设计图纸和工程说明书的精细程度。如果图纸和说明书粗略，概预算总价将难以精确，发承包双方可能承担较大的风险。

2. 计量定价合同概预算

计量定价合同概预算是以合同规定的工程量清单和清单分项综合单价为基础，计算和确定合同约定工程的工程造价。此种概预算编制的关键是正确地确定每个分项工程的综合单价，这种定价方式风险较小，是国际工程施工承包中较为普遍的方式，也是我国普遍推行的合同计价方式。

3. 单价合同概预算

所谓单价合同，是根据拟建工程项目或单位工程产品的标准计价单位，如以房地产住宅项目每平方米产品的综合单价为计价依据，进行招标投标时所签订的计价合同。这种方式在国际工程招标中以多种方式发包定价。

（1）将工程设计和施工同时发包，承包商在没有施工图纸的情况下报价，显然这种计价方式要求承包商具有丰富的经验；

（2）由招标单位提出合同报价单价，再由中标单位认可，或经双方协调修订后作为正式报价单价；

（3）综合单价固定不变，也可商定在实物工程量完成时，随工资和材料价格指数的变化进行合理的调整，调整办法必须在承包合同中明文规定。

后两种方式在我国较稳定的房地产商与工程承包商之间，以及在房屋结构简单、户型变化不大的房地产项目中，曾较多采用。

4. 成本加酬金合同概预算

成本加酬金合同概预算是指按合同规定的直接成本(人工、材料和机械台班费等),加上双方商定的总管理费用(包括税金)和利润金额来确定预算总造价。这种合同承包方式同样适用于没有提出施工图纸的情况下,或在遭受毁灭性灾害或战争破坏后,亟待修复的工程项目中。此种概预算计价合同方式还可细分为成本加固定百分数、成本加固定酬金、成本加浮动酬金和目标成本加奖罚酬金4种方式。

5. 统包合同概预算

统包合同概预算是按照合同规定从项目可行性研究开始,直到交付使用和维修服务全过程的工程总造价。采用统包合同确定单价的步骤如下:

(1)建设单位请投标单位进行拟建项目的可行性研究,投标单位在提出可行性研究报告时,同时提出完成初步设计和工程量清单(包括概算)所需的时间和费用。

(2)建设单位委托中标单位做初步设计,同时着手组织现场施工的准备工作。

(3)建设单位委托中标单位做施工图设计,承包商同时着手组织施工。

这种统包合同承包方式,每进行一个程序都要签订合同,并规定出应付中标单位的报酬金额。由于设计逐步深入,其统包合同的概算和预算也是逐步完成的。因此,一般只能采用阶段性的成本加酬金的结算方式。

三、影响建筑工程概预算的因素

(一)投资决策阶段

在投资决策阶段,一个建设项目决策的正确与否直接关系到投资的成败,决定了工程概预算费用的高低。投资决策阶段影响工程概预算费用的主要因素包括以下几项:

(1)建设标准和主要技术指标的采用是否合理。

(2)路线走向方案是否合理。尽量减少在设计阶段对路线走向做较大的调整,从而造成造价出入较大。

(3)对重大的技术措施方案要有充足的分析论证。在立交节点及桥梁结构形式的采用上尤为明显。

(4)工程沿线自然条件(如不良地质地段等)资料收集及调查要仔细、全面。不同的软地基处理方法,造价的差别很大。

(5)征地、拆迁赔偿调查要详细全面。目前,征地、拆迁赔偿占工程总造价的比例越来越大,合理的拆迁赔偿估算在决策阶段起到重要的作用。

(二)勘察设计阶段

投资决策后,控制工程概预算费用的重点应放在勘察设计上。勘察设计阶段影响造价的主要因素包括以下几项:

(1)勘察设计单位的选择。勘察设计图纸质量的好坏影响到整个建设项目概预算费用控制的成败。

(2)勘察设计单位的投资控制意识。我国工程建设技术人员往往缺乏经济观念,设计思想保守,所以,加强勘察设计单位的投资控制意识就显得非常重要。

(3)设计方案的比选。

(4)加强设计图纸审查，加强概预算造价审查。

(三)招标投标阶段

通过招标投标，建设单位可以有条件择优选择施工单位，使工程概预算费用得到比较合理的控制。招标投标阶段影响工程概预算费用的主要因素包括以下几项：

(1)工程量清单预算及招标文件的质量。好的工程量清单预算能做到不漏计、不多计，尽量考虑工程实施过程中可能发生的费用，合理确定清单单价；好的招标文件能够尽量将业主的要求和技术规范计量条款在工程未实施前就与投标人约定好，避免了参建各方对同一清单细目的计量方法产生理解分歧，对工程投资控制目标的实现很有帮助。

(2)最高投标报价值的确定、招标评标办法的选择、变更新增项目单价确定的原则。

1)最高投标报价值的确定。最高投标报价的高低决定中标价的高低，也就决定了项目实施阶段造价的大致轮廓。

2)招标评标办法的选择。招标评标办法的选择影响到中标造价的高低。招标评标办法有合理低价法、综合评估法、经详审的最低投标价法，根据项目情况进行选择。

3)变更新增项目单价确定的原则。变更新增项目单价确定的原则必须在招标文件中约定，不同的计算方法对变更概预算费用会产生较大影响。

(四)建设项目实施阶段

建设项目实施阶段影响工程概预算费用的主要因素包括以下几项：

(1)施工图设计的质量。

(2)承包商实际参建人员及其素质。

(3)变更管理。

(4)索赔及反索赔。

(五)工程结算、竣工决算阶段

工程结算、竣工决算阶段是概预算费用控制的最后一个阶段，此阶段影响工程概预算费用的主要因素包括以下几项：

(1)工程结算的审定。

(2)竣工决算的审定。

四、工程概预算与基本建设的关系

从实质上讲，工程概预算是建设工程项目计划价格(或工程项目预算造价)的广义概念。从广义上讲，建设工程造价与工程概预算具有类同的含义。目前，也有不少人将建设项目总投资与建设项目工程造价(或设计总概算)混为一谈。建设项目总投资至少应包括项目建成后试生产或投产中基本的生产投入费用，如启动生产的流动资金及其利息等；建设项目工程造价(或设计总概算)只包括完成一个建设项目的总投资，即从项目准备到建设实施阶段完成项目建设的总投资。工程概预算是以建设项目为前提，是围绕建设项目分层次的工程价格构成体系，是由建设项目总(预)算(建设项目总造价或修正概算)、单项工程综合概(预)算即单项工程造价、单位工程施工图预算(或单位工程工程量清单计价预算价)，或单位工程造价、工程量清单分项综合单价等构成的计划价格体系。因此，从前面的介绍中也可以认定：所谓的工程概预算造价，是一个不同工程类型的造价体系。设计总概算(或称建设预算)是基本建设(包括技术改造)项目计划文件的重要组成部分，也是国家对基本建设实行科学管理和监督，有效控制投资总额和提高投资综合效益的重要手段之一。

　　建设项目是一种特殊的产品，耗资额巨大，其投资目标的实现是一个复杂的综合管理的系统过程，贯穿于建设项目实施的全过程，必须严格遵循基本建设的制度、法规和程序，按照概预算发生的各个阶段，使"编""管"结合，实行各实施阶段的全面管理与控制，如图1-4所示。

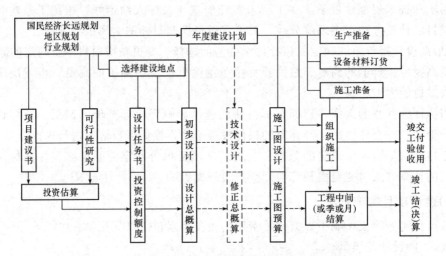

图1-4　基本建设程序、概预算编制与管理的总体过程

　　图1-4说明了基本建设程序、概预算编制与管理的总体过程，以及工程概预算与基本建设程序不可分割的关系。工程概预算的编制和管理是一切建设项目管理的重要内容之一，是实施建设工程造价管理，有效地节约建设投资与资源和提高投资效益最直接的重要手段和方法。在过去的一些项目建设中，常常出现投资高、质量差、资源浪费、经济效益低下，并且给区域环境造成污染等问题；在"四算"对比中的反映是工程概算超过工程估算，预算高于概算，结(决)算高于预算(简称"三超"现象)。出现这种不良结果的影响因素是多方面的，然而，重编制、轻管理，特别是不注重投资决策和动态的管理与控制，是最严重、最根本的错误倾向和问题。

　　工程概预算的编制和管理，一开始就应注重项目建议书和可行性研究阶段(即工程估算)的投资估算，以及初步设计完成后设计总概算的编制。如果采用三阶段设计(即图1-4所示的初步设计、技术设计、施工图设计)，应编制相应的设计总概算、修正总概算(一般也称修正概算)和施工图预算。当采用两阶段设计时，则将初步设计与技术设计阶段合并，称为扩大的初步设计阶段。对应两阶段设计，工程概预算也相应简化为设计总概算和施工图预算两部分。

　　综上所述，工程概预算的编制和管理，是我国进行基本建设的一项极为重要的工作，是一切工程项目管理中注重工程风险与合同管理的重要环节，同时，也是有效地进行投资控制，不断提高投资经济效益和降低资源消耗的重要手段和方法。

第三节　建设项目投资构成

我国现行工程造价的构成主要内容包括建筑安装工程费，设备及工、器具购置费，工程建设其他费用，预备费，建设期贷款利息，固定资产投资方向调节税六项。

一、建筑安装工程费用

根据住房和城乡建设部、财政部颁布的《关于印发〈建筑安装工程费用项目组成〉的通知》（建标〔2013〕44 号），我国现行建筑安装工程费用按两种不同的方式划分，即按费用构成要素划分和按造价形成划分。其具体体构成如图 1-5 所示。

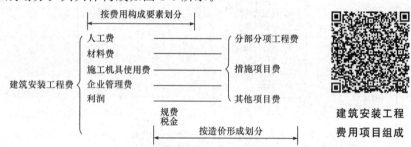

图 1-5　建筑安装工程费用项目构成

（一）按费用构成要素划分建筑安装工程费用

建筑安装工程费按照费用构成要素可分为人工费用、材料（包含工程设备，下同）费、施工机具使用费、企业管理费、利润、规费和税金七种费用。其中，人工费、材料费、施工机具使用费、企业管理费和利润包含在分部分项工程费、措施项目费、其他项目费中，其具体构成如图 1-6 所示。

1. 人工费

人工费是指按工资总额构成规定，支付给从事建筑安装工程施工的生产工人和附属生产单位工人的各项费用。其内容包括：

（1）计时工资或计件工资。计时工资或计件工资是指按计时工资标准和工作时间或对已做工作按计件单价支付给个人的劳动报酬。

（2）奖金。奖金是指对超额劳动和增收节支支付给个人的劳动报酬。如节约奖、劳动竞赛奖等。

（3）津贴补贴。津贴补贴是指为了补偿职工特殊或额外的劳动消耗和因其他特殊原因支付给个人的津贴，以及为了保证职工工资水平不受物价影响支付给个人的物价补贴。如流动施工津贴、特殊地区施工津贴、高温（寒）作业临时津贴、高空津贴等。

（4）加班加点工资。加班加点工资是指按规定支付的在法定节假日工作的加班工资和在法定日工作时间外延时工作的加点工资。

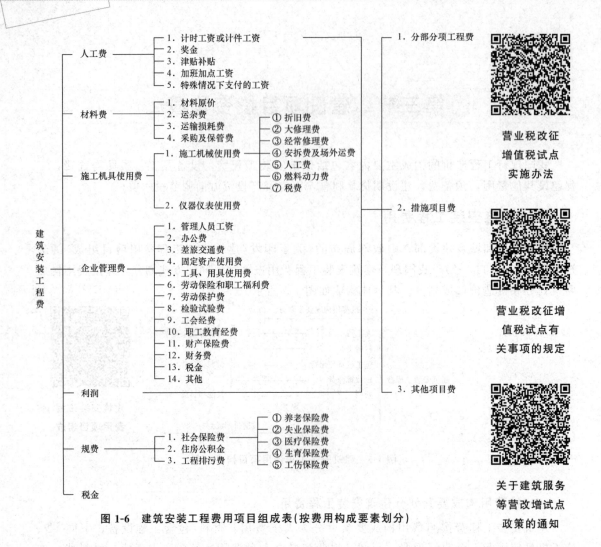

图 1-6　建筑安装工程费用项目组成表（按费用构成要素划分）

（5）特殊情况下支付的工资。特殊情况下支付的工资是指根据国家法律、法规和政策规定，因病、工伤、产假、计划生育假、婚丧假、事假、探亲假、定期休假、停工学习、执行国家或社会义务等原因按计时工资标准或计时工资标准的一定比例支付的工资。

2. 材料费

材料费是指施工过程中耗费的原材料、辅助材料、构配件、零件、半成品或成品、工程设备的费用。其内容包括以下几项：

（1）材料原价。材料原价是指材料、工程设备的出厂价格或商家供应价格。

（2）运杂费。运杂费是指材料、工程设备自来源地运至工地仓库或指定堆放地点所发生的全部费用。

（3）运输损耗费。运输损耗费是指材料在运输装卸过程中不可避免的损耗。

（4）采购及保管费。采购及保管费是指为组织采购、供应和保管材料、工程设备的过程中所需要的各项费用。如采购费、仓储费、工地保管费、仓储损耗的费用等。

工程设备是指构成或计划构成永久工程一部分的机电设备、金属结构设备、仪器装置及其他类似的设备和装置。

3. 施工机具使用费

施工机具使用费是指施工作业所发生的施工机械、仪器仪表使用费或其租赁费。

(1)施工机械使用费。施工机械使用费以施工机械台班耗用量乘以施工机械台班单价表示。施工机械台班单价应由下列七项费用组成：

1)折旧费。折旧费是指施工机械在规定的使用年限内，陆续收回其原值的费用。

2)大修理费。大修理费是指施工机械按规定的大修理间隔台班进行必要的大修理，以恢复其正常功能所需的费用。

3)经常修理费。经常修理费是指施工机械除大修理以外的各级保养和临时故障排除所需的费用。包括为保障机械正常运转所需替换设备与随机配备工具附具的摊销和维护费用，机械运转中日常保养所需润滑与擦拭的材料费用及机械停滞期间的维护和保养费用等。

4)安拆费及场外运费。安拆费是指施工机械(大型机械除外)在现场进行安装与拆卸所需的人工、材料、机械和试运转费用，以及机械辅助设施的折旧、搭设、拆除等费用；场外运费是指施工机械整体或分体自停放地点运至施工现场或由一施工地点运至另一施工地点的运输、装卸、辅助材料及架线等费用。

5)人工费。人工费是指机上司机(司炉)和其他操作人员的人工费。

6)燃料动力费。燃料动力费是指施工机械在运转作业中所消耗的各种燃料及水、电等。

7)税费。税费是指施工机械按照国家规定应缴纳的车船使用税、保险费及年检费等。

(2)仪器仪表使用费。仪器仪表使用费是指工程施工所需使用的仪器仪表的摊销及维修费用。仪器仪表台班单价通常由折旧费、维护费、校验费和动力费组成。

当一般纳税人采用一般计税方法时，施工机械台班单价和仪器仪表台班单价中的相关子项均需扣除增值税进项税额。

4. 企业管理费

企业管理费是指建筑安装企业组织施工生产和经营管理所需的费用。其内容包括以下几项：

(1)管理人员工资。管理人员工资是指按规定支付给管理人员的计时工资、奖金、津贴补贴、加班加点工资及特殊情况下支付的工资等。

(2)办公费。办公费是指企业管理办公用的文具、纸张、账表、印刷、邮电、书报、办公软件、现场监控、会议、水电、烧水和集体取暖降温(包括现场临时宿舍取暖降温)等费用。当一般纳税人采用一般计税方法时，办公费中增值税进项税额的抵扣原则：以购进货物适用的相应税额扣减，其中，购进自来水、暖气冷气、图书、报纸、杂志等适用的税率为11%。接受邮政和基础电信服务等适用的税率为11%，接受增值电信服务等适用的税率为6%，其他一般为17%。

(3)差旅交通费。差旅交通费是指职工因公出差、调动工作的差旅费、住勤补助费、市内交通费和误餐补助费，职工探亲路费，劳动力招募费，职工退休、退职一次性路费，工伤人员就医路费，工地转移费以及管理部门使用的交通工具的油料、燃料等费用。

(4)固定资产使用费。固定资产使用费是指管理和试验部门及附属生产单位使用的属于固定资产的房屋、设备、仪器等的折旧、大修、维修或租赁费。当一般纳税人采用一般计税方法时，固定资产使用费中增值税进项税额的抵扣原则：2016年5月1日后以直接购买、接受捐赠、接受投资入股、自建以及抵债等各种形式取得并在会计制度上按固定资产核算的不动产或者2016年5月1日后取得的不动产在建工程，其进项税额应自取得之日起分两年扣减，第一年抵扣比例为60%，第二年抵扣比例为40%。设备、仪器的折旧、大修、维修或租赁费以购进货物、接受修理修配劳务或租赁有形动产服务适用的税率扣减，均为17%。

（5）工具、用具使用费。工具、用具使用费是指企业施工生产和管理使用的不属于固定资产的工具、器具、家具、交通工具和检验、试验、测绘、消防用具等的购置、维修和摊销费。当一般纳税人采用一般计税方法时，工具、用具使用费中增值税进项税额的抵扣原则是：以购进货物或接受修理修配劳务适用的税率扣减，均为17%。

（6）劳动保险和职工福利费。劳动保险和职工福利费是指由企业支付的职工退职金、按规定支付给离休干部的经费，如集体福利费、夏季防暑降温、冬季取暖补贴、上下班交通补贴等。

（7）劳动保护费。劳动保护费是指企业按规定发放的劳动保护用品的支出。如工作服、手套、防暑降温饮料以及在有碍身体健康的环境中施工的保健费用等。

（8）检验试验费。检验试验费是指施工企业按照有关标准规定，对建筑以及材料、构件和建筑安装物进行一般鉴定、检查所发生的费用，包括自设试验室进行试验所耗用的材料等费用。不包括新结构、新材料的试验费，对构件做破坏性试验及其他特殊要求检验试验的费用和建设单位委托检测机构进行检测的费用，对此类检测发生的费用，由建设单位在工程建设其他费用中列支。但对施工企业提供的具有合格证明的材料进行检测不合格的，该检测费用由施工企业支付。当一般纳税人采用一般计税方法时，检验试验费中的增值税进项税额现代服务业以适用的税率6%扣减。

（9）工会经费。工会经费是指企业按《中华人民共和国工会法》规定的全部职工工资总额比例计提的工会经费。

（10）职工教育经费。职工教育经费是指按职工工资总额的规定比例计提，企业为职工进行专业技术和职业技能培训，专业技术人员继续教育、职工职业技能鉴定、职业资格认定以及根据需要对职工进行各类文化教育所发生的费用。

（11）财产保险费。财产保险费是指施工管理用财产、车辆等的保险费用。

（12）财务费。财务费是指企业为施工生产筹集资金或提供预付款担保、履约担保、职工工资支付担保等所发生的各种费用。

（13）税金。税金是指企业按规定缴纳的房产税、非生产性车船使用税、土地使用税、印花税、城市维护建设税、教育费附加、地方教育附加等各项税费。注：营改增方案实施后，城市维护建设税、教育费附加、地方教育附加的计算基数均为应纳增值税额（即销项税额－进项税额），但由于在工程造价的前期预测时，无法明确可抵扣的进项税额的具体数额，造成此三项附加税无法计算。因此，根据关于印发《增值税会计处理规定》的通知（财会〔2016〕22号）等均作为"税金及附加"，在管理费中核算。

（14）其他。其他包括技术转让费、技术开发费、投标费、业务招待费、绿化费、广告费、公证费、法律顾问费、审计费、咨询费、保险费等。

5. 利润

利润是指施工企业完成所承包工程获得的营利。

6. 规费

规费是指按国家法律、法规规定，由省级政府和省级有关权力部门规定必须缴纳或计取的费用。其内容包括：

(1)社会保险费。

1)养老保险费。养老保险费是指企业按照规定标准为职工缴纳的基本养老保险费。

2)失业保险费。失业保险费是指企业按照规定标准为职工缴纳的失业保险费。

3)医疗保险费。医疗保险费是指企业按照规定标准为职工缴纳的基本医疗保险费。

4)生育保险费。生育保险费是指企业按照规定标准为职工缴纳的生育保险费。

5)工伤保险费。工伤保险费是指企业按照规定标准为职工缴纳的工伤保险费。

(2)住房公积金。住房公积金是指企业按规定标准为职工缴纳的住房公积金。

(3)工程排污费。工程排污费是指按规定缴纳的施工现场工程排污费。

其他应列而未列入的规费，按实际发生计取。

7. 税金

建筑安装工程费用中的税金是指按照国家税法规定的应计入建筑安装工程造价内的增值税额，按税前造价乘以增值税税率确定。

(1)采用一般计税方法时增值税的计算。

当采用一般计税方法时，建筑业增值税税率为11%。计算公式为

$$增值税 = 税前造价 \times 11\%$$

税前造价为人工费、材料费、施工机具使用费、企业管理费、利润和规费之和，各费用项目均以不包含增值税可抵扣进项税额的价格计算。

(2)采用简易计税方法时增值税的计算。

1)简易计税的适用范围。根据《营业税改征增值税试点实施办法》以及《营业税改征增值税试点有关事项的规定》的规定，简易计税方法主要适用于以下几种情况：

①小规模纳税人发生应税行为适用简易计税方法计税。小规模纳税人通常是指纳税人提供建筑服务的年应征增值税销售额未超过500万元，并且会计核算不健全，不能按规定报送有关税务资料的增值税纳税人。年应税销售额超过500万元，但不经常发生应税行为的单位也可选择按照小规模纳税人计税。

②一般纳税人以清包工方式提供的建筑服务，可以选择适用简易计税方法计税。以清包工方式提供建筑服务，是指施工方不采购建筑工程所需的材料或只采购辅助材料，并收取人工费、管理费或者其他费用的建筑服务。

③一般纳税人为甲供工程提供的建筑服务，就可以选择适用简易计税方法计税。甲供工程是指全部或部分设备、材料、动力由工程发包方自行采购的建筑工程。

④一般纳税人为建筑工程老项目提供的建筑服务，可以选择适用简易计税方法计税。建筑工程老项目：《建筑工程施工许可证》注明的合同开工日期在2016年4月30日前的建筑工程项目；未取得《建筑工程施工许可证》的，建筑工程承包合同注明的开工日期在2016年4月30日前的建筑工程项目。

2)简易计税的计算方法。当采用简易计税方法时，建筑业增值税税率为3%。计算公式为

$$增值税 = 税前造价 \times 3\%$$

税前造价为人工费、材料费、施工机具使用费、企业管理费、利润和规费之和，各费用项目均以包含增值税进项税额的含税价格计算。

(二)按造价形成划分建筑安装工程费用

根据住房和城乡建设部、财政部联合下达的《建筑安装工程费用的组成》的通知(建标〔2013〕44号)，具体规定：建筑安装工程费按照工程造价形成顺序。由分部分项工程费、措施项目费、其他项目费、规费、税金组成。分部分项工程费、措施项目费、其他项目费包含人工费、材料费、施工机具使用费、企业管理费和利润。其具体构成如图1-7所示。

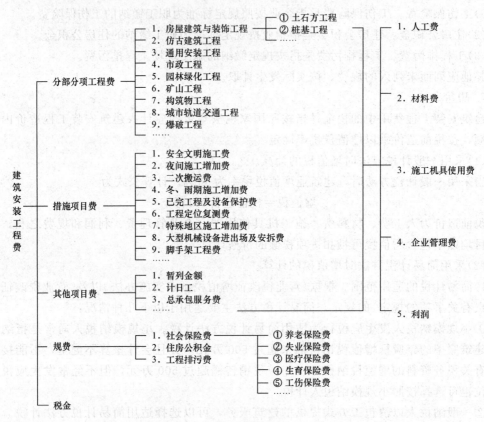

图1-7　建筑安装工程费用项目组成表(按造价形成划分)

1. 分部分项工程费

分部分项工程费是指各专业工程的分部分项工程应予列支的各项费用。

(1)专业工程。专业工程是指按现行国家计量规范划分的房屋建筑与装饰工程、仿古建筑工程、通用安装工程、市政工程、园林绿化工程、矿山工程、构筑物工程、城市轨道交通工程、爆破工程等各类工程。

(2)分部分项工程。分部分项工程是指按现行国家计量规范对各专业工程划分的项目。如房屋建筑与装饰工程划分的土石方工程、地基处理与桩基工程、砌筑工程、钢筋及钢筋混凝土工程等。

各类专业工程的分部分项工程划分见现行国家或行业计量规范。

2. 措施项目费

措施项目费是指为完成建设工程施工，发生于该工程施工前和施工过程中的技术、生活、安全、环境保护等方面的费用。其内容包括以下几项：

(1)安全文明施工费。

1)环境保护费。环境保护费是指施工现场为达到环保部门要求所需要的各项费用。

2)文明施工费。文明施工费是指施工现场文明施工所需要的各项费用。

3)安全施工费。安全施工费是指施工现场安全施工所需要的各项费用。

4)临时设施费。临时设施费是指施工企业为进行建设工程施工所必须搭设的生活和生产用的临时建筑物、构筑物和其他临时设施费用，包括临时设施的搭设、维修、拆除、清理费或摊销费等。

(2)夜间施工增加费。夜间施工增加费是指因夜间施工所发生的夜班补助费、夜间施工降效、夜间施工照明设备摊销及照明用电等费用。

(3)二次搬运费。二次搬运费是指由于施工场地条件限制而发生的材料、成品、半成品等一次运输不能达到堆放地点，必须进行二次或多次搬运的费用。

(4)冬、雨期施工增加费。冬、雨期施工增加费是指在冬期或雨期施工需增加的临时设施、防滑、排除雨雪、人工及施工机械效率降低等费用。

(5)已完工程及设备保护费。已完工程及设备保护费是指竣工验收前，对已完工程及设备采取的覆盖、包裹、封闭、隔离等必要保护措施所发生的费用。

(6)工程定位复测费。工程定位复测费是指工程施工过程中进行全部施工测量放线和复测工作的费用。

(7)特殊地区施工增加费。特殊地区施工增加费是指工程在沙漠或其边缘地区、高海拔、高寒、原始森林等特殊地区施工增加的费用。

(8)大型机械设备进出场及安拆费。大型机械设备进出场及安拆费是指机械整体或分体自停放场地运至施工现场或由一个施工地点运至另一个施工地点，所发生的机械进出场运输及转移费用，以及机械在施工现场进行安装、拆卸所需的人工费、材料费、机械费、试运转费和安装所需的辅助设施的费用。

(9)脚手架工程费。脚手架工程费是指施工需要的各种脚手架搭、拆、运输费用以及脚手架购置费的摊销(或租赁)费用。

措施项目及其包含的内容详见各类专业工程的现行国家或行业计量规范。

3. 其他项目费

(1)暂列金额。暂列金额是指建设单位在工程量清单中暂定并包括在工程合同价款中的一笔款项。其用于施工合同签订时尚未确定或者不可预见的所需材料、工程设备、服务的采购，施工中可能发生的工程变更、合同约定调整因素出现时的工程价款调整以及发生的索赔、现场签证确认等的费用。

(2)计日工。计日工是指在施工过程中，施工企业完成建设单位提出的施工图纸以外的零星项目或工作所需的费用。

(3)总承包服务费。总承包服务费是指总承包人为配合、协调建设单位进行的专业工程发包，对建设单位自行采购的材料、工程设备等进行保管以及施工现场管理、竣工资料汇总整理等服务所需的费用。

4. 规费和税金

规费和税金的构成和计算与按费用构成要素划分建筑安装工程费用项目组成部分是相同的。

二、设备及工、器具购置费用

设备及工、器具购置费用由设备购置费和工、器具及生产家具购置费组成。在生产性工程建设中，设备及工、器具购置费占工程造价比重的增大，意味着生产技术的进步和资本有机构成的提高。

设备购置费是指为建设项目购置或自制的达到固定资产标准的各种国产或进口设备、工具、器具的购置费用。其计算公式为

$$设备购置费＝设备原价＋设备运杂费$$

1. 设备原价

设备原价是指国产设备原价或进口设备原价。

(1)国产设备原价。国产设备原价一般是指设备制造厂的交货价，或订货合同价。一般根据生产厂或供应商的询价、报价、合同价确定。国产设备原价一般分为国产标准设备原价和国产非标准设备原价。

1)国产标准设备原价。国产标准设备原价有带备件的原价和不带备件的原价两种，在计算时，一般采用带备件的原价。

2)国产非标准设备原价。国产非标准设备原价有多种不同的计算方法，如成本计算估价法、分部组合估价法、定额估价法等。无论采用何种方法，都应该使非标准设备的原价接近实际出厂价，并且计算方法要简便。

(2)进口设备原价是指进口设备的抵岸价，即抵达买方边境口岸或边境车站，并且交完关税等税费后形成的价格。当进口设备采用装运港船上交货价(FOB)时，进口设备抵岸价由以下公式计算：

$$进口设备抵岸价＝货价＋国际运费＋运输保险费＋银行财务费＋外贸手续费＋关税＋$$
$$增值税＋消费税＋海关监管手续费＋车辆购置附加税$$

2. 设备运杂费

设备运杂费由运费和装卸费、包装费、设备供销部门的手续费、采购与仓库保管费组成。其计算公式为

$$设备运杂费＝设备原价×设备运杂费费率$$

三、工程建设其他费用

工程建设其他费用是指从工程筹建到工程竣工验收交付使用的整个建设期间，除建筑安装工程费用和设备及工、器具购置费用外，为保证工程建设顺利完成和交付使用后能够正常发挥效用而发生的各项费用。工程建设其他费用通常包括以下内容。

1. 土地使用费

为获得建设用地所支付的费用称为土地使用费。

2. 与建设项目有关的其他费用

(1)建设单位管理费。建设单位管理费包括建设单位开办费、建设单位经费。

(2)勘察设计费。勘察设计费是指提供项目建议书、可行性研究报告及设计文件等所需的费用。

(3)研究实验费。研究实验费是指提供和验证设计参数、数据、资料进行的必要试验费用以及设计规定在施工中必须进行试验、验证所需的费用。

(4)建设单位临时设施费。建设单位临时设施费是指建设期间建设单位所需临时设施的搭设、维修、摊销或租赁的费用。

(5)工程监理费。工程监理费是指建设单位委托工程监理单位对工程实施监理工作所需的费用。

(6)工程保险费。工程保险费是指建筑工程一切险、安装工程一切险和机器损坏保险的费用。

(7)引进技术和进口设备其他费用。引进技术和进口设备其他费用包括出国人员费用；国外工程技术人员来华费用；技术引进费；分期和延期付款利息；担保费和进口设备检验鉴定费用。

(8)工程承包费。工程承包费是指具有总承包条件的工程公司，对工程建设项目从开始建设至竣工投产全过程的总承包所需的管理费用。

3. 与未来企业生产经营有关的其他费用

(1)联合试运转费。联合试运转费是指竣工验收前进行整个车间的负荷和无负荷联合试运转发生的费用支出大于试运转收入的亏损部分。

(2)生产准备费。生产准备费是指生产工人培训费、生产单位提前进厂的各项费用。

(3)办公和生活家具购置费。办公和生活家具购置费是指该项费用按照设计定员人数乘以综合指标计算，一般为 600～800 元/人。

四、预备费

1. 基本预备费

基本预备费是指在初步设计及概算内难以预料的工程费用。其计算公式为

基本预备费＝(设备及工、器具购置费＋建筑安装工程费用＋工程建设其他费用)×基本预备费费率

费用内容包括以下几项：

(1)在批准的初步设计范围内，技术设计、施工图设计及施工过程中所增加的工程费用；设计变更、局部地基处理等增加的费用。

(2)一般自然灾害造成的损失和预防自然灾害所采取的措施费用。

(3)竣工验收时，为鉴定工程质量对隐蔽工程进行必要的挖掘和修复费用。

2. 涨价预备费

涨价预备费是指建设项目在建设期间内由于价格等变化引起工程造价变化的预测预留费用。其计算公式为

$$PF = \sum_{t=1}^{n} I_t \left[(1+f)^t - 1 \right]$$

式中　PF——涨价预备费；

　　　n——建设期年费数；

　　　I_t——建设期中第 t 年的投资计划额，包括设备及工、器具购置费，建筑安装工程费，工程建设其他费用及基本预备费；

　　　f——年均投资价格上涨率。

【例 1-1】　某建设项目，建设期为 3 年，各年投资计划额如下：第一年投资 500 万元，第二年投资 860 万元，第三年投资 400 万元，年均投资价格上涨率为 5％，求建设项目建设期间涨价预备费。

【解】　第一年涨价预备费为

$$PF_1 = I_1\left[(1+f)-1\right] = 500 \times (1.05-1) = 25（万元）$$

第二年涨价预备费为

$$PF_2 = I_2\left[(1+f)^2-1\right] = 860 \times (1.1025-1) = 88.15（万元）$$

第三年涨价预备费为

$$PF_3 = I_3\left[(1+f)^3-1\right] = 400 \times (1.1576-1) = 63.04（万元）$$

所以，建设期的涨价预备费为

$$PF = 25+88.15+63.04 = 176.19（万元）$$

五、建设期贷款利息

建设期贷款利息包括向国内银行和其他非银行金融机构贷款、出口信贷、外国政府贷款、国际商业银行贷款，以及在境内外发行的债券等在建设期应偿还的借款利息，按复利计算法计算。

当总贷款是分年均衡发放时，建设期利息的计算可按当年借款在年中支用考虑，即当年贷款按半年计息，上年贷款按全年计息。其计算公式为

$$q_j = (P_{j-1}+1/2A_j) \cdot i$$

式中　q_j——建设期第 j 年应计利息；

　　　P_{j-1}——建设期第 $(j-1)$ 年年末贷款累计金额和利息累计金额之和；

　　　A_j——建设期第 j 年贷款金额；

　　　i——年利率。

【例 1-2】　某新建项目，建设期为 3 年，分年均衡进行贷款，第一年贷款 200 万元，第二年贷款 300 万元，第三年贷款 200 万元，年利率为 6％，一年计息一次，建设期内利息只计息不支付，计算建设期贷款利息。

【解】　建设期各年利息计算如下：

第一年贷款利息：$q_1 = (200/2) \times 6％ = 6（万元）$

第二年借款利息：$q_2 = (206+300/2) \times 6％ = 21.36（万元）$

第三年借款利息：$q_3 = (206+321.36+200/2) \times 6％ = 37.64（万元）$

该项目建设期利息：$q = q_1+q_2+q_3 = 6+21.36+37.64 = 65（万元）$

六、固定资产投资方向调节税

国务院规定从 2000 年 1 月 1 日起新发生的投资额暂停征收方向调节税，但该税种并未

取消。其费用归属如下：

(1)生产工人工资、操作施工机械人员工资、施工企业管理人员工资、建设单位管理人员工资、监理工程师工资。

(2)劳动保护费和劳动保险费。

(3)安拆费及场外运费与大型机械设备进出场及安拆费。

(4)检验试验费与研究试验费。

(5)施工单位的临时设施费与建设单位的临时设施费。

(6)企业管理费中的"税金"与建设安装工程费中的"税金"。

(7)财务保险和工程保险。

第四节　本课程学习任务

建筑工程概预算是研究建筑产品生产成果与生产消耗之间的定量关系，研究如何合理地确定建筑工程造价规律的一门综合性、实践性较强的应用型课程。

一、本课程的教学任务

本课程的教学任务是：说明建筑工程定额与预算在工程造价管理中的地位与作用；介绍建筑工程定额及预算的组成；分析建筑工程造价的构成；讨论建筑安装工程造价的计算方法；讲解工程概预算的审查与竣工结算的编制方法；训练施工图预算的编制技能。

二、本课程的教学目标

本课程的教学目标是：使学生具备职业素质和具有执业能力的高级专门人才所必需的思想认识水平、思维方式、职业道德及编制施工图预算与施工预算的基本知识和基本技能，基本形成在工程造价工作岗位及相关岗位上解决实际问题的能力。

1. 知识目标

掌握工程概预算的编制原理及基本方法；了解概预算工作在基本建设工作中的作用；了解建筑工程定额的分类及其作用；了解建筑工程定额的编制方法；能正确进行工程造价的计算；掌握施工图预算的编制方法。

2. 能力目标

能正确使用预算定额；能正确使用企业定额；能编制补充预算定额和企业定额；能正确使用费用定额；能编制材料单价和人工单价；能熟练地编制施工图预算和施工预算；能编制工程结算和处理相关业务。

3. 德育目标

初步具备辩证思维的能力；具有爱岗敬业的思想，实事求是的工作作风和创新意识；加强职业道德的意识，认识工程造价人员的执业权限与基本要求。

三、本课程与其他课程的关系

确定建筑工程概预算造价，有一套科学的、完整的计价理论与计量方法。如何从理论上掌握建筑工程概预算的编制原理，从实践上掌握建筑工程概预算的编制方法是本课程应解决的主要问题。

要掌握好建筑工程概预算理论，就要学习政治经济学、建筑经济等相关课程的内容；要掌握好工程量计量方法，就要学会识读施工图，了解房屋构造和建筑结构构造，熟悉建筑材料的性能与规格，熟悉施工过程等。学好房屋构造与识图、建筑结构基础与识图、建筑与装饰材料、建筑施工工艺、定额原理等课程，才能学好建筑工程概预算。

本章小结

基本建设是一个完整配套的综合性产品，可以分解为建设项目、单项工程、单位工程、分部工程和分项工程。

建设工程概预算是一个不同工程类型的造价体系，按建设阶段不同，可分为投资估算，设计概算，施工图预算，招标控制价、投标报价，工程结算及竣工决算；按工程对象不同，分为单位工程概预算、单项工程综合概预算、建设项目总概算及其他工程概预算；按工程承包合同的结算方式，分为固定总价合同概预算、计量定价合同概预算、单价合同概预算、成本加酬金合同概预算及统包合同概预算。

我国现行工程造价的构成主要划分为设备及工、器具购置费，建筑安装工程费，工程建设其他费，预备费，建设期贷款利息，固定资产投资方向调节税等几项，其中应重点掌握建筑安装工程费用的构成及各项费用的计算。

思考与练习

一、填空题

1. _____是指以投资估算、初步设计阶段的设计图纸和工程说明书为依据，计算和确定的工程总造价。

2. 建筑安装工程费用按照费用构成要素划分为_____、_____、_____、_____、规费和税金。

3. 社会保险费的构成包括：_____、_____、_____、_____、_____、

4. 安全文明施工费包括：_____、_____、_____、_____。

二、选择题

1. (　　)是办理工程最终结算的重要依据。

A. 工程结算 B. 竣工决算

C. 施工价款支付 D. 质量保证金

2. (　　)是指施工机械按照国家规定应缴纳的车船使用税、保险费及年检费等。

    A. 税金　　　　　　　　B. 规费　　　　　　　　C. 税费　　　　　　　　D. 质量保证金

三、问答题

1. 什么是基本建设？

2. 建筑工程概预算按建设阶段不同，可划分为哪几类？

3. 简述建设项目实施阶段概预算费用的影响因素。

4. 建筑安装工程费用按造价形成划分为哪些构成项目？分别如何计算？

5. 如何计算建设期贷款利息？

第二章　建筑工程定额

知识目标

　　1. 明确建筑工程定额的概念，了解建筑工程定额的特点及其在建筑工程概预算工作中的作用。

　　2. 掌握人工消耗定额、材料消耗定额、机械台班消耗定额的确定方法。

　　3. 掌握人工日工资单价、材料单价、施工机械台班单价、施工仪器仪表台班单价的组成和确定方法。

　　4. 了解施工定额的作用，明确施工定额的概念，熟悉施工定额的编制原则、内容和方法。

　　5. 明确预算定额的概念，了解预算定额的作用、编制原则和依据，熟悉预算定额的编制方法，掌握预算定额基价的编制方法。

　　6. 了解概算定额、概算指标的作用及概算指标的分类及表现形式，明确概算定额、概算指标的概念、编制及概算指标的应用。

　　7. 明确投资估算指标的概念，掌握投资估算指标的内容及其编制程序。

　　8. 明确工期定额的概念，了解工期定额的作用，掌握其建设工期定额和施工工期定额两个层次。

能力目标

　　能够编制施工定额、预算定额、概算定额及概算指标、投资估算指标，并具备计算人工工日消耗量、材料消耗量、机械台班消耗量、预算单价的能力。

 素养目标

　　1. 能力独立制订学习计划，并按计划实施学习和撰写学习体会。

　　2. 积极参与实践，勤思考，多动手。

　　3. 具有积极的工作态度、饱满的学习热情、良好的人际关系，善于与同学合作。

第一节　概　　述

一、定额的概念

定额是在正常的施工生产条件下，完成单位合格产品所必需的人工、材料、施工机械设备及资金消耗的数量标准。它反映着一定时期的生产力水平。不同的产品有着不同的质量要求，因此，不能把定额看成是单纯的数量关系，而应看成是质和量的统一体。考察个别的生产过程中的因素不能形成定额，只有通过考察总体生产过程中的各生产因素，归结出社会平均必需的数量标准，才能形成定额。同时，定额还可反映一定时期的社会生产力水平。

定额是企业管理科学化的产物，也是科学管理的基础。它一直在企业管理中占有重要的地位。因为如果没有定额提供可靠的基本管理数据，即使用电子计算机也无法取得科学、合理的结果。在数值上，定额表现为生产成果与生产消耗之间一系列对应的比值常数。

产量定额与时间定额是定额的两种表现形式，在数值上互为倒数，即

$$T_z = \frac{1}{T_h} \text{ 或 } T_h = \frac{1}{T_z}$$

即
$$T_z \cdot T_h = 1$$

式中　T_z——产量定额；

　　　T_h——时间定额。

定额的数值表明生产单位产品所需的消耗越少，单位消耗获得的生产成果越大；反之，生产单位产品所需的消耗越多，单位消耗获得的生产成果越小。其反映了经济效果的提高或降低。

在建筑生产中，为了完成建筑产品，必须消耗一定数量的劳动力、材料和机械台班及相应的资金。在一定的生产条件下，用科学方法制定出的生产质量合格的单位建筑产品所需要的劳动力、材料和机械台班等的数量标准，即建筑工程定额。

由于工程建设产品具有构造复杂、产品形体庞大、种类繁多、生产周期长等技术特点，因此建筑工程定额中产品概念的范围是比较广泛的。其既可以指工程建设的最终产品——建设项目，又可以是独立发挥功能和作用的某些完整产品——工程项目，也可以是单位工程、分部工程或分项工程。

二、定额的起源

定额产生于 19 世纪末资本主义企业管理科学的发展初期。当时，高速的工业发展与低水平的劳动生产率之间产生了矛盾。虽然科学技术发展很快，机器设备很先进，但企业在管理上仍然沿用传统的经验、方法，生产效率低，生产能力得不到充分发挥，阻碍了社会经济的进一步发展和繁荣，而且也不利于资本家赚取更多的利润，改善管理成了生产发展的迫切需求。在这种背景下，著名的美国工程师泰勒(F•W•Taylor，1856—1915)制定出工时定额，以提高工人的劳动效率。他为了减少工时消耗，研究改进生产工具与设备，并

提出一整套科学管理的方法，即著名的"泰勒制"。

泰勒提倡科学管理，主要着重于提高劳动生产率，提高工人的劳动效率。他突破了当时传统管理方法的羁绊，通过科学试验，对工作时间的利用进行细致的研究，制定标准的操作方法；通过对工人进行训练，要求工人改变原来习惯的操作方法，取消不必要的操作程序，并且在此基础上制定出较高的工时定额，用工时定额评价工人工作的好坏；为了使工人能达到定额，又制定了工具、机器、材料和作业环境的"标准化原理"；为了鼓励工人努力完成定额，还制定了一种有差别的计件工资制度。如果工人能完成定额，就采用较高的工资率，如果工人完不成定额，则采用较低的工资率，以刺激工人为多拿 60% 或者更多的工资去努力工作，去适应标准化操作方法的要求。

"泰勒制"是资本家榨取工人剩余价值的工具，但它又以科学方法来研究分析工人劳动中的操作和动作，从而制定最节约的工作时间——工时定额。"泰勒制"给资本主义企业管理带来了根本性变革，对提高劳动效率做出了显著的科学贡献。

我国的古代工程也很重视工料消耗计算，并形成了许多则例。如果说人们在长期生产中积累的丰富经验是定额产生的土壤，这些则例就可以看作是工料定额的原始形态。我国北宋著名的土木建筑家李诫编修的《营造法式》，刊行于公元 1103 年，它是土木建筑工程技术的巨著，也是工料计算方面的巨著。《营造法式》共有三十四卷，分为释名、制度、功限、料例和图样五个部分。其中，第十六卷至第二十五卷是各工种计算用工量的规定；第二十六卷至第二十八卷是各工种计算用料的规定。这些关于计算工料的规定，可以看作是古代的工料定额。清代工部的《工程做法则例》中也有许多内容是说明工料计算方法的，甚至可以说它主要是一部算工算料的书。直到今天，《仿古建筑及园林工程预算定额》仍将这些则例等技术文献作为编制依据之一。

三、工程建设定额的特点

1. 权威性

工程建设定额具有很大的权威，这种权威在一些情况下具有经济法规性质。权威性反映统一的意志和统一的要求，也反映信誉和信赖程度及定额的严肃性。

工程建设定额权威性的客观基础是定额的科学性，只有科学的定额才具有权威。但是，在社会主义市场经济条件下，它必然涉及各有关方面的经济关系和利益关系。赋予工程建设定额以一定的权威性，就意味着在规定的范围内，对于定额的使用者和执行者来说，无论主观上是否愿意，都必须按定额的规定执行。在当前市场不规范的情况下，赋予工程建设定额以权威性十分重要。但是，在竞争机制引入工程建设的情况下，定额的水平必然会受市场供求状况的影响，从而在执行中可能产生定额水平的浮动。

应指出的是，在社会主义市场经济条件下，对定额的权威性不应该绝对化。定额毕竟是主观对客观的反映，定额的科学性会受到人们认识的局限。与此相关，定额的权威性也就会受到削弱。更为重要的是，随着投资体制的改革和投资主体多元化格局的形成，随着企业经营机制的转换，它们都可以根据市场的变化和自身的情况，自主地调整自己的决策行为。因此，一些与经营决策有关的工程建设定额的权威性特征就弱化了。

2. 科学性

工程建设定额的科学性首先表现在定额是在认真研究客观规律的基础上，自觉地遵守客观规律的要求，实事求是地制定的。因此，它能正确地反映单位产品生产所必需的劳动量，从而以最少的劳动消耗取得最大的经济效果，促进劳动生产率的不断提高。

定额的科学性还表现在制定定额所采用的方法上，通过不断吸收现代科学技术的新成就，不断完善，形成一套严密的确定定额水平的科学方法。这些方法不仅在实践中已经行之有效，而且还有利于研究建筑产品生产过程中的工时利用情况，从中找出影响劳动消耗的各种主、客观因素，设计出合理的施工组织方案，挖掘生产潜力，提高企业管理水平，减少以至杜绝生产中的浪费现象，促进生产的不断发展。

3. 统一性

工程建设定额的统一性，主要是由国家对经济发展的有计划的宏观调控职能决定的。为了使国民经济按照既定的目标发展，国家需要借助于某些标准、定额、参数等，对工程建设进行规划、组织、调节、控制。而这些标准、定额、参数必须在一定的范围内是一种统一的尺度，才能实现上述职能，才能利用它们对项目的决策、设计方案、投标报价、成本控制进行比选和评价。

工程建设定额的统一性按照其影响力和执行范围来看，有全国统一定额、地区统一定额和行业统一定额等；按照定额的制定、颁布和贯彻使用来看，有统一的程序、统一的原则、统一的要求和统一的用途。

在生产资料私有制的条件下，定额的统一性很难想象，充其量也只是工程量计算规则的统一和信息提供。我国工程建设定额的统一性与工程建设本身的巨大投入和巨大产出有关。它对国民经济的影响不仅表现在投资的总规模和全部建设项目的投资效益等方面，而且往往还表现在具体建设项目的投资数额及其投资效益方面，因而需要借助统一的工程建设定额进行社会监督。这一点和工业生产、农业生产中的工时定额、原材料定额也是不同的。

4. 稳定性与时效性

工程建设定额中的任何一种都是一定时期技术发展和管理水平的反映，因而在一段时间内都表现出稳定的状态。稳定的时间有长有短，一般为 5~10 年。保持定额的稳定性是维护定额的权威性所必需的，更是有效地贯彻定额所需要的。如果某种定额处于经常修改变动之中，那么必然造成执行中的困难和混乱，使人们感到没有必要去认真对待它，很容易导致定额权威性的丧失。工程建设定额的不稳定，也会给定额的编制工作带来极大的困难。

但是工程建设定额的稳定性是相对的。当生产力向前发展了，定额就会与已经发展了的生产力不相适应。这样，它原有的作用就会逐步减弱以至消失，需要重新编制或修订。

5. 系统性

工程建设定额是相对独立的系统。它是由多种定额结合而成的有机整体。它的结构复杂，有鲜明的层次和明确的目标。

工程建设定额的系统性是由工程建设的特点决定的。按照系统论的观点，工程建设就是庞大的实体系统，工程建设定额是为这个实体系统服务的。因而，工程建设本身的多种类、多层次就决定了以它为服务对象的工程建设定额的多种类、多层次。从整个国民经济来看，进行固定资产生产和再生产的工程建设，是一个有多项工程集合体的整体。其中，包括农林水利、轻纺、机械、煤炭、电力、石油、冶金、化工、建材工业、交通运输、邮电工程，以及商业物资、科学教育文化、卫生体育、社会福利和住宅工程等。这些工程的建设都有严格的项目划分，如建设项目、单项工程、单位工程、分部分项工程；在计划和实施过程中有严密的逻辑阶段，如规划、可行性研究、设计、施工、竣工交付使用以及投入使用后的维修。与此相适应，必然形成工程建设定额的多种类、多层次的系统性。

四、定额的作用

在工程建设和企业管理中，确定和执行先进合理的定额是技术和经济管理工作中的重要一环。在工程项目的计划、设计和施工中，定额具有非常重要的作用。

(1)定额是编制计划的基础。工程建设活动需要编制各种计划来组织与指导生产，而计划编制中又需要各种定额来作为计算人力、物力、财力等资源需要量的依据。

(2)定额是确定工程造价的依据和评价设计方案经济合理性的尺度。工程造价是根据由设计规定的工程规模、工程数量及相应需要的人工、材料、机械设备消耗量及其他必须消耗的资金确定的。其中，人工、材料、机械设备的消耗量又是根据定额计算出来的，定额是确定工程造价的依据。同时，建设项目投资的大小又反映了各种不同设计方案技术经济水平的高低。

(3)定额是组织和管理施工的工具。建筑企业要计算平衡资源需要量、组织材料供应、调配劳动力、签发任务单、组织劳动竞赛、调动人的积极因素、考核工程消耗和劳动生产率、贯彻按劳分配工资制度、计算工人报酬等都要利用定额。因此，从组织施工和管理生产的角度来说，定额又是建筑企业组织和管理施工的工具。

(4)定额是总结先进生产方法的手段。定额是在平均先进的条件下，通过对生产流程的观察、分析、综合等过程制定的。它可以最严格地反映出生产技术和劳动组织的先进合理程度。因此，我们就可以定额方法为手段，对同一产品在同一操作条件下不同的生产方法进行观察、分析和总结，从而得到一套比较完整、优良的生产方法，作为生产中推广的范例。

由此可见，定额是实现工程项目，确定人力、物力和财力等资源需要量，有计划地组织生产，提高劳动生产率，降低工程造价，完成和超额完成计划的重要的技术经济工具，是工程管理和企业管理的基础。

第二节　工程建设定额消耗量指标的确定

一、工作时间分类和工作时间消耗的确定

(一)工作时间分类

研究施工中的工作时间最主要的目的是确定施工的时间定额和产量定额，其前提是对工作时间按其消耗性质进行分类，以便研究工时消耗的数量及其特点。

工作时间是指工作班延续时间。例如，8 h 工作制的工作时间是 8 h，午休时间不包括在内。对工作时间消耗的研究可以分为两个系统进行，即工人工作时间的消耗和工人所使用的机器工作时间消耗。

工人在工作班内消耗的工作时间，按其消耗的性质，基本可以分为两大类，即必需消耗的时间和损失时间。工人工作时间的分类如图 2-1 所示。

(1)必需消耗的时间。必需消耗的时间是指工人在正常施工条件下，为完成一定合格产品(工作任务)所消耗的时间。其是制定定额的主要依据，包括有效工作时间、休息时间和不可

避免中断所消耗的时间。

1)有效工作时间。有效工作时间是指从生产效果来看，与产品生产直接有关的时间消耗。其中，包括基本工作时间、辅助工作时间、准备与结束工作时间的消耗。

①基本工作时间。基本工作时间是指工人在完成能生产一定产品的施工工艺的过程中所消耗的时间。通过这些工艺过程可以使材料改变外形，如钢筋煨弯等；可以改变材料的结构与性质，如混凝土制品的养护、干燥等；可以使预制构配件安装组合成型；也可以改变产品外部及表面的性质，如粉刷、油漆等。基本工作时间所包括的内容依工作性质各不相同。基本工作时间的长短和工作量大小成正比。

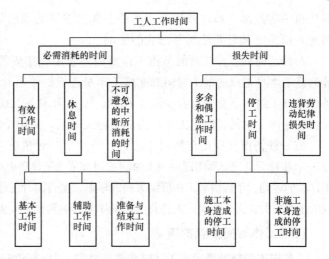

图 2-1　工人工作时间分类图

②辅助工作时间。辅助工作时间是指为保证基本工作能顺利完成所消耗的时间。在辅助工作时间里，不能使产品的形状、大小、性质或位置发生变化。辅助工作时间的结束，往往就是基本工作时间的开始。辅助工作一般是手工操作。如果在机械和手工并动的情况下，辅助工作是在机械运转过程中进行的，为避免重复则不应再计辅助工作时间的消耗。辅助工作时间的长短与工作量大小有关。

③准备与结束工作时间。准备与结束工作时间是指执行任务前或任务完成后所消耗的工作时间。如工作地点、劳动工具和劳动对象的准备工作时间；工作结束后的整理工作时间等。准备和结束工作时间的长短与其所担负的工作量大小无关，但往往和工作内容有关。

准备与结束工作时间的消耗可以分为班内的准备与结束工作时间、任务的准备与结束工作时间。其中，任务的准备与结束工作时间是在一批任务的开始与结束时产生的，如熟悉图纸、准备相应的工具、事后清理场地等，通常不反映在每一个工作班里。

2)休息时间。休息时间是指工人在工作过程中为恢复体力所必需的短暂休息和生理需要的时间消耗。休息时间是为了保证工人精力充沛地进行工作。因此，在定额时间中必须进行计算。休息时间的长短与劳动条件、劳动强度有关，劳动越繁重紧张，劳动条件越差（如高温），休息时间越长。

3)不可避免的中断所消耗的时间。不可避免的中断所消耗的时间是指由于施工工艺特点引起的工作中断所必需的时间。与施工过程工艺特点有关的工作中断时间，应包括在定额时间内，但应尽量缩短此项时间消耗。

(2)损失时间。损失时间与产品生产无关，而与施工组织和技术上的缺点有关，是与工人在施工过程中的个人过失或某些偶然因素有关的时间消耗，损失时间中包括多余和偶然工作时间、停工时间、违背劳动纪律所引起的工时损失。

1)多余和偶然工作时间。多余工作是工人进行任务以外而又不能增加产品数量的工作。如重砌质量不合格的墙体。多余工作的工时损失，一般都是由于工程技术人员和工人的差错而引起的，因此，不应计入定额时间中。偶然工作也是工人在任务外进行的工作，但能够获得一定产品。如抹灰工不得不补上偶然遗留的墙洞等。由于偶然工作能获得一定产品，因此，拟定定额时要适当考虑它的影响。

2）停工时间。停工时间是指工作班内停止工作造成的工时损失。停工时间按其性质，可分为施工本身造成的停工时间和非施工本身造成的停工时间两种。施工本身造成的停工时间，是由于施工组织不善、材料供应不及时、工作面准备工作做得不好、工作地点组织不良等情况引起的停工时间。非施工本身造成的停工时间，是由于水源、电源中断引起的停工时间。

前一种情况在拟定定额时不应该计算，后一种情况在拟定定额时则应给予合理的考虑。

3）违背劳动纪律所引起的损失时间。违背劳动纪律所引起的损失时间是指工人在工作班开始和午休后的迟到、午饭前和工作班结束前的早退、擅自离开工作岗位、工作时间内聊天或办私事等造成的工时损失。由于个别工人违背劳动纪律而影响其他工人无法工作的时间损失也包括在内。

（二）工作时间消耗的确定

工作时间消耗的确定采用计时观察法计算。计时观察法是研究工作时间消耗的一种技术测定方法。其以研究工时消耗为对象，以观察测时为手段，通过密集抽样和粗放抽样等技术进行直接的时间研究。计时观测法用于建筑施工中时以现场观察为主要技术手段，所以也称为现场观察法。计时观察法的种类很多，最主要的有测时法、写实记录法、工作日写实法三种。

（1）测时法。根据具体测试手段的不同，测时法又可以分为选择测时法和接续测时法。

1）选择测时法。选择测时法又称间隔计时法，是间隔选择施工过程中非紧连接的组成部分（工序或操作）测定工作时间。精确度达 0.5 s。

采用选择测时法，当测定开始时，观察者立即开动秒表，当该工序或操作结束，则立即停止秒表。然后，把秒表上指示的延续时间记录到选择测时法记录表上。当下一工序或操作开始时，再开动秒表，如此依次观察，并连续记录下延续时间，见表 2-1。

表 2-1　选择测时法记录表的表格形式

测定对象：单斗正铲挖土机挖土（斗容量 1 m³）		施工单位名称		工地名称	观察日期	开始时间	终止时间	延续时间	观察号次
观察精度：每一循环 时间精度：1 s		施工过程名称：用正铲挖松土，装上自卸载重汽车 挖土机斗臂回转角度为 120°～180°							

序号	工序或操作名称	每一循环内各组成部分的工时消耗/台秒										记 录 整 理				
		1	2	3	4	5	6	7	8	9	10	延续时间总计	有效循环次数	算术平均值	占一个循环比例/%	稳定系数③
1	土斗挖土并提升斗臂	17	15	18	19	19	22	16	18	18	16	178	10	17.8	38.12	1.47
2	回转斗臂	12	14	13	25①	10	11	11	11	12	13	108	9	12.0	25.70	1.40
3	土斗卸土	5	7	6	5	6	12②	5	8	6	5	53	9	5.9	12.63	1.60
4	返转斗臂并落下土斗	10	12	11	10	12	10	9	12	10	14	110	10	11.0	23.55	1.56
	一个循环总计	44	48	48	59	47	55	42	49	46	48	—	—	46.7	100.00	

注：①由于载重汽车未组织好，使挖土机等候，不能立刻卸土。

②因土与斗壁粘住，振动土斗后才使土卸落。

③工时消耗中最大值 t_{max} 与最小值 t_{min} 之比，即稳定系数 $=\dfrac{t_{max}}{t_{min}}$。

选择测时法比较容易掌握，使用比较广泛，它的缺点是测定开始和结束的时间时，容易发生读数的偏差。

在测时中，如有某些工序遇到特殊技术上或组织上的问题而导致工时消耗骤增时，在记录表上应加以注明，见表 2-1 中的①、②，供整理时参考。记录的数字如有笔误，应划去重写，不得在原数字上涂改，使其辨认不清。

2)接续测时法。接续测时法又称连续测时法，是对施工过程循环的组成部分进行不间断的连续测定，不遗漏任何工序或动作的终止时间，并计算出本工序的延续时间。其计算公式为

$$本工序的延续时间＝本工序的终止时间－紧前工序的终止时间$$

表 2-2 为接续测时法记录表的表格形式示例。接续测时法比选择测时法准确、完善，因为接续测时法包括了施工过程的全部循环时间，且在各组成部分延续时间之间的误差可以互相抵销，但对其观察技术要求较高。其特点是在工作进行中和非循环组成部分出现之前一直不停止秒表，秒针在走动过程中，观察者根据各组成部分之间的定时点，记录它的终止时间。因此，在测定时间时应使用具有辅助秒针的计时表（即人工秒表），以便使其辅助针停止在某一组成部分的结束时间上。

（2）写实记录法。写实记录法是一种研究各种性质的工作时间消耗的方法。采用这种方法可以获得分析工作时间消耗的全部资料，并且精确程度能达到 0.5～1 mm。写实记录法的观察对象，可以是一个工人，也可以是一个工人小组。测时用普通表进行。写实记录法按记录时间方法的不同，可分为数示法、图示法和混合法三种。

1)数示法。数示法是三种写实记录法中精确度较高的一种，可以同时对两个工人进行观察，观察的工时消耗记录在专门的数示法写实记录表中。数示法可用来对整个工作班或半个工作班进行长时间观察，因此，能反映工人或机器工作日全部的情况。

表 2-3 为数示法写实记录表示例。该施工过程为双轮车运土方，运距为 200 m。施工过程由六个部分组成，即序号 1～6。表中第（4）栏所列的序号即该 6 个组成部分，第（5）栏即相应序号的组成部分结束时间，第（9）栏开始连续对工人测定。

2)图示法。图示法是在规定格式的图表上用时间进度线条表示工时消耗量的一种记录方式，精确度可达 30 s，可同时对 3 个以内的工人进行观察。观察资料记入图示法写实记录表中，见表 2-4。观察所得时间消耗资料记录在表的中间部分。表的中间部分是由 60 个小纵行组成的格网，每一小纵行等于 1 min。观察开始后，根据各组成部分的延续时间用横线画出。这段横线必须和该组成部分的开始与结束时间相符合。为便于区分两个以上工人的工作时间消耗，又设一辅助直线，将属于同一工人的横线段连接起来。观察结束后，再分别计算出每一工人在各个组成部分上的时间消耗，以及各组成部分的工时总消耗。观察时间内完成的产品数量记入产品数量栏。

3)混合法。混合法汲取数示法和图示法两种方法的优点，以时间进度线条表示工序的延续时间，在进度线的上部加写数字表示各时间区段的工人数。混合法适用于 3 个以上工人小组工时消耗的测定与分析。记录观察资料的表格仍采用图示法写实记录表。填写表格时，各组成部分延续时间用图示法填写，完成每一组成部分的工人人数，则用数字填写在该组成部分时间线段的上面，见表 2-5。

表 2-2 接续测时法记录表的表格形式

测定对象：混凝土搅拌机
拌和混凝土
观察精确度：1 s

施工单位名称：　　　工地名称：　　　观察日期　　　观察号次

施工过程名称：混凝土搅拌机(J₅B-500型)拌和混凝土

序号	工序或操作名称、时间	1分	1秒	2分	2秒	3分	3秒	4分	4秒	5分	5秒	6分	6秒	7分	7秒	8分	8秒	9分	9秒	10分	10秒	延续时间总计/s	有效循环次数	算术平均值/s	最大值 t_{max}/s	最小值 t_{min}/s	稳定系数
1	装料人数 终止时间	0	15	2	16	4	20	6	30	8	33	10	39	12	44	14	56	17	4	19	5						
	延续时间		15		13		13		17		14		15		16		19		12		14	148	10	14.8	19	12	1.58
2	搅拌 终止时间	1	45	3	48	5	55	7	57	10	4	12	9	14	20	16	28	18	33	20	38						
	延续时间		90		92		95		87		91		90		96		92		89		93	915	10	91.5	96	87	1.10
3	出料 终止时间	2	3	4	7	6	13	8	19	10	24	12	28	14	37	16	52	18	51	20	54						
	延续时间		18		19		18		22		20		19		17		24		18		16	191	10	19.1	24	16	1.50

注：观察次数栏分"开始时间"、"终止时间"；记录整理栏含延续时间。

表 2-3　数示法写实记录表示例

工地名称			开始时间	8:33		延续时间	1:21:40		调查号次		
施工单位名称			终止时间	9:54:40		记录日期			页　次		

序号	施工过程组成部分名称	时间消耗量 分/秒		组成部分序号	起止时间 时	分	秒	延续时间 分/秒		完成产品 计量单位	数量	组成部分序号	起止时间 时	分	秒	延续时间 分/秒		完成产品 计量单位	数量
(1)	(2)	(3)		(4)	(5)			(6)		(7)	(8)	(9)	(10)			(11)		(12)	(13)
1	装土	29	35	(开始)	8	33	0					1	9	16	50	3	40	m³	0.288
2	运输	21	26	1	8	35	50	2	50	m³	0.288	2	9	19	10	2	20	次	1
3	卸土	8	59	2	8	39	0	3	10	次	1	3	9	20	10	1	00		
4	空返	18	5	3	8	40	20	1	20			4	9	22	30	2	20		
5	等候装土	2	5	4	8	43	0	2	40			1	9	26	30	4	00	m³	0.288
6	喝水	1	30	1	8	45	30	3	30	m³	0.288	2	9	29	0	2	30	次	1
				2	8	49	0	2	30	次	1	3	9	30	0	1	00		
				3	8	50	0	1	00			4	9	32	50	2	50		
				4	8	52	30	2	40			5	9	34	55	2	05		
				1	8	56	40	4	10	m³	0.288	1	9	38	50	3	55	m³	0.288
				2	8	59	10	2	30	次	1	2	9	41	56	3	06	次	1
				3	9	00	20	1	10			3	9	43	20	1	24		
				4	9	3	10	2	50			4	9	45	50	2	30		
				1	9	6	50	3	40	m³	0.288	1	9	49	40	3	50	m³	0.288
				2	9	9	40	2	50	次	1	2	9	52	10	2	30	次	1
				3	9	10	45	1	05			3	9	53	10	1	00		
				4	9	13	10	2	25			6	9	54	40	1	30		
	合计	81	40					40	10							41	30		

注：运土 8 车，每车容积 0.288 m³，共运 0.288×8＝2.3(m³)松土。

表 2-4　图示法写实记录表示例

观测对象（人数，工种等）			施工单位名称	工地名称	观测日期	开始时间	终止时间	延续时间	页	次
瓦工小组						9:00	10:00	60'00"		
一 二 三 四 五 六 七 共计										
1 1 1 1 1 3			施工过程名称			砌筑 2 砖厚砖墙				

序号	工作名称	时间/min（图示）	延续时间/工分	产品数量	备注
1	铺设灰浆	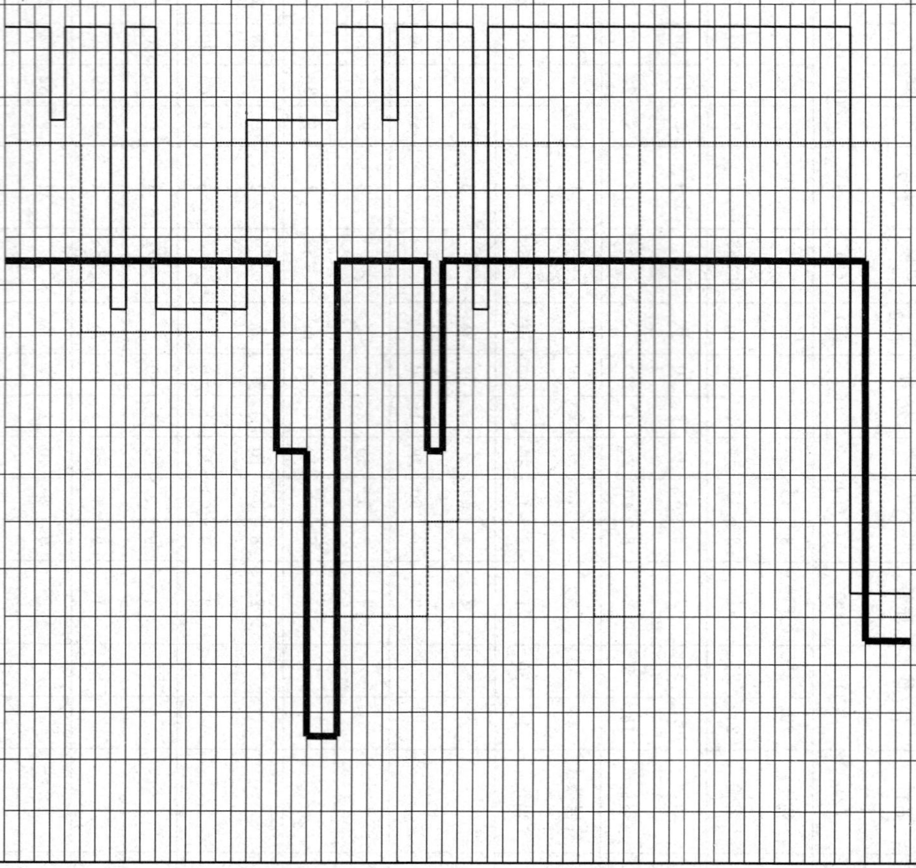	40	0.4 m³	
2	摆砖		41	772 块	
3	砌外皮砖		52	440 块	
4	砌填充砖		21	310 块	
5	检查砌体		3	2 块	
6	清理		2	4 m	
7	休息		19		
8	停工		2		灰浆未及时供应
	总计		180		

观测：　　　　整理：

复核：

36

表2-5　混合法写实记录表示例

工地名称	××工地	开始时间	8：00	延续时间	1 h	调查号次	
施工单位名称	××建筑工程公司	终止时间	9：00	记录时间		页次	
施工过程	砌1砖厚单面混水墙	观察对象		四级工：3人；三级工：3人			

号次	施工过程名称	时间（5 10 15 20 25 30 35 40 45 50 55 60）	时间合计/min	产品数量	
1	撤锹	2 12 21 2 1 1 2 1 2	78	1.85 m³	
2	捣固	4 24 21 2 1 4 34 21 1 4 2 3	148	1.85 m³	
3	转移	513 2 56 3564 6 3 3	103	3次	
4	等混凝土	63 3	21		
8	做其他工作	1 1 1	10		
	总计		360		

观察者：×××　　　　　　　　　　　　　复核者：×××

对于写实记录的各项观察资料，要在事后加以整理。在整理时，先将施工过程的各个组成部分按施工工艺顺序从写实记录表上抄录下来，并摘录相应的工时消耗；然后按工时消耗的性质，分为基本工作与辅助工作时间、休息和不可避免中断时间、违反劳动纪律时间等，按各类时间消耗进行统计，并计算整个观察时间即总工时消耗；再计算各组成部分时间消耗占总工时消耗的百分比。产品数量从写实记录表内抄录。单位产品工时消耗由总工时消耗除以产品数量得到。

(3)工作日写实法。工作日写实法是一种研究整个工作班内的各种工时消耗的方法。采用工作日写实法主要有两个目的，一是取得编制定额的基础资料；二是检查定额的执行情况，找出缺点，改进工作。当其被用来达到第一个目的时，工作日写实的结果要获得观察对象在工作班内工时消耗的全部情况，以及产品数量和影响工时消耗的因素。其中，工时消耗应该按其性质进行分类记录。当其被用来达到第二个目的时，通过工作日写实应该做到：查明工时损失量和引起工时损失的原因，制订消除工时损失、改善劳动组织和工作地点组织的措施，查明熟练工人是否能发挥自己的专长，确定合理的小组编制和合理的小组分工；确定机器在时间利用和生产率方面的情况，找出机器使用不当的原因，制订改善机器使用情况的技术组织措施；计算工人或机器完成定额的实际百分比和可能百分比。

与测时法、写实记录法比较，工作日写实法具有技术简便、费力不多、应用面广和资料全面的优点，在我国其是一种使用广泛的编制定额的方法。

表 2-6 为工作日写实法结果示例。

表 2-6　工作日写实结果表(正面)

工作日写实结果表	观察的对象和工地：造船厂工地甲种宿舍							
	工作队(小组)：小组成员　工种：瓦工							
工程(过程)名称：砌 2 砖混水墙 观察日期：20××年 7 月 20 日 工作班：自 8：00 至 17：00 完成，共 8 工时	$\frac{小组}{工作队}$ 的工人组成							
	1 级	2 级	3 级	4 级	5 级	6 级	7 级	共计
		2				2		4

号次	工　时　平　衡　表			
	工时消耗种类	消耗量/工分	百分比/%	劳动组织的主要缺点
1	1. 必需消耗的时间			
2	适合于技术水平的有效工作	1 120	58.3	
3	不适合于技术水平的有效工作	67	3.5	
4	有效工作共计	1 187	61.8	
5	休息	176	9.2	(1)架子工搭设脚手板的工作没有保证质量，同时架子工的工作未按计划进度完成，以致影响了砌砖工人的工作。
6	不可避免的中断			
7	必需消耗的时间共计(A)	1 363	71.0	
8	2. 损失时间			(2)由于砂浆搅拌机时有故障，砂浆不能及时供应
9	由于砖层砌筑不正确而加以更改	49	2.6	
10	由于架子工把脚手板铺得太差而加以修正	54	2.8	
11	多余和偶然工作共计	103	5.4	
12	因为没有砂浆而停工	112	5.8	

	工时消耗种类	消耗量/工分	百分比/%	劳动组织的主要缺点
13	因脚手板准备不及时而停工	64	3.3	
14	因工长耽误指示传达而停工	100	5.2	
15	由于施工本身而停工共计	276	14.4	(3)工长和工地技术人员,对于工人工作指导不及时,并缺乏经常的检查、督促,致使砌砖返工;架子工搭设脚手板后,也未校验。又因没有及时指示,而造成砌砖工停工。 (4)由于工人宿舍距施工地点远,工人经常迟到
16	因雨停工	96	5.0	
17	因电流中断而停工	12	0.6	
18	非施工本身而停工共计	108	5.6	
19	工作班开始时迟到	34	1.8	
20	午后迟到	36	1.9	
21	违反劳动纪律共计	70	3.6	
22	损失时间共计	557	29.0	
23	总共消耗的时间(B)	1 920	100	
24	现行定额总共消耗时间			
完成工作数量: 6.66 千块		测定者:		

观察第一瓦工小组砌筑 2 砖厚混水砖墙、8 h 工作日写实记录,总共砌筑 6 660 块砖。其中:

必需消耗的定额工时为:$A=1\ 363$ 工分。

总共消耗的工时为:$B=1\ 920$ 工分。

总共消耗的工时即总共观察时间为:$8\times4\times60=1\ 920$(工分)。

该小组完成定额的情况计算见表 2-7。表 2-7 是表 2-6 的续表,一般是印刷在表 2-6 的背面。

表 2-7 工作日写实结果表(背面)

序号	定额编号	定额项目	计量单位	完成工作数量	定额工时消耗		备注
					单位	总计	
1	瓦 10	2 砖混水墙	千块	6.66	4.3	28.64	
2							
3							
4							
5							
6		总计				28.64	

完成定额情况	实际: $\dfrac{60\times28.64}{1\ 920}\times100\%=89.5\%$
	可能: $\dfrac{60\times28.64}{1\ 363}\times100\%=126\%$

	建 议 和 结 论
建议	1. 施工工长和技术人员加强对砌砖工人工作的指导,并及时检查督促。 2. 工人开始工作前要先检验脚手板,工地领导和安全技术员必须负责贯彻技术安全措施。 3. 立即修好灰浆搅拌机。 4. 采取措施,消除上班迟到现象
结论	全工作日中时间损失占据 29%,原因主要是施工技术人员指导不力。如果能够保证对工人小组的工作给予切实有效的指导,改善施工组织管理,劳动生产率就可以提高 35% 以上

表 2-8 为对 12 个瓦工小组的工作日写实法观察结果的汇总表。表中"加权平均值"栏是根据各小组的工人数和相应的各类工时消耗百分率加权平均所得的。其计算公式为

$$X = \frac{\sum W_i \cdot B_i}{\sum W_i}$$

式中 X——加权平均值；

W_i——所测定各小组的工人数；

B_i——所测定各小组各类工时消耗的百分比。

表 2-8 工作日写实结果汇总表

写实汇总		工作日写实结果汇总日期：自 20×× 年 7 月 20 日至 8 月 1 日													
工地：第×车间		工种：瓦工													
观察日期及编号		A1 7/20	A2 7/21	A3 7/22	A4 7/23	A5 7/24	A6 7/25	A7 7/26	A8 7/28	A9 7/29	A10 7/30	A11 7/31	A12 8/1	加权平均值	备注
号次	小组（工作队）工时消耗分类														
	每班人数	4	2	2	3	4	3	2	2	4	2	4	3	35	
一、	必需消耗的时间														工时消耗分类按占总共消耗时间的百分比计算
1	适合于技术水平的有效工作	58.3	67.3	67.7	50.3	56.9	50.6	77.1	62.8	75.9	53.1	51.9	69.1	61.1	
2	不适合于技术水平的有效工作	3.5	17.3	7.6	31.7	—	21.8	—	6.5	12.8	3.6	26.4	10.2	12.3	
3	有效工作共计	61.8	84.6	75.3	82.0	56.9	72.4	77.1	69.3	88.7	56.7	78.3	79.3	73.4	
4	休息	9.2	9.0	8.7	10.9	10.8	11.4	8.6	17.8	11.3	13.4	15.1	10.1	11.4	
5	不可避免的中断														
6	必需消耗时间共计	71.0	93.6	84.0	92.9	67.7	83.8	85.7	87.1	100	70.1	93.4	89.4	84.8	
二、	损失时间														
1	多余和偶然工作	5.4	5.2	6.7	—		3.3	6.9	—				3.2	2.2	
2	由于施工本身而停工	14.4	—	6.3	2.6	26.0	3.8	4.4	11.3		29.9	6.6	5.1	9.4	
3	非施工本身而停工	5.6		1.3	3.6	6.3	9.1	3.0					1.7	2.8	
4	违背劳动纪律	3.6	1.2	1.7	0.9				1.6				0.6	0.8	
5	损失时间共计	29.0	6.4	16.0	7.1	32.3	16.2	14.3	12.9		29.9	6.6	10.6	15.2	
6	总共消耗时间	100	100	100	100	100	100	100	100	100	100	100	100	100	
完成定额/%	实际	89.5	115	107	113	95	98	102	110	116	97	114	101	104.8	
	可能	126	123	128	122	140	117	199	126	116	138	122	120	131.4	

制表：   复核：

二、人工消耗定额的确定

时间定额和产量定额是人工定额的两种表现形式。时间定额是指在一定的技术装备和劳动组织条件下，规定完成合格的单位产品所需消耗工作时间的数量标准，一般用工时或工日为计量单位；产量定额是指在一定的技术装备和劳动组织条件下，规定劳动者在单位时间（工日）内，应完成合格产品的数量标准。由于产品多种多样，产量定额的计量单位也

就无法统一，一般有 m、m²、m³、kg、t、块、套、组、台等。时间定额与产量定额互为倒数。拟定出时间定额，也就可以计算出产量定额。

在全面分析各种影响因素的基础上，通过计时观察资料，可以获得定额的各种必需消耗时间。将这些时间进行归纳，有的是经过换算，有的是根据不同的工时规范附加，最后把各种定额时间加以综合和类比就可以得出整个工作过程的人工消耗的时间定额。

(一)确定工序作业时间

根据计时观察资料的分析和选择，可以获得各种产品的基本工作时间和辅助工作时间，将这两种时间统称为工序作业时间。其是产品主要的必需消耗的工作时间，是各种因素的集中反映，决定着整个产品的定额时间。

1. 拟定基本工作时间

基本工作时间在必需消耗的工作时间中占的比重最大。在确定基本工作时间时，必须细致、精确。基本工作时间消耗一般应根据计时观察资料来确定。其做法是：首先确定工作过程每一组成部分的工时消耗，然后综合出工作过程的工时消耗。如果组成部分的产品计量单位和工作过程的产品计量单位不符，就需要先求出不同计量单位的换算系数，进行产品计量单位的换算，再相加，求得工作过程的工时消耗。

(1)当各组成部分计量单位与最终产品计量单位一致时，单位产品基本工作时间就是施工过程各个组成部分作业时间的总和。

(2)当各组成部分计量单位与最终产品产量单位不一致时，各组成部分基本工作时间应分别乘以相应的换算系数。

2. 拟定辅助工作时间

辅助工作时间的确定方法与基本工作时间相同。如果在计时观察时不能取得足够的资料，也可采用工时规范或经验数据来确定。如具有现行的工时规范，可以直接利用工时规范中规定的辅助工作时间的百分比来计算。

(二)确定规范时间

规范时间包括工序作业时间以外的准备与结束工作时间、不可避免的中断时间及休息时间。

1. 确定准备与结束工作时间
准备与结束工作时间是指执行任务前或任务完成后所消耗的工作时间。

2. 确定不可避免的中断时间
在确定不可避免中断时间的定额时，必须注意由工艺特点所引起的不可避免中断才可列入工作过程的时间定额。

3. 拟定休息时间

休息时间应根据工作班作息制度、经验资料、计时观察资料，以及对工作的疲劳程度做全面分析来确定。同时，应考虑尽可能利用不可避免中断时间作为休息时间。

(三)拟定定额时间

确定的基本工作时间、辅助工作时间、准备与结束工作时间、不可避免中断时间与休息时间之和，就是劳动定额的时间定额。根据时间定额可计算出产量定额，二者互为倒数。

【**例 2-1**】 通过计时观察资料可知：人工挖二类土 1 m³ 的基本工作时间为 6 h，辅助工作时间占工序作业时间的 2%。准备与结束工作时间、不可避免的中断时间、休息时间分别占工作日的 3%、2%、18%。计算该人工挖二类土的时间定额及产量定额。

【解】 基本工作时间＝6 h＝0.75 工日/m³

工序作业时间＝基本工作时间＋辅助工作时间

　　　　　　＝基本工作时间/(1－辅助时间占比)

　　　　　　＝0.75/(1－2%)

　　　　　　＝0.765(工日/m³)

时间定额＝0.765/(1－3%－2%－18%)＝0.994(工日/m³)

产量定额＝1/0.994＝1.006(m³/工日)

三、材料消耗定额的确定

(一)材料的分类

合理确定材料消耗定额，必须研究和区分材料在施工过程中的类别。

1. 按材料消耗的性质划分

按材料消耗的性质划分，施工中的材料可分为必需消耗的材料和损失的材料两类。必需消耗的材料是指在合理用料的条件下，生产合格产品所需消耗的材料。其包括：直接用于建筑和安装工程的材料；不可避免的施工废料；不可避免的材料损耗。

必需消耗的材料属于施工正常消耗，是确定材料消耗定额的基本数据。其包括直接用于建筑和安装工程的材料，编制材料净用量定额；不可避免的施工废料和材料损耗，编制材料损耗定额。

2. 按材料消耗与工程实体的关系划分

按材料消耗与工程实体的关系划分，施工中的材料可分为实体材料和非实体材料两类。

(1)实体材料。实体材料是指直接构成工程实体的材料。其包括工程直接性材料和辅助性材料。工程直接性材料主要是指一次性消耗、直接用于工程上构成建筑物或结构本体的材料，如钢筋混凝土柱中的钢筋、水泥、砂、碎石等；辅助性材料主要是指虽也是施工过程中所必需，但并不构成建筑物或结构本体的材料，如土石方爆破工程中所需的炸药、引信、雷管等。实体材料的主要材料用量大，辅助材料用量少。

(2)非实体材料。非实体材料是指在施工中必须使用但又不能构成工程实体的施工措施性材料。其主要是指周转性材料，如模板、脚手架等。

(二)确定实体材料消耗量的基本方法

确定实体材料的净用量定额和材料损耗定额的计算数据，是通过现场技术测定、实验室试验、现场统计和理论计算等方法获得的。

(1)现场技术测定法又称观测法，是根据对材料消耗过程的测定与观察，通过完成产品数量和材料消耗量的计算而确定各种材料消耗定额的一种方法。现场技术测定法主要适用于确定材料损耗量，因为该部分数值用统计法或其他方法较难得到。通过现场观察，还可以区别哪些属于可以避免的损耗，哪些属于难以避免的损耗，明确定额中不应列入可以避免的损耗。

(2)实验室试验法主要用于编制材料净用量定额。通过试验，能够对材料的结构、化学成分和物理性能，以及按强度等级控制的混凝土、砂浆、沥青、油漆等配合比做出科学的结论，给编制材料消耗定额提供有技术根据的、比较精确的计算数据。其缺点在于无法估计到施工现场某些因素对材料消耗量的影响。

（3）现场统计法是以施工现场积累的分部分项工程使用材料数量、完成产品数量、完成工作原材料的剩余数量等统计资料为基础，经过整理分析，获得材料消耗的数据。这种方法由于不能分清材料消耗的性质，因而不能作为确定材料净用量定额和材料损耗定额的依据，只能作为编制定额的辅助性方法使用。

上述三种方法的选择必须符合国家有关标准规范，即材料的产品标准，计量要使用标准容器和称量设备，质量符合施工验收规范要求，以保证获得可靠的定额编制依据。

（4）理论计算法是运用一定的数学公式计算材料消耗定额。

四、机械台班消耗定额的确定

1. 确定机械 1 h 纯工作正常生产率

机械纯工作时间是指机械的必需消耗时间。机械 1 h 纯工作正常生产率，是在正常施工组织条件下，具有必需的知识和技能的技术工人操纵机械 1 h 的生产率。

根据机械工作特点的不同，机械 1 h 纯工作正常生产率的确定方法也有所不同。

工作时间内的产品数量和工作时间的消耗，要通过多次现场观察和机械说明书来取得数据。

2. 确定施工机械的正常利用系数

施工机械的正常利用系数是指机械在工作班内对工作时间的利用率。机械的利用系数和机械在工作台班内的工作状况有着密切的关系。因此，要确定机械的正常利用系数，首先要拟定机械工作台班的正常工作状况，保证合理利用工时。

3. 计算施工机械台班产量定额

计算施工机械台班产量定额是编制机械定额工作的最后一步。在确定机械工作正常条件、机械 1 h 纯工作正常生产率和机械正常利用系数之后，采用下列公式计算施工机械台班产量定额：

施工机械台班产量定额＝机械 1 h 纯工作正常生产率×工作台班纯工作时间

或

施工机械台班产量定额＝机械 1 h 纯工作正常生产率×工作台班延续时间×机械正常利用系数

$$施工机械时间定额 = \frac{1}{机械台班产量定额指标}$$

【例 2-2】 某工程现场采用出料容量 500 L 的混凝土搅拌机，每一次循环中，装料、搅拌、卸料、中断需要的时间分别为 1 min、3 min、1 min、1 min，机械正常利用系数为0.9，求该机械的台班产量定额。

【解】 该搅拌机一次循环的正常延续时间＝1＋3＋1＋1＝6(min)＝0.1 h

该搅拌机纯工作 1 h 循环次数＝10 次

该搅拌机纯工作 1 h 正常生产率＝10×500＝5 000(L)＝5 m³

该搅拌机台班产量定额＝5×8×0.9＝36(m³/台班)

第三节 建筑安装工程人工、材料、机械台班单价

一、人工日工资单价的组成和确定方法

人工日工资单价是指施工企业平均技术熟练程度的生产工人，在每工作日（国家法定工作时间内）按规定从事施工作业应得的日工资总额。合理确定人工日工资单价是正确计算人工费和工程造价的前提和基础。

1. 人工日工资单价组成内容

人工日工资单价由计时工资或计件工资、奖金、津贴补贴以及特殊情况下支付的工资组成。

（1）计时工资或计件工资。计时工资或计件工资是指按计时工资标准和工作时间或对已做工作按计件单价支付给个人的劳动报酬。

（2）奖金。奖金是指对超额劳动和增收节支支付给个人的劳动报酬。如节约奖、劳动竞赛奖等。

（3）津贴补贴。津贴补贴是指为了补偿职工特殊或额外的劳动消耗和因其他原因支付给个人的津贴，以及为了保证职工工资水平不受物价影响而支付给个人的物价补贴。如流动施工津贴、特殊地区施工津贴、高温（寒）作业临时津贴、高空津贴等。

（4）特殊情况下支付的工资。特殊情况下支付的工资是指根据国家法律、法规和政策规定，因病、工伤、产假、计划生育假、婚丧假、事假、探亲假、定期休假、停工学习、执行国家或社会义务等原因按计时工资标准或计时工资标准的一定比例支付的工资。

2. 人工日工资单价确定方法

（1）年平均每月法定工作日。由于人工日工资单价是每一个法定工作日的工资总额，因此需要对年平均每月法定工作日进行技术。其计算公式为

$$年平均每月法定工作日 = \frac{全年日历日 - 法定假日}{12}$$

式中，法定假日是指双休日和法定假日。

（2）日工资单价的计算。确定了年平均每月法定工作日后，将上述工资总额进行分摊，即形成了人工日工资单价。其计算公式为

$$日工资单价 = \frac{生产工人平均月工资（计时、计价）+ 平均月（奖金 + 津贴补贴 + 特殊情况下支付的工资）}{年平均每月法定工作日}$$

（3）日工资单价的管理。虽然施工企业投标报价时可以自主确定人工费，但由于人工日工资单价在我国具有一定的政策性，因此工程造价管理机构确定日工资单价应根据工程项目的技术要求，通过市场调查并参考实物的工程量人工单价综合分析确定。发布的最低日工资单价不得低于工程所在地人力资源和社会保障部门所发布的最低工资标准的：普工 1.3 倍、一般技工 2 倍、高级技工 3 倍。

3. 影响人工日工资单价的因素

影响人工日工资单价的因素很多，归纳起来有以下几个方面：

(1)社会平均工资水平。建筑安装工人人工日工资单价必然和社会平均工资水平趋同。社会平均工资水平取决于经济发展水平。由于经济的增长，社会平均工资也会增长，从而影响人工日工资单价的提高。

(2)生活消费指数。生活消费指数的提高会影响人工日工资单价的提高，以减少生活水平的下降或维持原来的生活水平。生活消费指数的变动取决于物价的变动，尤其取决于生活消费品物价的变动。

(3)人工日工资单价的组成内容。住房和城乡建设部、财政部《关于印发〈建筑安装工程费用项目组成〉的通知》(建标〔2013〕44 号)将职工福利费和劳动保护费从人工日工资单价中删除，这也必然影响人工日工资单价的变化。

(4)劳动力市场供需变化。劳动力市场如果需求大于供给，人工日工资单价就会提高；供给大于需求，市场竞争激烈，人工日工资单价就会下降。

(5)政府推行的社会保障和福利政策也会影响人工日工资单价的变动。

二、材料单价的组成和确定方法

在建筑工程中，材料费占总造价的 60%～70%，在金属结构工程中所占比重还要大，是直接工程费的主要组成部分。因此，合理确定材料价格构成，正确计算材料单价，有利于合理确定和有效控制工程造价。

(一)材料单价的构成和分类

1. 材料单价的构成

材料单价是指材料(包括构件、成品及半成品等)从其来源地(或交货地点、供应者仓库提货地点)到达施工工地仓库(施工地点内存放材料的地点)后出库的综合平均价格。材料单价一般由材料原价(或供应价格)、材料运杂费、运输损耗费、采购及保管费组成。另外，在计价时，材料费中还应包括单独列项计算的检验试验费。其计算公式为

$$材料费 = \sum(材料消耗量 \times 材料单价) + 检验试验费$$

2. 材料单价的分类

材料单价按适用范围划分，有地区材料单价和某项工程使用的材料单价。地区材料单价是按地区(城市或建设区域)编制，供该地区所有工程使用；某项工程(一般指大中型重点工程)使用的材料单价，是以一个工程为编制对象，专供该工程项目使用。

地区材料单价与某项工程使用的材料单价的编制原理和方法是一致的，只是在材料来源地、运输数量权数等具体数据上有所不同。

(二)材料单价的确定方法

材料单价是由材料原价(或供应价格)、材料运杂费、运输损耗费、采购及保管费合计而成的。

1. 材料原价(或供应价格)

材料原价是指国内采购材料的出厂价格，以及国外采购材料抵达买方边境、港口或车站并交纳完各种手续费、税费后所形成的价格。在确定原价时，凡同一种材料因来源地、

交货地、供货单位、生产厂家不同，而有几种价格（原价）时，根据不同来源地供货数量比例如，采取加权平均的方法确定其综合原价。其计算公式为

$$加权平均原价 = \frac{K_1 C_1 + K_2 C_2 + \cdots + K_n C_n}{K_1 + K_2 + \cdots + K_n}$$

式中　K_1，K_2，$\cdots$，K_3——各不同供应地点的供应量或不同使用地点的需要量；

　　　C_1，C_2，$\cdots$，C_3——各不同供应地点的原价。

若材料供货价格为含税价格，则材料原价应以购进货物适用的税率或征收率扣减增值税进项税额。

2. 材料运杂费

材料运杂费是指国内采购材料自来源地、国外采购材料自到岸港运至工地仓库或指定堆放地点发生的费用，含外埠中转运输过程中所发生的一切费用和过境过桥费用，包括调车和驳船费、装卸费、运输费及附加工作费等。同一品种的材料有若干个来源地，应采用加权平均的方法计算材料运杂费。其计算公式为

$$加权平均运杂费 = \frac{K_1 T_1 + K_2 T_2 + \cdots + K_n T_n}{K_1 + K_2 + \cdots + K_n}$$

式中　K_1，K_2，$\cdots$，K_3——各不同供应地点的供应量或不同使用地点的需要量；

　　　T_1，T_2，$\cdots$，T_3——各不同运距的运费。

3. 运输损耗费

在材料的运输中应考虑一定的场外运输损耗费用，这在运输装卸过程中是不可避免的。运输损耗的计算公式为

　　　　运输损耗＝（材料原价＋运杂费）×相应材料损耗率

4. 采购及保管费

采购及保管费是指组织材料采购、检验、供应和保管过程中发生的费用，其包含采购费、仓储费、工地管理费和仓储损耗费。

采购及保管费一般按照材料到库价格以费率取定。其计算公式为

　　　采购及保管费＝材料运到工地仓库价格×采购及保管费费率（％）

或　　　采购及保管费＝（材料原价＋运杂费＋运输损耗费）×采购及保管费费率（％）

综上所述，材料单价的一般计算公式为

材料单价＝{（供应价格＋运杂费）×[1＋运输损耗率（％）]}×[1＋采购及保管费费率（％）]

由于我国幅员广阔，建筑材料产地与使用地点的距离各地差异很大，建筑材料采购、保管、运输方式也不尽相同，因此，材料单价原则上按地区范围编制。

（三）影响材料单价变动的因素

(1)市场供需变化。材料原价是材料单价中最基本的组成。市场供大于求，价格就会下降；反之，价格就会上升，从而会影响材料单价的涨落。

(2)材料生产成本的变动直接影响材料单价的波动。

(3)流通环节的多少和材料供应体制也会影响材料单价。

(4)运输距离和运输方法的改变会影响材料运输费用的增减，从而会影响材料单价。

(5)国际市场行情会对进口材料单价产生影响。

三、施工机械台班单价的组成和确定方法

施工机械使用费是根据施工中耗用的机械台班数量和机械台班单价确定的。施工机械台班耗用量按有关定额规定计算；施工机械台班单价是指一台施工机械，在正常运转条件下一个工作台班中所发生的全部费用，每台班按 8 h 工作制计算。正确制定施工机械台班单价是合理确定和控制工程造价的重要方面。

(一)施工机械台班单价的组成

根据 2015 年中华人民共和国住房和城乡建设部发布的《建设工程施工机械台班费用编制规则》，施工机械台班单价由七项费用组成，包括折旧费、检修费、维护费、安拆费及场外运费、人工费、燃料动力费和其他费。

(1)折旧费。折旧费是指施工机械在规定的耐用总台班内，陆续收回其原值的费用。

(2)检修费。检修费是指施工机械在规定的耐用总台班内，按规定的检修间隔进行必要的检修，以恢复其正常功能所需的费用。

(3)维护费。维护费是指施工机械在规定的耐用总台班内，按规定的维护间隔进行各级维护和临时故障排除所需的费用。保障机械正常运转所需替换设备与随机配备工具附具的摊销费用、机械运转，以及日常维护所需润滑与擦拭的材料费用及机械停滞期间的维护费用等。

(4)安拆费及场外运费。安拆费是指施工机械在现场进行安装与拆卸所需的人工、材料、机械和试运转费用以及机械辅助设施的折旧、搭设、拆除等费用。场外运费是指施工机械整体或分体自停放地点运至施工现场或由一施工地点运至另一施工地点的运输、装卸、辅助材料等费用。

(5)人工费。人工费是指机上司机(司炉)和其他操作人员的人工费。

(6)燃料动力费。燃料动力费是指施工机械在运转作业中所耗用的燃料及水、电等费用。

(7)其他费。其他费是指施工机械按照国家规定应缴纳的车船税、保险费及检测费等。

(二)施工机械台班单价的确定方法

施工机械台班单价应按下式计算：

施工机械台班单价＝折旧费＋检修费＋维护费＋安拆费及场外运费＋人工费＋燃料动力费＋其他费

1. 折旧费

折旧费按下式计算：

$$折旧费 = \frac{预算价格 \times (1 - 残值率)}{耐用总台班}$$

2. 检修费

检修费按下式计算：

$$检修费 = \frac{一次检修费 \times 检修次数}{耐用总台班}$$

3. 维护费

维护费按下式计算：

$$维护费 = \frac{\sum(各级维护一次费用 \times 各级维护次数) + 临时故障排除费}{耐用总台班} + \frac{替换设备和工具}{附具台班摊销费}$$

4. 安拆费及场外运费

安拆费及场外运费根据施工机械不同可分为不需计算、计入台班单价和单独计算三种类型。

(1)不需计算。

1)不需安拆的施工机械,不计算一次安拆费。

2)不需相关机械辅助运输的自行移动机械,不计算场外运费。

3)固定在车间的施工机械,不计算安拆费及场外运费。

(2)计入台班单价。安拆简单、移动需要起重及运输机械的轻型施工机械,其安拆费及场外运费计入台班单价。

(3)单独计算。

1)安拆复杂、移动需要起重及运输机械的重型施工机械,其安拆费及场外运费可单独计算。

2)利用辅助设施移动的施工机械,其辅助设施(包括轨道与枕木等)的折旧、搭设和拆除等费用可单独计算。

安拆费及场外运费应按下式计算:

$$安拆费及场外运费 = \frac{一次安拆费及场外运费 \times 年平均安拆次数}{年工作台班}$$

5. 人工费

人工费按下式计算:

$$人工费 = 人工消耗量 \times \left(1 + \frac{年制度工作日 - 年工作台班}{年工作台班}\right) \times 人工单价$$

6. 燃料动力费

燃料动力费应按下式计算:

$$燃料动力费 = \sum(燃料动力消耗量 \times 燃料动力单价)$$

7. 其他费

其他费应按下式计算:

$$其他费 = \frac{年车船税 + 年保险费 + 年检测费}{年工作台班}$$

四、施工仪器仪表台班单价的组成和确定方法

(一)施工仪器仪表台班单价的组成

根据《建设工程施工仪器仪表台班费用编制规则》的规定,施工仪器仪表划分为自动化仪表及系统、电工仪器仪表、光学仪器、分析仪表、试验机、电子和通信测量仪器仪表、专用仪器仪表七个类别。

施工仪器仪表台班单价由折旧费、维护费、校验费、动力费四项费用组成。施工仪器仪表台班单价中的费用组成不包括检测软件的相关费用。

(二)施工仪器仪表台班单价的确定方法

1. 折旧费

施工仪器仪表台班折旧费是指施工仪器仪表在耐用总台班内，陆续收回其原值的费用。其计算公式如下：

$$台班折旧费 = \frac{施工仪器仪表原值 \times (1 - 残值率)}{耐用总台班}$$

2. 维护费

施工仪器仪表台班维护费是指施工仪器仪表各级维护、临时故障排除所需的费用及为保证仪器仪表正常使用所需备件(备品)的维护费用。其计算公式如下：

$$台班维护费 = \frac{年维护费}{年工作台班}$$

年维护费是指施工仪器仪表在一个年度内发生的维护费用，年维护费应按相关技术指标，结合市场价格综合取定。

3. 校验费

施工仪器仪表台班校验费是指按国家与地方政府规定的标定与检验的费用。其计算公式如下：

$$台班校验费 = \frac{年校验费}{年工作台班}$$

年校验费是指施工仪器仪表在一个年度内发生的校验费用。年校验费应按相关技术指标取定。

4. 动力费

施工仪器仪表台班动力费是指施工仪器仪表在施工过程中所耗用的电费。其计算公式如下：

$$台班动力费 = 台班耗电量 \times 电价$$

(1)台班耗电量应根据施工仪器仪表不同类别，按相关技术指标综合取定。

(2)电价应执行编制期工程造价管理机构发布的信息价格。

第四节 施工定额

一、施工定额的概念与作用

1. 施工定额的概念

施工定额是以同一性质的施工过程或工序为测定对象，确定建筑安装工人在正常施工条件下，为完成单位合格产品所需人工、机械、材料消耗的数量标准。施工定额是施工企业直接用于建筑工程施工管理的一种定额。施工定额是由人工定额、材料消耗定额和机械台班定额组成，是最基本的定额。

2. 施工定额的作用

施工定额是施工企业进行科学管理的基础。施工定额的作用体现在：它是施工企业编制施工预算，进行工料分析和"两算"对比的基础；它是编制施工组织设计、施工作业设计和确定人工、材料及机械台班需要量计划的基础；它是施工企业向工作班(组)签发任务单、限额领料的依据；它是组织工人班(组)开展劳动竞赛、实行内部经济核算、承发包、计取劳动报酬和奖励工作的依据；它是编制预算定额和企业补充定额的基础。

二、施工定额的编制原则

1. 平均先进原则

所谓平均先进水平，是指在正常条件下，多数施工班组或生产者经过努力可以达到，少数班组或生产者可以接近，个别班组或生产者可以超过的水平。通常，它低于先进水平，略高于平均水平。这种水平使先进的班组和工人感到有一定压力，大多数处于中间水平的班组或工人感到定额水平可望也可及。平均先进水平不迁就少数落后者，而是使他们产生努力工作的责任感，尽快达到平均先进水平。

平均先进水平是一种鼓励先进、勉励中间、鞭策后进的定额水平。贯彻"平均先进"的原则，才能促进企业科学管理和不断提高劳动生产率，进而达到提高企业经济效益的目的。

2. 简明适用性原则

企业施工定额设置应简单明了，便于查阅，计算要满足劳动组织分工，划分经济责任与核算个人生产成本的劳动报酬的需要。同时，企业自行设定的定额项目的设置要尽量齐全、完备，根据企业特点合理划分定额步距，常用的对工料消耗影响大的定额项目步距可小一些；反之，步距可大一些，这样有利于企业报价与成本分析。

3. 以专家为主编制定额的原则

企业施工定额的编制要求有一支经验丰富，技术与管理知识全面，有一定政策水平的专家队伍，可以保证编制施工定额的延续性、专业性和实践性。

4. 坚持实事求是、动态管理的原则

企业施工定额应本着实事求是的原则，结合企业经营管理的特点，确定工、料、机各项消耗的数量，对影响造价较大的主要常用项目，要多考虑施工组织设计，采用先进的工艺，从而使定额在运用上更贴近实际、技术上更先进、经济上更合理，使工程单价真实反映企业的个别成本。

另外，还应注意到市场行情瞬息万变，企业的管理水平和技术水平也在不断地更新，不同的工程在不同的时段，都有不同的价格，因此企业施工定额的编制还要注意便于动态管理的原则。

企业施工定额的编制还要注意量价分离、独立自产，及时采用新技术、新结构、新材料、新工艺等原则。

三、施工定额的内容和应用

1. 施工定额的内容

(1)文字说明部分。文字说明部可分为总说明、分册(章)说明和分节说明三种。

1)总说明主要内容包括定额的用途、编制的依据、适用范围、有关综合性的工作内容、

施工方法、质量要求、定额指标的计算方法和有关规定及说明等。

2)分册(章)说明主要包括分册(章)范围内的工作内容、工程质量及安全要求、施工方法、工程量计算规则和有关规定及说明等。

3)分节说明主要内容有本节内的工作内容、施工方法、质量要求等。

(2)分节定额部分。分节定额部分包括定额的文字说明、定额项目表和附注。文字说明上面已做介绍。

"附注"一般列在定额表的下面,主要是根据施工内容和条件的变动,规定人工、材料、机械定额用量的变化,一般采用乘数和增减料的方法计算。附注是对定额表的补充。

(3)附录。附录一般放在定额分册说明之后,其主要包括名词解释、附图及有关参考资料。如材料消耗计算附表,砂浆、混凝土配合比表等。

2. 施工定额的应用

(1)直接套用。在使用施工定额时,当工程项目的设计要求、施工条件及施工方法与定额项目表中的内容、规定要求完全一致时,即可直接套用。

(2)换算调整。当工程设计要求,施工条件及施工方法与定额项目的内容及规定不完全相符时,应按定额规定换算调整。

四、施工定额的编制方法

在编制施工定额的过程中,由于它包括劳动定额、材料消耗定额、机械台班消耗定额三个方面的内容,因此,施工定额的编制方法因劳动定额组成内容的不同而不同。但总的说来,编制方法有两种,即实物法和实物单价法。实物法由劳动定额、材料消耗定额和机械台班三部分组成,是指施工定额仅列出生产单位合格产品所必须消耗的人工、材料、机械台班定额的数量标准;实物单价法指在列出生产单位合格产品所必须消耗的人工、材料、机械台班定额的数量标准外,还列出定额子目的基价。基价等于劳动定额、材料消耗定额和机械台班定额的确定的人工、材料、机械台班消耗量乘以相应的单价。它与预算定额单位估价表相似。实物法是实物单价法的基础。因此,以实物法编制施工定额比较常见。

第五节 预算定额

一、预算定额的概念与作用

1. 预算定额的概念

预算定额是规定消耗在合格质量的单位工程基本构造要素上的人工、材料和机械台班的数量标准,是计算建筑安装产品价格的基础。

预算定额是工程建设中的一项重要的技术经济文件。其各项指标反映了在完成规定计量单位符合设计标准和施工及验收规范要求的分项工程消耗的活劳动和物化劳动的数量限度。这种限度最终决定着单项工程和单位工程的成本和造价。

2. 预算定额的作用

(1)预算定额是编制施工图预算、确定建筑安装工程造价的基础。

(2)预算定额是编制施工组织设计的依据。

(3)预算定额是工程结算的依据。

(4)预算定额是施工单位进行经济活动分析的依据。

(5)预算定额是编制概算定额的基础。

(6)预算定额是合理编制招标控制价、投标报价的基础。

二、预算定额的编制

（一）预算定额的编制原则

为保证预算定额的质量，充分发挥预算定额的作用，便于实际使用，在编制工作中应遵循以下原则。

1. 按社会平均水平确定预算定额的原则

预算定额是确定和控制建筑安装工程造价的主要依据，因此它必须遵照价值规律的客观要求，按生产过程中所消耗的社会必要劳动时间确定定额水平，即按照"在现有的社会正常的生产条件下，在社会平均的劳动熟练程度和劳动强度下制造某种使用价值所需要的劳动时间"来确定定额水平。所以，预算定额的平均水平，是在正常的施工条件下，在合理的施工组织和工艺条件、平均劳动熟练程度和劳动强度下，完成单位分项工程基本构造要素所需要的劳动时间。

预算定额的水平以大多数施工单位的施工定额水平为基础。但是，预算定额绝不是简单地套用施工定额的水平。首先，在比施工定额的工作内容综合扩大的预算定额中，也包含了更多的可变因素，需要保留合理的幅度差；其次，预算定额应当是平均水平，而施工定额是平均先进水平，两者相比，预算定额水平相对要低一些，但是应限制在一定的范围内。

2. 简明适用的原则

预算定额的内容和形式，既要满足各方面使用的需要，具有多方面的适应性，同时又要简明扼要、层次清楚、结构严谨，以免在执行中因模棱两可而出现争议。

预算定额项目应尽量齐全、完整，要把已成熟的和推广使用的新技术、新结构、新材料、新机具和新工艺项目编入定额。为了稳定预算定额的水平，应统一考核尺度和简化工程量计算，在编制预算定额时应尽量减少定额的换算工作。

3. 坚持统一性和差别性相结合的原则

所谓统一性，就是从培育全国统一市场规范计价行为出发，计价定额的制定规划和组织实施由国务院建设行政主管部门归口，并负责全国统一定额的制定或修订，颁发有关工程造价管理的规章、制度、办法等。这样有利于通过定额和工程造价的管理，实现建筑安装工程价格的宏观调控。通过编制全国统一的定额，使建筑安装工程具有一个统一的计价依据，也使考核设计和施工的经济效果具有一个统一尺度。

所谓差别性，就是在统一性的基础上，各部门和省、自治区、直辖市主管部门可以在自己的管辖范围内，根据本部门和地区的具体情况，制定部门和地区性定额、补充性制度和管理办法，以适应我国幅员辽阔、地区之间部门发展不平衡和差异大的实际情况。

4. 坚持由专业人员编审的原则

编制预算定额有很强的政策性和专业性，既要合理地把握定额水平，又要反映新工艺、新结构和新材料的定额项目，还要推进定额结构的改革。因此，必须建立专业队伍，长期稳定地积累经验和资料，不断补充和修订定额，促进预算定额适应市场经济的要求。

（二）预算定额的编制依据

(1)现行人工定额和施工定额。预算定额是在现行人工定额和施工定额的基础上编制的。预算定额中人工、材料、机械台班消耗水平，需要根据人工定额或施工定额取定；预算定额的计量单位的选择，也要以施工定额为参考，从而保证两者的协调和可比性，降低预算定额的编制工作量，缩短编制时间。

(2)现行设计规范、施工验收规范和安全操作规程。预算定额在确定人工、材料和机械台班消耗数量时，必须考虑上述各项法规的要求和影响。

(3)具有代表性的典型工程施工图及有关标准图。对这些图纸进行仔细分析研究，并计算出工程数量，作为编制定额时选择施工方法、确定定额含量的依据。

(4)新技术、新结构、新材料和先进的施工方法等。这类资料是调整定额水平和增加新的定额项目所必需的依据。

(5)有关科学试验、技术测定和统计、经验资料。这类资料是确定定额水平的重要依据。

(6)现行的预算定额、材料预算价格及有关文件规定等。这类资料包括过去定额编制过程中积累的基础资料，也是编制预算定额的依据和参考。

（三）预算定额的编制步骤

1. 编制前的准备

编制前的准备主要是根据收集到的有关资料和国家政策性文件，拟订编制方案，对编制过程中一些重大原则问题做出统一的规定。

2. 编制预算定额初稿，测算预算定额水平

(1)编制预算定额初稿。在这个阶段，根据确定的定额项目和基础资料，进行反复分析和测算，编制定额项目人工计算表、材料及机械台班计算表，并附注有关计算说明，然后汇总编制预算定额项目表，即预算定额初稿。

(2)测算预算定额水平。新定额编制成稿，必须与原定额进行对比测算，分析水平升降原因。一般新编定额的水平应该不低于历史上已经达到过的水平，并略有提高。在定额水平测算前，必须编出同一工人工资、材料价格、机械台班费的新、旧两套定额的工程单价。

3. 修改定稿、整理资料

(1)印发征求意见。定额初稿编制完成后，需要征求各有关方面的意见和组织讨论、反馈意见，在统一意见的基础上整理分类，制订修改方案。

(2)修改整理报批。按修改方案的决定，将初稿按照定额的顺序进行修改，并经审核无误后形成报批稿，经批准后交付印刷。

(3)撰写编制说明。为顺利地贯彻执行定额，需要撰写新定额编制说明。其内容包括：项目、子目数量；人工、材料、机械的内容范围；资料的依据和综合取定情况；定额中允许换算和不允许换算规定的计算资料；人工、材料、机械单价的计算和资料；施工方法、工艺的选择及材料运距的考虑；各种材料损耗率的取定资料；调整系数的使用；其他应该

说明的事项与计算数据、资料。

(4)立档、成卷。定额编制资料是贯彻执行定额中需查对资料时的唯一依据，也为修编定额提供历史资料数据，应作为技术档案永久保存。

(四)预算定额编制中的主要工作

1. 定额项目的划分

因建筑产品结构复杂、形体庞大，所以就整个产品来计价是不可能的。但可根据不同部位、不同消耗或不同构件，将庞大的建筑产品分解成各种不同的较为简单、适当的计量单位(称为分部分项工程)，作为计算工程量的基本构造要素，在此基础上编制预算定额项目。

确定定额项目时要求如下：

(1)便于确定单位估价表。

(2)便于编制施工图预算。

(3)便于进行计划、统计和成本核算工作。

2. 工程内容的确定

基础定额子目中人工、材料消耗量和机械台班使用量是直接由工程内容确定的，所以，工程内容范围的确定十分重要。

3. 确定预算定额的计量单位

预算定额与施工定额计量单位往往不同。施工定额的计量单位一般按工序或施工过程确定；而预算定额的计量单位主要是根据分部分项工程和结构构件的形体特征及其变化而确定。由于工作内容综合，预算定额的计量单位也具有综合的性质。工程量计算规则的规定应确切反映定额项目所包含的工作内容。

预算定额的计量单位关系到预算工作的繁简程度和准确性。因此，要正确地确定各分部分项工程的计量单位。

4. 确定施工的方法

编制预算定额所取定的施工方法，必须选用正常、合理的施工方法，用以确定各专业的工程和施工机械。

5. 确定预算定额中人工、材料、机械台班的消耗量

确定预算定额中的人工、材料、机械台班消耗指标时，必须首先按施工定额的分项逐项计算出消耗指标；然后，再按预算定额的项目加以综合。但是，这种综合不是简单的合并和相加，而需要在综合过程中增加两种定额之间的适当水平差。预算定额的水平，首先取决于这些消耗量的合理确定。

人工、材料和机械台班消耗指标，应根据定额编制原则和要求，采用理论与实际相结合、图纸计算与施工现场测算相结合、编制人员与现场工作人员相结合等方法进行计算和确定，使定额既符合政策要求，又与客观情况一致，便于贯彻执行。

6. 编制定额表和拟定有关说明

定额项目表的一般格式是：横向排列为各分项工程的项目名称，竖向排列为分项工程的人工、材料和施工机械消耗量指标。有的项目表下部还有附注，以说明设计有特殊要求时，怎样进行调整和换算。

预算定额的主要内容包括目录，总说明，各章、节说明，定额表及有关附录等。

三、预算定额消耗量的编制方法

确定预算定额人工、材料、机械台班消耗指标时，必须先按施工定额的分项逐项计算出消耗指标，再按预算定额的项目加以综合。但是，这种综合不是简单的合并和相加，而需要在综合过程中增加两种定额之间的适当的水平差。预算定额的水平，首先取决于这些消耗量的合理确定。

人工、材料和机械台班消耗指标，应根据定额编制原则和要求，采用理论与实际相结合、图纸计算与施工现场测算相结合、编制人员与现场工作人员相结合等方法进行计算和确定，使定额既符合政策要求，又与客观情况一致，便于贯彻执行。

1. 预算定额中人工工日消耗量的计算

人工的工日数可以有两种确定方法，一种是以劳动定额为基础确定；另一种是以现场观察测定资料为基础计算。其主要用于遇到劳动定额缺项时，采用现场工作日写实等测时方法测定和计算定额的人工耗用量。

预算定额中人工工日消耗量是指在正常施工条件下，生产单位合格产品所必需消耗的人工工日数量，是由分项工程所综合的各个工序劳动定额包括的基本用工和其他用工两部分组成的。

(1)基本用工。基本用工是指完成一定计量单位的分项工程或结构构件的各项工作过程的施工任务所必需消耗的技术工种用工。基本用工按技术工种相应劳动定额工时定额计算，以不同工种列出定额工日。基本用工包括以下几项：

1)完成定额计量单位的主要用工。完成定额计量单位的主要用工按综合取定的工程量和相应劳动定额进行计算。其计算公式如下：

$$基本用工 = \sum(综合取定的工程量 \times 劳动定额)$$

例如，工程实际中的砖基础，有1砖厚、11/2砖厚、2砖厚等之分，用工各不相同，在预算定额中由于不区分厚度，需要按照统计的比例，加权平均得出综合的人工消耗。

2)按劳动定额规定应增(减)计算的用工量。如在砖墙项目中，分项工程的工作内容包括附墙烟囱孔、垃圾道、壁橱等零星组合部分的内容。其人工消耗量相应增加附加人工消耗。由于预算定额是在施工定额子目的基础上综合扩大的，包括的工作内容较多，施工的工效视具体部位而不一样，所以，需要另外增加人工消耗，而这种人工消耗也可以列入基本用工内。

(2)其他用工。其他用工是辅助基本用工消耗的工日，包括超运距用工、辅助用工和人工幅度差用工。

1)超运距用工。超运距是指劳动定额中已包括的材料、半成品的场内水平搬运距离与预算定额所考虑的现场材料、半成品堆放地点到操作地点的水平运输距离之差。其计算公式如下：

$$超运距 = 预算定额取定运距 - 劳动定额已包括的运距$$

$$超运距用工 = \sum(超运距材料数量 \times 时间定额)$$

当实际工程现场运距超过预算定额取定运距时，可另行计算现场二次搬运费。

2)辅助用工。辅助用工是指技术工种劳动定额内不包括而在预算定额内又必须考虑的用工。如机械土方工程配合用工、材料加工(筛砂、洗石、淋化石膏)、电焊点火用工等。其计算公式如下：

$$辅助用工 = \sum(材料加工数量 \times 相应的加工劳动定额)$$

3)人工幅度差用工。人工幅度差用工即预算定额与劳动定额的差额，主要是指在劳动定额中未包括而在正常施工情况下不可避免但又很难准确计量的用工和各种工时损失。人工幅度差用工的内容包括以下几项：

①各工种间的工序搭接及交叉作业相互配合或影响所发生的停歇用工；

②施工机械在单位工程之间转移及临时水电线路移动所造成的停工；

③质量检查和隐蔽工程验收工作的影响；

④班组操作地点转移用工；

⑤工序交接时对前一道工序不可避免的修整用工；

⑥施工中不可避免的其他零星用工。

人工幅度差的计算公式如下：

$$人工幅度差 = (基本用工 + 辅助用工 + 超运距用工) \times 人工幅度差系数$$

人工幅度差系数一般为 10%～15%。在预算定额中，人工幅度差的用工量列入其他用工量中。

2. 预算定额中材料消耗量的计算

(1)凡有标准规格的材料，按规范要求计算定额计量单位的耗用量，如砖、防水卷材、块料面层等。

(2)凡设计图纸标注尺寸及下料要求的，按设计图纸尺寸计算材料净用量，如门窗制作用材料、方料、板料等。

(3)换算法。各种胶结、涂料等材料的配合比用料，可以根据要求条件换算，得出材料用量。

(4)测定法。测定法包括实验室试验法和现场观察法。各种强度等级的混凝土及砌筑砂浆配合比的耗用原材料数量的计算，须按照规范要求试配，经过试压合格并经过必要的调整后得出水泥、砂子、石子、水的用量。对新材料、新结构又不能用其他方法计算定额消耗用量时，须用现场测定方法来确定，根据不同条件可以采用写实记录法和观察法，得出定额的消耗量。

材料损耗量是指在正常条件下不可避免的材料损耗，如现场内材料运输及施工操作过程中的损耗等。其关系式如下：

$$损耗率 = 损耗量/净用量 \times 100\%$$

$$损耗量 = 净用量 \times 损耗率(\%)$$

$$消耗量 = 净用量 + 损耗量$$

或

$$消耗量 = 净用量 \times [1 + 损耗率(\%)]$$

3. 预算定额中机械台班消耗量的计算

预算定额中的机械台班消耗量是指在正常施工条件下，生产单位合格产品(分部分项工程或结构构件)必须消耗的某种型号施工机械的台班数量。

(1)根据施工定额确定机械台班消耗量。根据施工定额确定机械台班消耗量是指用施工定额中机械台班产量加机械幅度差计算预算定额的机械台班消耗量。

机械台班幅度差是指在施工定额中所规定的范围内没有包括，而在实际施工中又不可避免产生的影响机械或使机械停歇的时间。其内容包括以下几项：

1）施工机械转移工作面及配套机械相互影响损失的时间。

2）在正常施工条件下，机械在施工中不可避免的工序间歇。

3）工程开工或收尾时工作量不饱满所损失的时间。

4）检查工程质量影响机械操作的时间。

5）临时停机、停电影响机械操作的时间。

6）机械维修引起的停歇时间。

大型机械幅度差系数为：土方机械 25％，打桩机械 33％，吊装机械 30％。砂浆、混凝土搅拌机由于按小组配用，以小组产量计算机械台班产量，不另增加机械幅度差。其他分部工程中如钢筋加工、木材、水磨石等各项专用机械的幅度差为 10％。

综上所述，预算定额中机械台班消耗量按下式计算：

预算定额中机械台班消耗量＝施工定额机械台班消耗量×（1＋机械幅度差系数）

（2）以现场测定资料为基础确定机械台班消耗量。以现场测定资料为基础确定机械台班消耗量是指如遇到施工定额缺项者，则需要依据单位时间完成的产量测定。

四、房屋建筑与装饰工程消耗量定额简介

2015 年 3 月 4 日中华人民共和国住房和城乡建设部以建标〔2015〕34 号文件发布了关于印发《房屋建筑与装饰工程消耗量定额》《通用安装工程消耗量定额》《市政工程消耗量定额》《建设工程施工机械台班费用编制规则》《建设工程施工仪器仪表台班费用编制规则》的通知。以上定额及规则自 2015 年 9 月 1 日起施行。

《房屋建筑与装饰工程消耗量定额》（TY01—31—2015）（以下简称本定额）包括：土石方工程，地基处理及边坡支护工程，桩基工程，砌筑工程，混凝土及钢筋混凝土工程，金属结构工程，木结构工程，门窗工程，屋面及防水工程，保温隔热、防腐工程，楼地面装饰工程，墙、柱面装饰与隔断、幕墙工程，天棚工程，油漆、涂料、裱糊工程，其他装饰工程，拆除工程，措施项目共十七章。

本定额是完成规定计量单位分部分项工程、措施项目所需的人工、材料、施工机械台班的消耗量标准，是各地区、部门工程造价管理机构编制建设工程定额确定消耗量、编制国有投资工程投资估算、设计概算、最高投标限价（标底）的依据。

本定额适用于工业与民用建筑的新建、扩建和改建房屋建筑与装饰工程。设计室外地（路）面、室外给水排水等工程的项目，按《市政工程消耗量定额》（ZYA1—31—2015）的相应项目执行。

本定额由目录、总说明、各分章内容和附录等组成。

（1）定额总说明。定额总说明概述房屋建筑与装饰工程消耗量定额的编制目的、指导思想、编制原则、编制依据、定额的适用范围和作用，以及有关问题的说明和使用方法。现摘录总说明内容如下：

一、《房屋建筑与装饰工程消耗量定额》（以下简称本定额），包括：土石方工程，地基处理及边坡支护工程，桩基工程，砌筑工程，混凝土及钢筋混凝土工程，金属结构工程，木结构工程，门窗工程，屋面及防水工程，保温、隔热、防腐工程，楼地面装饰工程，墙、

柱面装饰与隔断、幕墙工程，天棚工程，油漆、涂料、裱糊工程，其他装饰工程，拆除工程，措施项目共十七章。

二、本定额是完成规定计量单位分部分项工程、措施项目所需的人工、材料、施工机械台班的消耗量标准，是各地区、部门工程造价管理机构编制建设工程定额确定消耗量、编制国有投资工程投资估算、设计概算、最高投标限价(标底)的依据。

三、本定额适用于工业与民用建筑的新建、扩建和改建房屋建筑与装饰工程。涉及室外地(路)面、室外给排水等工程的项目，按《市政工程消耗量定额》(ZYA1—31—2015)的相应项目执行。

四、本定额以国家和有关部门发布的国家现行设计规范、施工验收规范、技术操作规程、质量评定标准、产品标准和安全操作规程，现行工程量清单计价规范、计算规范和有关定额为依据编制。并参考了有关地区和行业标准、定额，以及典型工程设计、施工和其他资料。

五、本定额按正常施工条件，国内大多数施工企业采用的施工方法、机械化程度和合理的劳动组织及工期进行编制。

1. 材料、设备、成品、半成品、构配件完整无损，符合质量标准和设计要求，附有合格证书和试验记录。

2. 土建工程和安装工程之间的交叉作业正常。

3. 正常的气候、地理条件和施工环境。

六、本定额未包括的项目，可按其他相应工程消耗量定额计算，如仍缺项的，应编制补充定额，并按有关规定报住建部备案。

七、关于人工：

1. 本定额的人工以合计工日表示，并分别列出普工、一般技工和高级技工的工日消耗量。

2. 本定额的人工包括基本用工、超运距用工、辅助用工和人工幅度差。

3. 本定额的人工每工日按 8 小时工作制计算。

4. 机械土、石方，桩基础，构件运输及安装等工程，人工随机械产量计算的，人工幅度差按机械幅度差计算。

八、关于材料：

1. 本定额采用的材料(包括构配件、零件、半成品、成品)均为符合国家质量标准和相应设计要求的合格产品。

2. 本定额中的材料包括施工中消耗的主要材料、辅助材料、周转材料和其他材料。

3. 本定额中材料消耗量包括净用量和损耗量。损耗量包括：从工地仓库、现场集中堆放地点(或现场加工地点)至操作(或安装)地点的施工场内运输损耗、施工操作损耗、施工现场堆放损耗等，规范(设计文件)规定的预留量、搭接量不在损耗中考虑。

4. 本定额中除特殊说明外，大理石和花岗岩均按工程半成品石材考虑，消耗量中仅包括了场内运输、施工及零星切割的损耗。

5. 混凝土、砌筑砂浆、抹灰砂浆及各种胶泥等均按半成品消耗量以体积"m³"表示，其配合比由各地区、部门按现行规范及当地材料质量情况进行编制。

6. 本定额中所使用的砂浆均按干混预拌砂浆编制，若实际使用现拌砂浆或湿拌预拌砂浆时，按以下方法调整：

（1）使用现拌砂浆的，除将定额中的干混预拌砂浆调换为现拌砂浆外，砌筑定额按每立方米砂浆增加：一般技工 0.382 工日、200 L 灰浆搅拌机 1.67 台班，同时，扣除原定额中干混砂浆罐式搅拌机台班；其余定额按每立方米砂浆增加人工 0.382 工日，同时将原定额中干混砂浆罐式搅拌机调换为 200 L 灰浆搅拌机，台班含量不变。

（2）使用湿拌预拌砂浆的，除将定额中的干混预拌砂浆调换为湿拌预拌砂浆外，另按相应定额中每立方米砂浆扣除人工 0.20 工日，并扣除干混砂浆罐式搅拌机台班数量。

7. 本定额中木材不分板材与方材，均以××（指硬木、杉木或松木）板方材取定。木种分类如下：

第一、二类：红松、水桐木、樟木松、白松（云杉、冷杉）、杉木、杨木、柳木、椴木。

第三、四类：青松、黄花松、秋子木、马尾松、东北榆木、柏木、苦楝木、梓木、黄菠萝、椿木、楠木、柚木、樟木、栎木（柞木）、檀木、色木、槐木、荔木、麻栗木（麻栎、青刚）、桦木、荷木、水曲柳、华北榆木、榉木、橡木、枫木、核桃木、樱桃木。

本定额装饰项目中以木质饰面板、装饰线条表示的，其材质包括：榉木、橡木、柚木、枫木、核桃木、樱桃木、檀木、色木、水曲柳等；部分列有榉木或橡木、枫木等的项目，如设计使用的材质与定额取定的不符者，可以换算。

8. 本定额所采用的材料、半成品、成品品种、规格型号与设计不符时，可按各章规定调整。

9. 本定额中的周转性材料按不同施工方法、不同类别、材质，计算出一次摊销量进入消耗量定额。

一次使用量和摊销次数见附录。

10. 对于用量少、低值易耗的零星材料，列为其他材料。

11. 现浇混凝土工程的承重支模架、钢结构或空间网架结构安装使用的满堂承重架以及其他施工用承重架，满足下列条件之一的应另行计算相应费用，不再执行相应增加层定额：

（1）搭设高度 8 m 及以上；

（2）搭设跨度 18 m 及以上；

（3）施工总荷载 15 kN/m² 及以上；

（4）集中线荷载 20 kN/m 及以上。

九、关于机械：

1. 本定额中的机械按常用机械、合理机械配备和施工企业的机械化装备程度，并结合工程实际综合确定。

2. 本定额的机械台班消耗量按正常机械施工工效并考虑机械幅度差综合确定。

3. 挖掘机械、打桩机械、吊装机械、运输机械（包括推土机、铲运机及构件运输机械等）分别按机械、容量或性能及工作物对象，按单机或主机与配合辅助机械，分别以台班消耗量表示。

4. 凡单位价值 2 000 元以内、使用年限在一年以内的不构成固定资产的施工机械，不列入机械台班消耗量，作为工具用具在建筑安装工程费中的企业管理费考虑，其消耗的燃料动力等已列入材料内。

十、关于水平和垂直运输

1. 材料、成品、半成品：包括自施工单位现场仓库或现场指定堆放地点运至安装地点的水平和垂直运输。

2. 垂直运输基准面：室内以室内地（楼）平面为基准面，室外以设计室外地坪面为基准面。

十一、本定额按建筑面积计算的综合脚手架、垂直运输等，是按一个整体工程考虑的。如遇结构与装饰分别发包，则应根据工程具体情况确定划分比例。

十二、本定额除注明高度的以外，均按单层建筑物檐高20 m、多层建筑物6层（不含地下室）以内编制，单层建筑物檐高在20 m以上、多层建筑物在6层（不含地下室）以上的工程，其降效应增加的人工、机械及有关费用，另按本定额中的建筑物超高增加费计算。

十三、本定额中的工作内容已说明了主要的施工工序，次要工序虽未说明，但均已包括在内。

十四、施工与生产同时进行、在有害身体健康的环境中施工时的降效增加费，本定额未考虑，发生时另行计算。

十五、《房屋建筑与装饰工程量计算规范》（GB 50854—2013）中的安全文明施工及其他措施项目，本定额未编入，由各地区、部门自行考虑。

十六、本定额适用海拔2 000 m以下的地区，超过上述情况时，由各地区、部门结合高原地区的特殊情况，自行制订调整办法。

十七、本定额中遇有两个或两个以上系数时，按连乘法计算。

十八、本定额注有"××以内"或"××以下"及"小于"者，均包括××本身；"××以外"或"××以上"及"大于"者，则不包括××本身。

定额说明中未注明（或省略）尺寸单位的宽度、厚度、断面等，均以"mm"为单位。

十九、凡本说明未尽事宜，详见各章说明和附录。

（2）各分章内容。各分章内容又包括分章说明、工程量计算规则和定额项目表三个部分。

1）分章说明。分章说明是指本定额的重要内容。其介绍了分部工程定额中包括的主要分项工程和使用定额的一些基本规定，并阐述了该分部工程中各项工程的工程量计算规则和方法。

2）工程量计算规则。工程量计算规则是指定额编制极其重要的前提与基础，必须认真学习、细心体会、逐步掌握、熟练运用。

3）定额项目表。定额项目表是指消耗量定额的核心内容，表2-9为人工土方消耗量定额项目表的示例。

表2-9 人工土方消耗量定额项目表

工作内容：挖土、倒土、抛土；装土，100 m以内运土、卸土，修整边底。　　　　　　计量单位：10 m³

定额编号		1—1	1—2	1—3	1—4	1—5	1—6	1—7	1—8
项目		人工挖土方				人工挖沟槽			
		挖深（m以内）			≤6 m每增加1 m	挖深（m以内）			≤6 m每增加1 m
		≤2 m	≤4 m	≤6 m		≤2 m	≤4 m	≤6m	
名称	单位	消耗量							
人工	合计工日	工日	3.218	4.159	5.071	0.178	4.038	5.191	5.970	0.217
	普工	工日	3.218	4.159	5.071	0.178	4.038	5.191	5.970	0.217

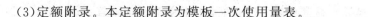

(3)定额附录。本定额附录为模板一次使用量表。

五、预算定额基价编制

预算定额基价就是预算定额分项工程或结构构件的单价,包括人工费、材料费和机械台班使用费,也称为工料单价或直接工程费单价。

预算定额基价一般是通过编制单位估价表、地区单位估价表及设备安装价目表所确定的单价,用于编制施工图预算。

预算定额基价的编制方法,简单地说就是工、料、机的消耗量和工、料、机单价的结合过程。其中,人工费是由预算定额中每一分项工程用工数,乘以地区人工工日单价计算得出;材料费是由预算定额中每一分项工程的各种材料消耗量,乘以地区相应材料预算价格之和得出;机械费是由预算定额中每一分项工程的各种机械台班消耗量,乘以地区相应施工机械台班预算价格之和算出。

$$分项工程预算定额基价 = 人工费 + 材料费 + 机械使用费$$

$$人工费 = \sum(现行预算定额中人工工日用量 \times 人工日工资单价)$$

$$材料费 = \sum(现行预算定额中各种材料耗用量 \times 材料单价)$$

$$机械使用费 = \sum(现行预算定额中机械台班用量 \times 机械台班单价)$$

预算定额基价是根据现行定额和当地的价格水平编制的,具有相对的稳定性。为了适应市场价格的变动,在编制预算时,必须根据工程造价管理部门发布的调价文件,对固定的工程预算单价进行修正。修正后的工程单价乘以根据图纸计算出来的工程量,就可以获得符合实际市场情况的工程的直接工程费。

六、预算定额应用

(一)预算定额的直接套用

预算定额的套用包括直接使用定额项目中的各种人工、材料、机械台班用量及基价、人工费、材料费、机械费。

当施工图设计要求与定额的项目内容完全一致时,可以直接套用预算定额,大多数的分项工程可以直接套用预算定额;当施工图的设计要求与定额项目规定的内容不一致时,如定额规定不允许换算和调整的,也应直接套用定额。

套用预算定额时应注意以下几点:

(1)应根据施工图、设计说明、标准图做法说明,选择预算定额项目。

(2)对每个项目分项工程的内容、技术特征、施工方法应进行仔细核对,确定与之相对应的预算定额项目。

(3)每个分项工程的名称、工作内容、计量单位应与预算定额项目一致。

(二)预算定额换算

当分项工程的设计内容与定额项目的内容不完全一致时,不能直接套用定额,而定额规定又允许换算的,则可以采用定额规定的范围、内容和方法进行换算,从而使定额子目与分项工作内容保持一致。经过换算的定额项目,应在其定额编号后加注"换"字,以表示区别。定额换算包括乘系数换算、强度换算、砂浆配合比换算和其他换算。

1. 乘系数换算

乘系数换算是根据定额的分部说明或附注规定，对定额基价或其中的人工费、材料费、机械费乘以规定的换算系数，从而得出新的定额基价，其计算公式为

$$换算后的定额基价＝定额基价×调整系数$$

$$＝定额基价＋\sum 调整部分金额×(调整系数－1)$$

【例 2-3】 某框架结构工程，混水 1 砖墙做法为：M2.5 混合砂浆(32.5 级水泥)砌筑标准砖，工程量为 1 186 m³。某地区预算定额中砌砖工程的定额项目表见表 2-10。

表 2-10 砌砖定额项目表

工作内容：1. 砖基础：调运砂浆、铺砂浆、运砖、清理基槽坑、砌砖等。

2. 砖墙：调、运、铺砂浆，运转。

3. 砌砖：窗台虎头砖、腰线、门窗套，安放木砖、铁件等。　　　　　　　　　计量单位：10 m³

编　号					A3—1	A3—2	A3—4	A3—5
项　目					砖基础	混水砖墙		
						1/2 砖	1 砖	1 砖半
基　价/元					2 036.50	2 382.93	2 328.59	2 346.07
其中	人工费				495.18	845.88	675.36	656.46
	材料费				1 513.46	1 514.01	1 626.65	1 661.25
	机械费				27.86	23.04	26.58	28.36
	名称	代码	单位	单价	数量			
人工	综合人工	00001	工日	42.00	11.79	20.14	16.08	15.63
材料	标准砖 240 mm× 115 mm×53 mm	040238	千块		5.236	5.641	5.314	5.350
	水	410649	m³		2.50	2.50	2.50	2.50
	混合砂浆 M2.5(32.5)	P9—1	m³	177.47	—	—	2.25	2.40
	水泥砂浆 M5(32.5)	P9—12	m³	106.13	1.95	2.13	—	—
	水泥砂浆 M10(32.5)	P9—14	m³	126.93				
机械	灰浆搅拌机 200 L	J6—16	台班	70.89	0.393	0.325	0.375	0.400

问题：(1)计算该工程混水 1 砖墙项目的定额人工费；

(2)计算该工程混水 1 砖墙项目的定额直接费。

【解】 该工程混水 1 砖墙项目"混水 1 砖墙，M2.5 混合砂浆(32.5 级水泥)标准砖"与定额 A3—4 的工作内容一致，但是墙体是在框架结构间砌筑，根据该地区定额说明，应套用定额项目 A3—4 以后，人工再乘系数 1.10。

$$换算后的定额基价＝定额基价＋\sum 调整部分金额×（调整系数－1）$$
$$＝2\ 328.59＋675.36×（1.1－1）＝2\ 396.13（元）$$

(1)定额人工费＝675.36×1.1×1 186/10＝88 107.47（元）

(2)定额直接费＝2 396.13×1 186/10＝284 181.02（元）

2. 强度换算

当预算定额中混凝土或砂浆的强度等级与施工图设计要求不同时，定额规定可以进行强度换算。其换算步骤如下：

(1)查找两种不同强度等级的混凝土或砂浆的预算单价。

(2)计算两种不同强度等级材料的单价差。

(3)查找定额中该分项工程的定额基价及定额消耗量。

(4)进行调整，计算该分项工程换算后的定额基价。

其换算公式为

换算后的定额基价＝换算前的定额基价＋（换入单价－换出单价）×定额材料消耗量

【例2-4】 某工程 C25［砾 40（42.5）］现拌混凝土圈梁工程量为 56.32 m³，C25［砾 40（42.5）］现拌混凝土单价为 329.38 元/m³，某地区预算定额中现浇混凝土梁的定额项目表见表 2-11。

表 2-11 混凝土梁定额项目表

工作内容：混凝土搅拌、浇捣、养护等全部操作过程。　　　　　　　　　　　　　　　　计量单位：10 m³

	编号				A4—36	A4—38	A4—42
					现拌混凝土		
	项目				单梁、连续、基础梁	异形梁	圈梁、过梁弧形拱形梁
	基价/元				2 310.2	4 548.7	4 818.8
其中	人工费				1 138.2	2 188.2	1 915.2
	材料费				1 072.2	2 052.6	2 777.8
	机械费				99.8	307.9	125.8
	名称	代码	单位	单价	数量		
人工	综合人工	00001	工日	70.00	14.64	15.36	25.23
材料	现浇混凝土 C30 砾 40（42.5）	P2—51	m³	355.51	10.15	10.15	10.15
	水	410649	m³	4.38	10.19	9.32	13.17
机械	单卧轴式混凝土搅拌机 350 L	J6—11	台班	179.96	0.63	0.63	0.63
	混凝土振动器插入式	J6—55	台班	12.23	1.25	1.25	1.25

问题：(1)确定 C25［砾 40（42.5）］现拌混凝土圈梁的定额基价；

(2)计算该工程 C25［砾 40（42.5）］现拌混凝土圈梁项目的定额直接费。

【解】 根据实际工作内容套用定额子目 A4—42 后换算混凝土强度等级。

(1)C25[砾 40(42.5)]现拌混凝土圈梁的定额基价。

换算后的定额基价＝换算前的定额基价＋(换入单价－换出单价)×定额材料消耗量

$$＝4\ 818.8＋(329.38－355.51)×10.15＝4\ 553.58(元)$$

(2)C25[砾 40(42.5)]现拌混凝土圈梁项目的定额直接费。

定额直接费＝4 553.58×56.32/10＝25 645.76(元)

3. 砂浆配合比换算

砂浆配合比不同时的换算与混凝土强度等级不同时的换算计算方法基本相同。

换算后的定额基价＝换算前的定额基价＋(换入单价－换出单价)×定额材料消耗量

【例 2-5】 某工程砖外墙抹水泥砂浆，做法为：底层 15 mm 厚 1∶2.5 水泥砂浆，面层 5 mm 厚 1∶2 水泥砂浆，工程量为 1 126 m²，1∶2.5 水泥砂浆单价为 363.71 元/m³，某地区预算定额中水泥砂浆墙面定额项目表见表 2-12。

表 2-12 水泥砂浆墙面定额项目表

工作内容：1. 清理、修补、湿润基层表面、堵墙眼、调运砂浆、清扫落地灰。

2. 分层抹灰找平、刷浆、洒水湿润、罩面压光(包括门窗洞口侧壁抹灰)。

计量单位：100 m²

编号				B10—262	B10—244	B10—263	B10—245
项目				墙面、墙裙抹水泥砂浆			
				内砖墙	外砖墙	混凝土内墙	混凝土外墙
基价/元				1 133.87	1 249.18	1 367.12	1 579.29
其中	人工费			678.50	789.50	834.00	904.00
	材料费			433.39	432.74	510.44	646.93
	机械费			21.98	28.36	22.68	28.36
	名称	代码	单位	单价	数量		
人工	综合人工	00001	工日	42.00	11.66	15.79	12.62	18.08
材料	水泥砂浆 1∶3	P10—5	m³	172.42	1.54	1.385	1.154	1.385
	水泥砂浆 1∶2	P10—3	m³	215.42	0.693	0.924	0.693	0.924
	建筑胶素水泥浆	10—10	m³	733.80	—	—	0.105	
	水	410649	m³	4.38	0.71	0.78	0.73	0.800
机械	灰浆搅拌机 200 L	J6—16	台班	70.89	0.31	0.38	0.33	0.40

问题：(1)确定该工程砖外墙抹水泥砂浆的定额基价；

(2)计算该工程砖外墙抹水泥砂浆的定额直接费。

【解】 根据实际工作内容套用定额子目 B10—244 后换算砂浆配合比。

(1)砖外墙抹水泥砂浆的定额基价。

换算后的定额基价＝换算前的定额基价＋(换入单价－换出单价)×定额材料消耗量

$$＝1\ 249.18＋(363.71－215.42)×0.924＝1\ 386.20(元)$$

(2)砖外墙抹水泥砂浆的定额直接费。

定额直接费＝1 386.20×1 126/100＝15 608.61(元)

4. 其他换算

除以上三种外，还有由于材料的品种、规格发生变化而引起的定额换算，由于砌筑、浇筑或抹灰等厚度发生变化而引起的定额换算等，都可以参照以上方法执行。

【例 2-6】 某工程砖内墙抹水泥砂浆，做法为：底层 13 mm 厚 1：3 水泥砂浆，面层 7 mm 厚 1：2 水泥砂浆，工程量为 3 125 m^2，某地区预算定额中水泥砂浆墙面定额项目表见表 2-12。

问题：(1)确定该工程砖内墙抹水泥砂浆的定额基价；

(2)计算该工程砖内墙抹水泥砂浆的定额直接费。

【解】 砖内墙面抹水泥砂浆实际工程做法与定额工作内容相比，底层面层砂浆配合比相同，总厚度相同，但底层和面层厚度不同，故此，套用定额子目 B10—262 后换算砂浆定额消耗量。

(1)砖外墙抹水泥砂浆的定额基价。

换算后的定额基价＝换算前的定额基价＋∑砂浆单价×（实际消耗量－定额消耗量）

$$=1\ 133.87+172.42×(1.54/15×13-1.547)+215.42×(0.693/5×$$
$$7-0.693)$$
$$=1\ 158.18(元)$$

(2)砖外墙抹水泥砂浆的定额直接费。

定额直接费＝1 158.18×3 215/100＝37 235.49（元）

第六节　概算定额与概算指标

一、概算定额

(一)概算定额的概念和作用

1. 概算定额的概念

概算定额是指生产一定计量单位的、经扩大的建筑工程结构构件或分部分项工程所需要的人工、材料和机械台班的消耗数量及费用的标准。

概算定额是在预算定额的基础上，根据有代表性的建筑工程通用图和标准图等资料，进行综合、扩大和合并而成。因此，建筑工程概算定额，也称"扩大结构定额"。

概算定额表达的主要内容、表达的主要方式及基本使用方法都与综合预算定额相近。

定额基准价＝定额单位人工费＋定额单位材料费＋定额单位机械费

＝人工概算定额消耗量×人工工资单价＋∑（材料概算定额消耗量×材料

预算价格）＋∑（施工机械概算定额消耗量×机械台班费用单价）

概算定额的内容和深度是以预算定额为基础的综合与扩大。在合并中不得遗漏或增加细目，以保证定额数据的严密性和正确性。概算定额务必简化、准确和适用。

2. 概算定额的作用

(1)概算定额是编制概算指标的计算基础，也是进行设计方案技术经济比较和选择的依据。

(2)概算定额是在扩大的初步设计阶段编制概算,技术设计阶段编制修正概算的主要依据。同时,还是编制建筑安装工程主要材料申请计划的基础。

正确合理地编制概算定额在提高设计概算的质量,加强基本建设经济管理,合理使用建设资金,降低建设成本,充分发挥投资效果等方面,都具有重要的作用。

(二)概算定额的编制

1. 概算定额的编制原则

(1)使概算定额适应设计、计划、统计和拨款的要求,更好地为基本建设服务。

(2)概算定额水平的确定应与预算定额的水平基本一致,必须是反映正常条件下大多数企业的设计、生产施工管理的水平。

(3)概算定额的编制深度要适应设计深度的要求,项目划分应坚持简化、准确和适用的原则。以主体结构分项为主,合并其他相关部分,进行适当综合扩大;概算定额项目计量单位的确定与预算定额要尽量一致;应考虑统筹法及应用电子计算机编制的要求,以简化工程量和概算的计算编制。

(4)为了稳定概算定额水平,统一考核尺度和简化计算工程量,编制概算定额时,原则上不留活口,对于设计和施工变化多而影响工程量多、价差大的,应根据有关资料进行测算,综合取定常用数值,对于其中还包括不了的个性数值,可适当留些活口。

2. 概算定额的编制依据

(1)现行的全国通用的设计标准、规范和施工验收规范。

(2)现行的预算定额。

(3)标准设计和有代表性的设计图纸。

(4)过去颁发的概算定额。

(5)现行的人工工资标准、材料预算价格和施工机械台班单价。

(6)有关施工图的预算和结算资料。

3. 概算定额的编制方法

(1)定额计量单位的确定。概算定额计量单位基本上按预算定额的规定执行,但是单位的内容扩大,仍用 m、m^2 和 m^3 等。

(2)确定概算定额与预算定额的幅度差。由于概算定额是在预算定额基础上进行适当的合并与扩大,因此,在工程量取值、工程的标准和施工方法确定上需要综合考虑,且定额与实际应用必然会产生一些差异。对于这种差异,国家允许预留一个合理的幅度差,以便依据概算定额编制的设计概算能控制住施工图预算。概算定额与预算定额之间的幅度差,国家规定一般控制在 5% 以内。

(3)定额小数取位。概算定额小数取位与预算定额相同。

4. 概算定额的内容

概算定额的内容由文字说明和定额表两部分组成。

(1)文字说明部分。文字说明部分包括总说明和各章节的说明。在总说明中,主要对编制的依据、用途、适用范围、工程内容、有关规定、取费标准和概算造价计算方法等进行阐述;在分章说明中,包括分部工程量的计算规则、说明,定额项目的工程内容等。

(2)定额表的格式。定额表表头注有本节定额的工作内容,定额的计量单位(或在表格内);表格内有基价,人工、材料和机械费,主要材料消耗量等内容。

二、概算指标

(一)概算指标的概念和作用及其与概算定额的区别

概算定额与概算
指标的主要区别

1. 概算指标的概念

建筑安装工程概算指标通常是以整个建筑物和构筑物为对象，以建筑面积、体积或成套设备装置的台或组为计量单位而规定的人工、材料、机械台班的消耗量标准和造价指标。

2. 概算指标的作用

概算指标是与各个设计阶段相适应的多次性计价的产物。其主要用于投资估价、初步设计阶段。概算指标的作用主要有以下几项：

(1)概算指标可以作为编制投资估算的参考。

(2)概算指标中的主要材料指标可以作为匡算主要材料用量的依据。

(3)概算指标是设计单位进行设计方案比较、建设单位选址的一种依据。

(4)概算指标是编制固定资产投资计划、确定投资额和主要材料计划的主要依据。

3. 概算指标与概算定额的区别

从概算指标的概念中可以看出，建筑安装工程概算定额与概算指标的主要区别如下：

(1)确定各种消耗量指标的对象不同。概算定额是以单位扩大分项工程或单位扩大结构构件为对象，而概算指标则是以整个建筑物(如 100 m^2 或 1 000 m^3 建筑物)和构筑物为对象。因此，概算指标比概算定额更加综合与扩大。

(2)确定各种消耗量指标的依据不同。概算定额以现行预算定额为基础，通过计算后才综合确定出各种消耗量指标；而概算指标中各种消耗量指标的确定，则主要来自各种预算或结算资料。

(二)概算指标的分类和组织内容及表现形式

1. 概算指标的分类

概算指标可分为两大类：一类是建筑工程概算指标；另一类是设备安装工程概算指标，如图 2-2 所示。

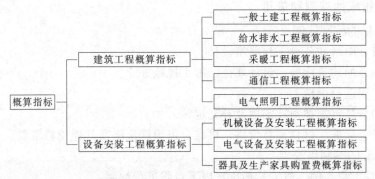

图 2-2　概算指标分类图

2. 概算指标的组成内容及表现形式

(1)概算指标的组成内容一般分为文字说明和列表形式两部分，以及必要的附录。

1)文字说明包括总说明和分册说明。其一般包括：概算指标的编制范围、编制依据、分册情况，指标包括的内容，指标未包括的内容，指标的使用方法，指标允许调整的范围及调整方法等。

2)列表形式。建筑工程的列表形式：房屋建筑、构筑物一般是以建筑面积、建筑体积、"座""个"等为计算单位，附以必要的示意图，示意图画出建筑物的轮廓示意或单线平面图，列出综合指标：元/m² 或元/m³，自然条件(如地基承载力、地震烈度等)，建筑物的类型、结构形式及各部位中结构的主要特点和主要工程量；安装工程的列表形式：设备以"t"或"台"为计算单位，也有以设备购置费或设备原价的百分比(%)表示；工艺管道一般以"t"为计算单位；通信电话站安装以"站"为计算单位。列出指标编号、项目名称、规格、综合指标(元/计算单位)后，一般还要列出其中的人工费，必要时还需要列出主要材料费和辅材费。

总体来讲，建筑工程的列表形式分为以下几个部分：

①示意图。表明工程的结构、工业项目，还表示出起重机及起重能力等。

②工程特征。对采暖工程特征应列出采暖热媒及采暖形式；对电气照明工程特征可列出建筑层数、结构类型、配线方式、灯具名称等；对房屋建筑工程特征主要是对工程的结构形式、层高、层数和建筑面积进行说明。

③经济指标。说明该项目每 100 m² 的造价指标及其土建、水暖和电气照明等单位工程的相应造价。

④构造内容及工程量指标。说明该工程项目的构造内容和相应计算单位的工程量指标及人工、材料消耗指标。

(2)概算指标的表现形式。概算指标在具体内容的表示方法上，分为综合概算指标和单项概算指标两种形式。

1)综合概算指标。综合概算指标是按照工业或民用建筑及其结构类型而制定的概算指标。综合概算指标的概括性较大，其准确性、针对性不如单项概算指标。

2)单项概算指标。单项概算指标是指为某种建筑物或构筑物而编制的概算指标。单项概算指标的针对性较强，故指标中对工程结构形式要做介绍。只要工程项目的结构形式及工程内容与单项概算指标中的工程概况相吻合，编制出的设计概算就比较准确。

(三)概算指标的编制和应用

1. 概算指标的编制依据

(1)标准设计图纸和各类工程典型设计。

(2)国家颁发的建筑标准、设计规范、施工规范等。

(3)各类工程造价资料。

(4)现行的概算定额和预算定额及补充定额。

(5)人工工资标准、材料预算价格、机械台班预算价格及其他价格资料。

2. 概算指标的编制步骤

以房屋建筑工程为例，概算指标可按以下步骤进行编制：

(1)首先成立编制小组，拟订工作方案，明确编制原则和方法，确定指标的内容及表现形式，确定基价所依据的人工工资单价、材料预算价格、机械台班单价。

(2)收集整理编制指标所必需的标准设计、典型设计以及有代表性的工程设计图纸，设计预算等资料，充分利用有使用价值的已经积累的工程造价资料。

(3)按指标内容及表现形式的要求进行具体的计算分析，工程量尽可能利用经过审定的工程竣工结算的工程量，以及可以利用的可靠的工程量数据。按基价所依据的价格要求计算综合指标，并计算必要的主要材料消耗指标，用于调整价差的万元工、料、机消耗指标，一般可按不同类型工程划分项目进行计算。

(4)最后经过核对审核、平衡分析、水平测算、审查定稿。随着有使用价值的工程造价资料积累制度和数据库的建立以及计算机网络的充分发展和利用，概算指标的编制工作将得到根本改观。

3. 概算指标的应用

概算指标的应用比概算定额具有更大的灵活性。由于它是一种综合性很强的指标，不可能与拟建工程的建筑特征、结构特征、自然条件、施工条件完全一致，因此在选用概算指标时要十分慎重，选用的指标与设计对象在各个方面应尽量一致或接近，不一致的地方要进行换算，以提高准确性。

概算指标的应用一般有两种情况：如果设计对象的结构特征与概算指标一致，则可以直接套用；如果设计对象的结构特征与概算指标的规定局部不同，则要对指标的局部内容进行调整后再套用。

用概算指标编制工程概算，工程量的计算工作量很小，并节省了大量的定额套用和工料分析工作，因此，比用概算定额编制工程概算的速度要快，但是准确性差一些。

第七节　投资估算指标

一、投资估算指标的概念

投资估算指标用于编制投资估算，往往以独立的单项工程或完整的工程项目为计算对象。其主要作用是为项目决策和投资控制提供依据。投资估算指标比其他各种计价定额具有更大的综合性和概括性。

二、投资估算指标的内容

投资估算指标是确定和控制建设项目全过程各项投资支出的技术经济指标。其范围涉及建设前期、建设实施期和竣工验收交付使用期等各个阶段的费用支出，内容因行业不同而各异，一般可分为建设项目综合指标、单项工程指标和单位工程指标三个层次。

1. 建设项目综合指标

建设项目综合指标是指按规定应列入建设项目总投资的、从立项筹建开始至竣工验收交付使用的全部投资额。其包括单项工程投资、工程建设其他费用和预备费等。

建设项目综合指标一般以项目的综合生产能力单位投资表示，如"元/t""元/kW"；或以使用功能表示，如医院床位"元/床"。

2. 单项工程指标

单项工程指标是指按规定应列入能独立发挥生产能力或使用效益的单项工程内的全部投资额。其包括建筑工程费，安装工程费，设备、工器具及生产家具购置费和其他费用。单项工程一般的划分原则如下：

(1)主要生产设施。主要生产设施是指直接参加生产产品的工程项目。其包括生产车间或生产装置。

(2)辅助生产设施。辅助生产设施是指为主要生产车间服务的工程项目。其包括集中控制室，中央实验室，机修、电修、仪器仪表修理及木工(模)等车间，原材料、半成品、成品及危险品等仓库。

(3)公用工程。公用工程包括给水排水系统(给水排水泵房、水塔、水池及全厂给水排水管网)、供热系统(锅炉房及水处理设施、全厂热力管网)、供电及通信系统(变配电所、开关所及全厂输电、电信线路)，以及热电站、热力站、煤气站、空压站、冷冻站、冷却塔和全厂管网等。

(4)环境保护工程。环境保护工程包括废气、废渣、废水等处理和综合利用设施及全厂性绿化。

(5)总图运输工程。总图运输工程包括厂区防洪、围墙大门、传达及收发室、汽车库、消防车库、厂区道路、桥涵、厂区码头及厂区大型土石方工程。

(6)厂区服务设施。厂区服务设施包括厂部办公室、厂区食堂、医务室、浴室、哺乳室、自行车棚等。

(7)生活福利设施。生活福利设施包括职工医院、住宅、生活区食堂、俱乐部、托儿所、幼儿园、子弟学校、商业服务点以及与之配套的设施。

(8)厂外工程。如水源工程，厂外输电、输水、排水、通信、输油等管线及公路、铁路专用线等。

单项工程指标一般以单项工程生产能力单位投资，如"元/t"或其他单位表示。如变配电站"元/(kV·A)"；锅炉房"元/蒸汽吨"；供水站"元/m³"；办公室、仓库、宿舍、住宅等房屋则区别不同结构形式以"元/m²"表示。

3. 单位工程指标

单位工程指标按规定应列入能独立设计、施工的工程项目的费用，即建筑安装工程费用。

单位工程指标一般以如下方式表示，如房屋区别不同结构形式以"元/m²"表示；道路区别不同结构层、面层以"元/m²"表示；水塔区别不同结构层、容积以"元/座"表示；管道区别不同材质、管径以"元/m"表示。

三、投资估算指标的编制

1. 投资估算指标的编制原则

由于投资估算指标属于项目建设前期进行估算投资的技术经济指标，它不但要反映实施阶段的静态投资，还必须反映项目建设前期和交付使用期内发生的动态投资，以投资估算指标为依据编制的投资估算，包含项目建设的全部投资额。这就要求投资估算指标比其他各种计价定额具有更大的综合性和概括性。因此，投资估算指标的编制工作，除应遵循一般定额的编制原则外，还必须坚持下述原则：

（1）投资估算指标项目的确定，应考虑以后几年编制建设项目建议书和可行性研究报告投资估算的需要。

（2）投资估算指标的分类、项目划分、项目内容、表现形式等要结合各专业的特点，并且要与项目建议书、可行性研究报告的编制深度相适应。

（3）投资估算指标的编制内容，典型工程的选择，必须遵循国家的有关建设方针政策，符合国家技术发展方向，贯彻国家高科技政策和发展方向原则，使指标的编制既能反映现实的高科技成果，反映正常建设条件下的造价水平，也能适应今后若干年的科技发展水平。坚持技术上的先进、可行和经济上的合理，力争以较少的投入收获最大的投资效益。

（4）投资估算指标的编制要反映不同行业、不同项目和不同工程的特点。投资估算指标要适应项目前期工作深度的需要，而且具有更大的综合性。投资估算指标要密切结合行业特点，项目建设的特定条件，在内容上既要贯彻指导性、准确性和可调性原则，又要有一定的深度和广度。

（5）投资估算指标的编制要体现国家对固定资产投资实施间接调控作用的特点。要贯彻能分能合、有粗有细、细算粗编的原则，使投资估算指标能满足项目建议书和可行性研究各阶段的要求，既能反映一个建设项目的全部投资及其构成，又要有组成建设项目投资的各个单项工程投资，做到既能综合使用，又能个别分解使用。占投资比重大的建筑工程工艺设备，要做到有量、有价，根据不同结构形式的建筑物列出每百平方米的主要工程量和主要材料量，主要设备也要列有规格、型号、数量。同时，要以编制年度为基期计价，有必要的调整、换算办法等，便于由于设计方案、选厂条件、建设实施阶段的变化而对投资产生影响做相应的调整，也便于对现有企业实行技术改造和改建、扩建项目投资估算的需要，扩大投资估算指标的覆盖面，使投资估算能够根据建设项目的具体情况合理准确地编制。

（6）投资估算指标的编制要贯彻静态和动态相结合的原则。在市场经济条件下，由于建设条件、实施时间、建设期限等因素的不同，考虑到建设期的动态因素，即价格、建设期利息、固定资产投资方向调节税及涉外工程的汇率等因素的变动，导致指标的量差、价差、利息差、费用差等动态因素对投资估算的影响，对上述动态因素给予必要的调整办法和调整参数，尽可能减少这些动态因素对投资估算准确度的影响，使指标具有较强的实用性和可操作性。

2. 投资估算指标的编制阶段

投资估算指标的编制一般分以下三个阶段进行：

（1）收集整理资料阶段。收集整理已建成或正在建设的，符合现行技术政策和技术发展方向、有可能重复采用的，有代表性的工程设计施工图、标准设计以及相应的竣工决算或施工图预算资料等，这些资料是编制工作的基础，资料收集得越广泛，反映出的问题越多，编制工作考虑得越全面，越有利于提高投资估算指标的实用性和覆盖面。

同时，对调查收集到的资料要选择占投资比重大、相互关联多的项目进行认真的分析整理，由于已建成或正在建设的工程的设计意图、建设时间和地点、资料的基础等不同，相互之间的差异很大，需要去粗取精、去伪存真地加以整理，才能重复利用。将整理后的数据资料按项目划分栏目加以归类，按照编制年度的现行定额、费用标准和价格，调整成编制年度的造价水平及相互比例。

(2)平衡调整阶段。由于调查收集的资料来源不同，虽然经过一定的分析整理，但难免会由于设计方案、建设条件和建设时间上的差异带来的某些影响，使数据失准或漏项等，必须对有关资料进行综合平衡调整。

(3)测算审查阶段。测算是将新编的指标和选定工程的概预算，在同一价格条件下进行比较，检验其"量差"的偏离程度是否在允许偏差的范围之内，如偏差过大，则要查找原因，进行修正，以保证指标的准确、实用。测算同时也是对指标编制质量进行的一次系统检查，应由专人进行，以保持测算口径的统一，并在此基础上组织有关专业人员予以全面审查定稿。

第八节　工期定额

一、工期定额的概念

工期定额是指在一定的生产技术和自然条件下，完成某个单位(或群体)工程平均需用的标准天数。工期定额包括建设工期定额和施工工期定额两个层次。

1. 建设工期

建设工期是指建设项目或独立的单项工程在建设过程中所耗用的时间总量，一般以月数或天数表示。其从开工建设时算起，到全部建成投产或交付使用时停止。但不包括由于决策失误而停(缓)建所延误的时间。

2. 施工工期

施工工期一般是指单项工程或单位工程从开工到完工所经历的时间。其是建设工期中的一部分。如单位工程施工工期，是指从正式开工起至完成承包工程全部设计内容并达到国家验收标准的全部有效天数。

二、工期定额的作用

建设工期是评价投资效果的重要指标，直接标志着建设速度的快慢。在工期定额中已经考虑了季节性施工因素对工期的影响、地区性特点对工期的影响、工程结构和规模对工期的影响、工程用途对工期的影响，以及施工技术与管理水平对工期的影响。因此，工期定额是评价工程建设速度、编制施工计划、签订承包合同、评价全优工程的可靠依据。可见，编制和完善工期定额是很有积极意义的。

建筑安装工程工期定额，是依据国家建筑工程质量检验评定标准施工及验收规范有关规定，结合各施工条件，本着平均、经济合理的原则制定的。工期定额是编制施工组织设计、安排施工计划和考核施工工期的依据，是编制招标控制价、投标标书和签订建筑安装工程合同的重要依据。

施工工期有日历工期与有效工期之分。二者的区别在于前者不扣除法定节假日、休息日而后者扣除。

定额是在正常的施工生产条件下，完成单位合格产品所必需的人工、材料、施工机械设备及资金消耗的数量标准。工作时间消耗的确定采用计时观察法计算。计时观察法的种类很多，最主要的有测时法、写实记录法、工作日写实法三种。人工日工资单价是指施工企业平均技术熟练程度的生产工人，在每工作日(国家法定工作时间内)按规定从事施工作业应得的日工资总额。合理确定人工日工资单价是正确计算人工费和工程造价的前提和基础。施工定额是以同一性质的施工过程或工序为测定对象，确定建筑安装工人在正常施工条件下，为完成单位合格产品所需人工、机械、材料消耗的数量标准。预算定额是规定消耗在合格质量的单位工程基本构造要素上的人工、材料和机械台班的数量标准，是计算建筑安装产品价格的基础。概算定额是指生产一定计量单位的、经扩大的建筑工程结构构件或分部分项工程所需要的人工、材料和机械台班的消耗数量及费用的标准。概算定额是在预算定额的基础上，根据有代表性的建筑工程通用图和标准图等资料，进行综合、扩大和合并而成。因此，建筑工程概算定额，也称"扩大结构定额"。建筑安装工程概算指标通常是以整个建筑物和构筑物为对象，以建筑面积、体积或成套设备装置的台或组为计量单位而规定的人工、材料、机械台班的消耗量标准和造价指标。投资估算指标用于编制投资估算，往往以独立的单项工程或完整的工程项目为计算对象，其主要作用是为项目决策和投资控制提供依据。工期定额是指在一定的生产技术和自然条件下，完成某个单位(或群体)工程平均需用的标准天数。工期定额包括建设工期定额和施工工期定额两个层次。

思考与练习

一、填空题

1. _____是在正常的施工生产条件下，完成单位合格产品所必需的人工、材料、施工机械设备及资金消耗的数量标准。它反映着一定时期的生产力水平。

2. _____和_____是人工定额的两种表现形式。

3. 按材料消耗的性质划分，施工中的材料可分为_____和_____两类。

4. 写实记录法按记录时间方法的不同，分为_____、_____和_____三种。

5. 施工机械台班单价由七项费用组成，包括_____、_____、_____、_____、_____、_____和_____。

6. 施工仪器仪表台班单价由_____、_____、_____、_____四项费用组成。

7. _____是在预算定额的基础上，根据有代表性的建筑工程通用图和标准图等资料，进行综合、扩大和合并而成。

8. 工期定额包括_____和_____两个层次。

9. 投资估算指标一般可分为_____、_____和_____三个层次。

二、问答题

1. 定额的作用有哪些?
2. 简述人工消耗定额的确定方法。
3. 简述人工日工资单价的组成内容。
4. 影响材料单价变动的因素有哪些?
5. 施工定额的作用有哪些?
6. 预算定额编制中的主要工作有哪些?
7. 概算定额的编制原则有哪些?
8. 概算指标与概算定额的区别是什么?
9. 什么是建设工期和施工工期?

第三章　建设工程投资估算编制与审查

知识目标

1. 了解投资估算的内容，掌握投资估算文件的组成及投资估算的常用术语。
2. 明确投资估算的费用构成，掌握工程建设其他费用的计算方法。
3. 了解投资估算的编制依据，掌握投资估算的编制方法。
4. 熟悉投资估算质量管理的相关规定。

能力目标

能够进行投资估算费用计算，具备编制投资估算的能力。

素养目标

1. 跟同学团结合作，能够分辨并理解个人情绪，调整个人情感和行为。
2. 在实践过程中制订合理计划，不断提高。

　　投资估算是指在项目决策过程中，对建设项目投资数额（包括工程造价和流动资金）进行的估计。

　　投资估算是进行建设项目技术经济评价和投资决策的基础，在项目建议书、预可行性研究、可行性研究、方案设计阶段（包括概念方案设计和报批方案设计）应编制投资估算。

　　投资估算应参考相应工程造价管理部门发布的投资估算指标，依据工程所在地市场价格水平，合理确定估算编制期的人工、材料、机械台班价格，全面反映建设项目建设前期和建设期的全部投资。

建设项目投资估算
编审规程（2015）

　　投资估算的编制与审核应符合国家法律、行政法规及有关强制性文件的规定，应遵循《建设项目投资估算编审规程》（CECA/GC 1—2015）的规定。

第一节 投资估算的工作内容及文件组成

一、投资估算的工作内容

(1)工程造价咨询单位可接受有关单位的委托编制整个项目的投资估算、单项工程投资估算、单位工程投资估算或分部分项工程投资估算,也可接受委托进行投资估算的审核与调整,配合设计单位或决策单位进行方案比选、优化设计、限额设计等方面的投资估算工作,也可进行决策阶段的全过程造价控制等工作。

(2)估算编制一般应依据建设项目的特征、设计文件和相应的工程造价计价依据等资料对建设项目总投资及其构成进行编制,并对主要技术指标进行分析。

(3)在建设项目的设计方案、资金筹措方式、建设时间等发生变化时,应进行投资估算的调整。

(4)对建设项目进行评估时应进行投资估算的审核,政府投资项目的投资估算审核除依据设计文件外,还应依据政府有关部门发布的有关规定、建设项目投资估算指标和工程造价信息等计价依据。

(5)设计方案进行方案比选时,工程造价人员应配合设计人员对不同技术方案进行技术经济分析,主要依据各个单位或分部分项工程的主要技术经济指标确定合理的设计方案。

(6)对于已经确定的设计方案,注册造价人员可依据有关技术经济资料对设计方案提出优化设计的建议与意见,通过优化设计和深化设计使技术方案更加经济合理。

(7)对于采用限额设计的建设项目、单位工程或分部分项工程,工程造价人员应配合设计人员确定合理的建设标准,进行投资分解和投资分析,确定限额的合理可行。

二、投资估算的文件组成

投资估算文件一般由封面、签署页、编制说明、投资估算分析、总投资估算表、单项工程估算表、主要技术经济指标等内容组成。估算人员应根据项目特点,计算并分析整个建设项目、各单项工程和主要单位工程的主要技术经济指标。投资估算文件表格格式参见《建设项目投资估算编审规程》(CECA/GC 1—2015)的相关规定。

对于对投资有重大影响的单位工程或分部分项工程的投资估算,应另附主要单位工程或分部分项工程投资估算表,列出主要分部分项工程量和综合单价进行详细估算,对表格形式不作具体要求。

1. 编制说明

投资估算编制说明一般阐述的内容包括以下几项:

(1)工程概况。

(2)编制范围。

(3)编制方法。

(4)编制依据。

(5)主要技术经济指标。

(6)有关参数、率值选定的说明。

(7)特殊问题的说明(包括采用新技术、新材料、新设备、新工艺);必须说明的价格的确定;进口材料、设备、技术费用的构成与计算参数;采用特殊结构的费用估算方法;安全、节能、环保、消防等专项投资占总投资的比重;建设项目总投资中未计算项目或费用的必要说明等。

(8)采用限额设计的工程还应对投资限额和投资分解做进一步说明。

(9)采用方案比选的工程还应对方案比选的估算和经济指标做进一步说明。

(10)资金筹措方式。

2. 投资估算分析

投资估算分析的内容包括以下几项:

(1)工程投资比例分析。一般建筑工程要分析土建、装饰、给水排水、消防、采暖、通风空调、电气等主体工程和道路、广场、围墙、大门、室外管线、绿化等室外附属/总体工程占建设项目总投资的比例;一般工业项目要分析主要生产项目(列出各生产装置)、辅助生产项目、公用工程项目(给水排水、供电和电信、供气、总图运输等)、服务性工程、生活福利设施、场外工程占建设项目总投资的比例。

(2)分析设备购置费、建筑工程费、安装工程费、工程建设其他费用、预备费占建设项目总投资的比例;分析引进设备费用占全部设备费用的比例等。

(3)分析影响投资的主要因素。

(4)与类似工程项目的比较,对投资总额进行分析。

投资估算分析可单独成篇,也可列入编制说明中叙述。

3. 总投资估算表

总投资估算包括汇总单项工程估算、工程建设其他费用、计算预备费和建设期利息等。

建设项目建议书阶段投资估算的表格受设计深度限制,无硬性规定,但要根据项目建设内容和预计发生的费用尽可能地纵向列表展开。但实际设计深度足够时,可参考投资估算汇总表的格式编制。

建设项目可行性研究阶段投资估算的表格,行业内已有明确规定的,按行业规定编制;无明确规定的,可参照投资估算汇总表的格式编制。

4. 单项工程投资估算

单项工程投资估算,应按建设项目划分的各个单项工程分别计算组成工程费用的建筑工程费、设备购置费、安装工程费。

建设项目可行性研究阶段投资估算的表格,行业内已有明确规定的,按行业规定编制;无明确规定的,可参照单项工程投资估算汇总表的格式编制。

5. 工程建设其他费用估算

工程建设其他费用估算应按预期将要发生的工程建设其他费用种类,逐项详细估算其费用金额。

工程建设其他费用的估算可在总投资估算汇总表中分项估算,也可单独列表编制。

第二节 投资估算的费用构成与计算

一、投资估算的费用构成

(1)建设项目总投资由建设投资、建设期利息、固定资产投资方向调节税和流动资金组成。

(2)建设投资是用于建设项目的工程费用、工程建设其他费用及预备费用之和。

(3)工程费用包括建筑工程费，设备购置费(含工具及生产家具购置费)，安装工程费。

(4)预备费包括基本预备费和价差预备费。

(5)建设期贷款利息包括银行借款、其他债务资金利息，以及其他融资费用。

(6)建设项目总投资的各项费用按资产属性分别形成固定资产费用、无形资产费用和其他资产费用(递延资产)。项目可行性研究阶段可按资产类别简化归并后进行经济评价(表3-1)。

表 3-1　建设项目总投资组成表

费用项目名称			备注
建设项目总投资	建设投资	第一部分 工程费用 → 建筑工程费	—
		设备购置费	含工、器具及生产家具购置费
		安装工程费	—
		第二部分 工程费用 其他费用 → 建设管理费	含建设单位管理费、工程总承包管理费、工程监理费、工程造价咨询费等
		建设用地费	—
		前期工作咨询费	—
		研究试验费	—
		勘察设计费	—
		专项评价及验收费	含环境影响咨询及验收费、安全预评价及验收费、职业病危害预评价及控制效果评价费、地震安全性评价费、地质灾害危险性评价费、水土保持评价及验收费、压覆矿产资源评价费、节能评估及评审费、危险与可操作性分析及安全完整性评价费，以及其他专项评价及验收费
		场地准备及临时设施费	—
		引进技术和进口设备其他费	含引进项目图纸资料翻译复制费、备品备件测绘费；出国人员费用、来华人员费用；银行担保及承诺费等
		工程保险费	—
		联合试运转费	—
		特殊设备安全监督检验费	—
		施工队伍调遣费	—
		市政公用设施费	—
		专利及专有技术使用费	含国外设计及技术资料费、引进有效专利、专有技术使用费和技术保密费；国内有效专利、专有技术使用费；商标权、商誉和特许经营权费等
		生产准备费	含人员培训费及提前进厂费、办公和生活家具购置费
		……	……
	第三部分 预备费用	基本预备费	—
		价差预备费	—
	第四部分 应列入总投资 的费用	建设期利息	—
		固定资产投资方向调节税(暂停征收)	—
		流动资金	—

二、工程建设其他费用参考计算方法

1. 建设管理费

建设管理费以建设投资中的工程费用为基数乘以建设管理费费率计算；改、扩建项目的建设管理费费率应比新建项目适当降低。同时，建设管理费也可按所包含的各项费用内容分别列项计算。各项费用的计算方法如下：

（1）建设单位管理费。建设单位管理费可根据项目建设期及项目具体情况估算，也可参照国家或项目所在地有关部门发布的相关文件规定计算。

（2）工程总承包管理费。如建设管理采用工程总承包方式，其工程总承包管理费由建设单位与总承包单位根据总承包工作范围在合同中商定，从建设管理费中支出。

（3）工程监理费。由于工程监理是受建设单位委托的工程建设技术服务，属建设管理范畴。如采用监理，建设单位部分管理工作量转移至监理单位。工程监理费可参照国家或项目所在地有关部门发布的相关文件规定计算。

（4）工程造价咨询服务费。工程造价咨询服务费可参照项目所在地有关部门发布的收费文件规定计算，从建设管理费中支出。

2. 建设用地费

（1）根据征用建设用地面积、临时用地面积，按建设项目所在省（直辖市、自治区）人民政府制定颁发的征地补偿费用（含土地补偿费、青苗补偿费和地上附着物补偿费、安置补助费、新菜地开发建设基金、耕地占用税、土地管理费）、拆迁补偿费用、出让金、土地转让金标准计算。

（2）建设用地上的建（构）筑物如需迁建，其迁建补偿费应按迁建补偿协议计列或按新建同类工程造价计算。建设场地平整中的余物拆除清理费在"场地准备及临时设施费"中计算。

（3）建设项目采用"长租短付"方式租用土地使用权，在建设期间支付的租地费用计入建设用地费，在生产经营期间支付的土地使用费应进入营运成本中核算。

3. 前期工作咨询费

前期工作咨询费依据委托合同计列，也可参照国家或项目所在地有关部门发布的相关文件规定计算。前期其他费用按实际发生额或分项预估。

4. 研究试验费

研究试验费按照研究试验内容和要求进行编制。

5. 勘察设计费

依据勘察设计委托合同计列，也可参照国家或项目所在地有关部门发布的相关文件规定计算。

6. 专项评价及验收费

专项评价及验收费包括环境影响咨询及验收费、安全预评价及验收费、职业病危害预评价及控制效果评价费、地震安全性评价费、地质灾害危险性评价费、水土保持评价及验收费、压覆矿产资源评价费、节能评估及评审费、危险与可操作性分析及安全完整性评价费以及其他专项评价及验收费。具体建设项目应按实际发生的专项评价及验收项目计列，不得虚列项目费用。

（1）环境影响咨询及验收费。环境影响咨询及验收费是指为全面、详细评价建设项目对环境可能产生的污染或造成的重大影响，而编制环境影响报告书（含大纲）、环境影响报告表和评估等所需的费用，以及建设项目竣工验收阶段环境保护验收调查和环境监测、编制环境保护验收报告的费用。其中，环境影响咨询及验收费的计算方法如下：

1）环境影响咨询费，可参照国家或项目所在地有关部门发布的相关文件规定计算。有咨询专题的，可根据专题工作量另外计算专题收费。

2）验收费，按环境影响咨询费的比例计算，一般为环境影响咨询费的 0.6～1.3 倍。

（2）安全预评价及验收费，指为预测和分析建设项目存在的危害因素种类和危险危害程度，提出先进、科学、合理、可行的安全技术和管理对策，而编制评价大纲、编写安全评价报告书和评估等所需的费用，以及在竣工阶段验收时所发生的费用。

其计算方法按照建设项目所在省（直辖市、自治区）人民政府有关规定计算。不需评价的建设项目不计取此项费用。

3）职业病危害预评价及控制效果评价费，指建设项目因可能产生职业病危害，而编制职业病危害预评价书、职业病危害控制效果评价书和评估所需的费用。其计算方法按照国家或建设项目所在省（直辖市、自治区）人民政府有关规定计算。不需评价的建设项目不计取此项费用。

4）地震安全性评价费，指通过对建设场地和场地周围的地震活动与地震、地质环境的分析，而进行的地震活动环境评价、地震地质构造评价、地震地质灾害评价，编制地震安全评价报告书和评估所需的费用。其计算方法按照国家或建设项目所在省（直辖市、自治区）人民政府有关规定计算。不需评价的建设项目不计取此项费用。

5）地质灾害危险性评价费，指在灾害易发区对建设项目可能诱发的地质灾害和建设项目本身可能遭受的地质灾害危险程度的预测评价，编制评价报告书和评估所需的费用。其计算方法按照国家或建设项目所在省（直辖市、自治区）人民政府有关规定计算。不需评价的建设项目不计取此项费用。

6）水土保持评价及验收费，指对建设项目在生产建设过程中可能造成水土流失进行预测，编制水土保持方案和评估所需的费用，以及在施工期间的监测、竣工阶段验收时所发生的费用。其计算方法按照国家或建设项目所在省（直辖市、自治区）人民政府有关规定计算。不需评价的建设项目不计取此项费用。

7）压覆矿产资源评价费，指对需要压覆重要矿产资源的建设项目，编制压覆重要矿床评价和评估所需的费用。其计算方法按照国家或建设项目所在省（直辖市、自治区）人民政府有关规定计算。不需评价的建设项目不计取此项费用。

8）节能评估及评审费，指对建设项目的能源利用是否科学合理进行分析评估，并编制节能评估报告以及评估所发生的费用。其计算方法按照国家或建设项目所在省（直辖市、自治区）人民政府有关规定计算。不需评价的建设项目不计取此项费用。

9）危险与可操作性分析及安全完整性评价费，指对应用于生产具有流程性工艺特征的新建、改建、扩建项目进行工艺危害分析和对安全仪表系统的设置水平及可靠性进行定量评估所发生的费用。其计算方法按照国家或建设项目所在省（直辖市、自治区）人民政府有关规定，根据建设项目的生产工艺流程特点计算。

10）其他专项评价及验收费，指除以上 9 项评价及验收费外，根据国家法律法规、建设项目所在省（直辖市、自治区）人民政府有关规定，以及行业规定需进行的其他专项评价、评估、咨询和验收（如重大投资项目社会稳定风险评估、防洪评价等）所需的费用。其计算方法按照国家或建设项目所在省（直辖市、自治区）人民政府有关规定计算。不需评价的建设项目不计取此项费用。

7. 场地准备及临时设施费

（1）场地准备及临时设施应尽量与永久性工程统一考虑。建设场地的大型土石方工程应进入工程费用中的室外附属/总体工程费用中。

（2）新建项目的场地准备和临时设施费应根据实际工程量估算，或按工程费用的比例计算。改建、扩建项目一般只计拆除清理费。场地准备及临时设施费的计算公式为

$$场地准备及临时设施费 = 工程费用 \times 费率 + 拆除清理费 \qquad (3\text{-}1)$$

（3）发生拆除清理费时可按新建同类工程造价或主材费、设备费的比例计算。凡可回收材料的拆除工程采用以料抵工方式冲抵拆除清理费。

（4）此项费用不包括已列入工程费用中的施工单位临时设施费。

8. 引进技术和进口设备其他费

（1）引进项目图纸资料翻译复制费、备品备件测绘费，根据引进项目的具体情况计列，或按离岸价（FOB）的比例估列；引进项目发生备品备件测绘费时按具体情况估列。

（2）出国人员费用，依据合同或协议规定的出国人次、期限以及相应的费用标准计算。

（3）来华人员费用，依据引进合同或协议有关条款及来华技术人员派遣计划进行计算。来华人员接待费用可按每人次费用指标计算。引进合同价款中已包括的费用内容不得重复计算。

（4）银行担保及承诺费，应按担保或承诺协议计取。投资估算编制时可以按担保金额或承诺金额为基数乘以费率计算。

（5）引进设备材料的国外运输费、国外运输保险费、进口关税、进口环节增值税、外贸手续费、银行财务费、国内运杂费、引进设备材料国内检验费等按离岸价（FOB）为基数乘以相应费用的税率计算后进入相应的设备材料费中，不在此项费用中计列。

（6）单独引进的软件不计算关税，只计算增值税。

9. 工程保险费

（1）不投保的工程不计取此项费用。

（2）不同的建设项目可根据工程特点选择投保险种，根据投保合同计列保险费用。编制投资估算时可按工程费用的比例估算。

（3）此项费用不包括已列入建筑安装工程费中企业管理费项下的财产保险费。

10. 联合试运转费

（1）不发生试运转或试运转收入大于或等于费用支出的工程，不列此项费用。

（2）当联合试运转收入小于试运转支出时按下式计算：

$$联合试运转费 = 联合试运转费用支出 - 联合试运转收入 \qquad (3\text{-}2)$$

（3）联合试运转费不包括应由设备安装工程费用开支的单机调试及试车费用，以及在试运转中暴露出来的因施工原因或设备缺陷等发生的处理费用。

（4）试运行期的确定，依照以下规定：引进国外设备项目按建设合同中规定的试运行期执行；国内一般性建设项目试运行期原则上按照批准的设计文件所规定的期限执行。个别行业的建设项目试运行期需要超过规定试运行期的，应报项目设计文件审批机关批准。试

运行期一经确定，建设单位应严格按规定执行，不得擅自缩短或延长。

11. 特殊设备安全监督检验费

特殊设备安全监督检验费按照建设项目所在省、直辖市、自治区安全监察部门的规定标准计算。无具体规定的，在编制投资估算时，可按受检设备现场安装费的比例估算。

12. 市政公用设施费

市政公用设施费按工程所在地人民政府规定标准计列；不发生或按规定免征项目不计取。

13. 专利及专有技术使用费

(1)按专利使用许可协议和专有技术使用合同的规定计列。

(2)专有技术的界定应以省、部级鉴定批准为依据。

(3)项目投资中只计取需在建设期支付的专利及专有技术使用费。协议或合同规定在生产期支付的使用费应在生产成本中核算。

(4)一次性支付的商标权、商誉及特许经营权费按协议或合同规定计列。协议或合同规定在生产期支付的商标权或特许经营权费应在生产成本中核算。

14. 生产准备费

生产准备费可采用综合的生产准备费指标进行计算，也可以按费用内容的分类指标计算。新建项目按设计定员为基数计算，改建、扩建项目按新增设计定员为基数用下式计算：

$$生产准备费 = 设计定员 \times 生产准备费指标(元/人) \tag{3-3}$$

第三节　投资估算的编制依据与方法

投资估算应委托有相应工程造价咨询资质的单位编制，投资估算编制单位应在投资估算成果文件上签字和盖章，对成果质量负责并承担相应法律责任；注册造价工程师、造价员应在投资估算的文件上签字和盖章，并承担责任。

由几个单位共同编制投资估算时，委托单位应指定主体编制单位，并由主体编制单位负责投资估算编制原则的制定、汇编总估算，其他单位负责所承担的单项、单位或分部分项工程的投资估算编制。

一、投资估算的编制依据

投资估算的编制依据是指在编制投资估算时所遵循的计量规则、市场价格、费用标准及工程计价有关参数、率值等基础资料。其主要有以下几个方面：

(1)国家、行业和地方政府的有关法律、法规或规定；政府有关部门、金融机构等发布的价格指数、利率、汇率、税率等有关参数；

(2)行业部门、项目所在地工程造价管理机构或行业协会等编制的投资估算指标、概算指标(定额)、工程建设其他费用定额(规定)、综合单价、价格指数和有关造价文件等；

(3)类似工程的各种技术经济指标和参数；

(4)工程所在地的同期的工、料、机市场价格，建筑、工艺及附属设备的市场价格和有关费用；

(5)与建设项目相关的工程地质资料、设计文件、图纸或有关设计专业提供的主要工程量和主要设备清单等；

(6)委托单位提供的其他技术经济资料。

二、投资估算的编制方法

建设项目投资估算要根据主体专业设计的阶段和深度，结合各自行业的特点，所采用生产工艺流程的成熟性，以及编制者所掌握的国家及地区、行业或部门相关投资估算基础资料和数据的合理、可靠、完整程度（包括造价咨询机构自身统计和积累的、可靠的相关造价基础资料），采用生产能力指数法、系数估算法、比例估算法、混合法（生产能力指数法与比例估算法、系数估算法与比例估算法等综合使用）、指标估算法进行建设项目投资估算。

建设项目投资估算无论采用何种办法，应充分考虑拟建项目设计的技术参数和投资估算所采用的估算系数、估算指标，在质和量方面所综合的内容，应遵循口径一致的原则。另外，应将所采用的估算系数和估算指标价格、费用水平调整到项目建设所在地及投资估算编制年的实际水平。对于建设项目的边界条件，如建设用地费和外部交通、水、电、通信条件，或市政基础设施配套条件等差异所产生的与主要生产内容投资无必然关联的费用，应结合建设项目的实际情况修正。

1. 项目建议书阶段投资估算

(1)项目建议书阶段的投资估算一般要求编制总投资估算表，总投资估算表中工程费用的内容应分解到主要单项工程，工程建设其他费用可在总投资估算表中分项计算。

(2)项目建议书阶段建设项目投资估算可采用生产能力指数法、系数估算法、比例估算法、混合法（生产能力指数法与比例估算法、系数估算法与比例估算法等综合使用）、指标估算法等。

(3)生产能力指数法。生产能力指数法是根据已建成的类似建设项目生产能力和投资额，进行粗略估算拟建建设项目相关投资额的方法。其计算公式为

$$C_2 = C_1(Q/Q_1)^X \cdot f \qquad (3\text{-}4)$$

式中　C_2——拟建建设项目的投资额；

　　　C_1——已建成类似建设项目的投资额；

　　　Q——拟建建设项目的生产能力；

　　　Q_1——已建成类似建设项目的生产能力；

　　　X——生产能力指数$(0 \leqslant X \leqslant 1)$；

　　　f——不同的建设时期、不同的建设地点而产生的定额水平、设备购置和建筑安装材料价格、费用变更和调整等综合调整系数。

(4)系数估算法。系数估算法是根据已知的拟建建设项目主体工程费或主要生产工艺设备费为基数，以其他辅助或配套工程费占主体工程费或主要生产工艺设备费的百分比为系数，进行估算拟建建设项目相关投资额的方法。其计算公式为

$$C = E(1 + f_1 P_1 + f_2 P_2 + f_3 P_3 + \cdots) + I \qquad (3\text{-}5)$$

式中　C——拟建建设项目的投资额；

E——拟建建设项目的主体工程费或主要设备购置费;

P_1、P_2、P_3——已建成类似建设项目的辅助或配套工程费占主体工程费或主要生产工艺设备费的比重;

f_1、f_2、f_3——不同建设时间、地点而产生的定额、价格、费用标准等差异的调整系数;

I——根据具体情况计算的拟建建设项目各项其他费用。

(5)比例估算法。比例估算法是根据已知的同类建设项目主要设备购置费占整个建设项目的投资比例,先逐项估算出拟建建设项目主要设备购置费,再按比例进行估算拟建建设项目相关投资额的方法。其计算公式为

$$C = \sum_{i=1}^{n} Q_i P_i / k \tag{3-6}$$

式中 C——拟建建设项目的投资额;

k——主要生产工艺设备费占拟建建设项目投资的比例;

n——主要生产工艺设备的种类;

Q_i——第i种主要生产工艺设备的数量;

P_i——第i种主要生产工艺设备购置费(到厂价格)。

(6)混合法。混合法是根据主体专业设计的阶段和深度,投资估算编制者所掌握的国家及地区、行业或部门相关投资估算基础资料和数据(包括造价咨询机构自身统计和积累的相关造价基础资料),对一个拟建建设项目采用生产能力指数法与比例估算法或系数估算法与比例估算法混合估算其相关投资额的方法。

(7)指标估算法。指标估算法是把拟建建设项目以单项工程或单位工程为单位,按建设内容纵向划分为各个主要生产系统、辅助生产系统、公用工程、服务性工程、生活福利设施以及各项其他工程费用,按费用性质横向划分为建筑工程、设备购置、安装工程等,根据各种具体的投资估算指标,进行各单位工程或单项工程投资的估算,在此基础上汇集编制成拟建建设项目的各个单项工程费用和拟建建设项目的工程费用投资估算,再按相关规定估算工程建设其他费用、预备费、建设期利息等,形成拟建建设项目总投资。

2. 可行性研究阶段投资估算

(1)可行性研究阶段建设项目投资估算原则上应采用指标估算法,对于对投资有重大影响的主体工程应估算出分部分项工程量,参考相关综合定额(概算指标)或概算定额编制主要单项工程的投资估算。

(2)项目申请报告、预可行性研究阶段、方案设计阶段,建设项目投资估算视设计深度,可参照可行性研究阶段的编制办法进行。

(3)在一般的设计条件下,可行性研究投资估算深度在内容上应达到规定要求。对于子项单一的大型民用公共建筑,主要单项工程估算应细化到单位工程估算书。可行性研究投资估算深度应满足项目的可行性研究编制、经济评价和投资决策的要求,并最终满足国家和地方相关部门的管理要求。

3. 投资估算过程中的方案比选、优化设计和限额设计

(1)工程建设项目由于受资源、市场、建设条件等因素的限制,为了提高工程建设投资效果,拟建项目可能存在建设场址、建设规模、产品方案、所选用工艺流程等不同的多个

整体设计方案。而在一个整体设计方案中也可存在厂区总平面布置、建筑结构形式等不同的多个设计方案。当出现多个设计方案时，工程造价咨询机构和造价专业人员应与工程设计者配合，为建设项目投资决策者提供方案比选的意见。

（2）建设项目设计方案比选应遵循以下三个原则：

1）建设项目设计方案比选要协调好技术先进性和经济合理性的关系，即在满足设计功能和采用合理先进技术的条件下，尽可能降低投资费用。

2）建设项目设计方案比选除考虑一次性建设投资的比选，还应考虑项目运营过程中的费用比选，即项目寿命期的总费用比选。

3）建设项目设计方案比选要兼顾近期与远期的要求，即建设项目的功能和规模应根据国家和地区远景发展规划，适当留有发展余地。

（3）建设项目设计方案比选的内容：在宏观方面有建设规模、建设场址、产品方案等；对于建设项目本身有平面布置、主体工艺流程选择、主要设备选型等；微观方面有工程设计标准、工业与民用建筑的结构形式、建筑安装材料的选择等。

（4）建设项目设计方案比选的方法：建设项目多方案整体宏观方面的比选，一般采用投资回收期法、计算费用法、净现值法、净年值法、内部收益率法，以及上述几种方法同时使用等。建设项目本身局部多方案的比选，除可用上述宏观方案的比选方法外，一般采用价值工程原理或多指标综合评分法比选。

（5）优化设计的投资估算编制是针对在方案比选确定的设计方案基础上，通过设计招标、方案竞选、深化设计等措施，以降低成本或提高功能为目的的优化设计或深化过程中，对投资估算进行调整的过程。

（6）限额设计的投资估算编制的前提条件是严格按照基本建设程序进行，前期设计的投资估算应准确和合理。限额设计的投资估算编制进一步细化了针对建设项目的投资估算，为按项目实施内容和标准合理分解投资额度和预留调节金提供了技术保障。

4. 流动资金的估算

流动资金的估算一般可采用分项详细估算法和扩大指标估算法。对铺底流动资金有要求的建设项目，应按国家或行业的有关规定计算铺底流动资金。非生产经营性建设项目不列铺底流动资金。

（1）分项详细估算法。分项详细估算法是根据周转额与周转速度之间的关系，对构成流动资金的各项流动资产和流动负债分别进行估算。可行性研究阶段的流动资金估算应采用分项详细估算法，可按下述步骤及计算公式计算：

$$流动资金＝流动资产－流动负债 \tag{3-7}$$

$$流动资产＝应收账款＋预付账款＋存货＋现金 \tag{3-8}$$

$$流动负债＝应付账款＋预收账款 \tag{3-9}$$

$$应收账款＝年经营成本/应收账款周转次数 \tag{3-10}$$

$$周转次数＝360 天/应收账款周转次数 \tag{3-11}$$

$$预付账款＝外购商品或服务年费用金额/预付账款周转次数 \tag{3-12}$$

$$存货＝外购原材料、燃料＋其他材料＋在产品＋产成品 \tag{3-13}$$

$$外购原材料、燃料＝年外购原材料、燃料费用/分项周转次数 \tag{3-14}$$

$$其他材料＝年其他材料费用/其他材料周转次数 \tag{3-15}$$

在产品＝(年外购原材料、燃料动力费用＋年工资及福利费＋年修理费＋年其他制造费
　　　　用)/在产品周转次数 (3-16)

　　产成品＝(年经营成本－年其他营业费用)/产成品周转次数 (3-17)

　　现金＝(年工资及福利费＋年其他费用)/现金周转次数 (3-18)

年其他费用＝制造费用＋管理费用＋营业费用－(以上三项费用中所含的工资及福利
　　　　费、折旧费、摊销费、修理费) (3-19)

　　应付账款＝外购原材料、燃料动力及其他材料年费用/应付账款周转次数 (3-20)

　　预收账款＝预收的营业收入年金额/预收账款周转次数 (3-21)

　　流动资金本年增加额＝本年流动资金－上年流动资金 (3-22)

(2)扩大指标估算法。扩大指标估算法是根据销售收入、经营成本、总成本费用等与流动资金的关系和比例来估算流动资金。流动资金的计算公式为

　　年流动资金额＝年费用基数×各类流动资金率 (3-23)

第四节　投资估算的质量管理

投资估算编制单位应建立相应的质量管理体系，对编制投资估算基础资料的收集、归纳和整理，投资估算的编制、审核和修改，成果文件的提交、报审和归档等，都要有具体规定。

建设项目投资估算编制者应对投资估算编制委托者提供的书面资料(委托者提供的书面资料应加盖公章或有效合法的签名)进行有效性和合理性核对。应保证自身收集的或已有的造价基础资料和编制依据(部门或行业规定、估算指标、价格信息)全面、现行、有效。

建设项目投资估算者应对建设项目设计内容、设计工艺流程、设计标准等充分了解。对设计中的工程内容尽可能地量化，以避免投资估算出现内容方面的重复或漏项和费用方面的高估或低算。

投资估算编制应在已评审过的编制大纲基础上进行。成果文件应经过相关负责人的审核、审定两级审查。

工程造价文件的编制、审核、审定人员应在投资估算的文件上签署资格印章。

本章小结

投资估算是进行建设项目技术经济评价和投资决策的基础。估算的编制一般应依据建设项目的特征、设计文件和相应的工程造价计价依据或资料对建设项目总投资及其构成进行，并对主要技术指标进行分析。对建设项目进行评估时应进行投资估算的审核，工程造价咨询单位或注册造价工程师、造价员受托承担建设项目投资估算的审核，应对其审查修改的结果和审查报告负责，应在其审定的成果文件上签署执业(从业)印章，并承担相应法

律责任。本章重点讲述了投资估算费用的构成、计算及投资估算文件的编制，应重点学习和把握。

思考与练习

一、填空题

1. 投资估算文件一般由 _____ 、 _____ 、 _____ 、 _____ 、
_____ 、 _____ 、 _____ 等内容组成。

2. 总投资估算包括 _____ 、 _____ 、 _____ 和 _____ 等。

3. 建设项目总投资由 _____ 、 _____ 、 _____ 和 _____ 组成。

二、问答题

1. 简述投资估算的工作内容。

2. 投资估算编制说明一般阐述的内容有哪些？

3. 投资估算的编制依据主要有哪些？

4. 如何进行可行性研究阶段投资估算的编制？

5. 简述如何进行投资估算的质量管理。

第四章 建设工程设计概算编制与审查

 知识目标

1. 了解设计概算的作用，掌握设计概算工作常用术语。

2. 熟悉三级、二级编制形式设计概算的文件组成及格式要求，明确概算文件编制形式及文件签署。

3. 了解设计概算的编制依据，熟悉设计概算文件的编制程序和质量控制，掌握建设项目总概算及单项工程综合概算、其他费用、预备费、专项费用、调整概算的编制。

4. 熟悉设计概算审查的步骤与方法，明确设计概算审查的内容。

能力目标

具备编制建设工程设计概算的能力，并能够完成设计概算的审查工作。

素养目标

1. 热爱本职工作，不断提高自己的技能，工作有条理、细致。

2. 清晰并有逻辑地表达观点和陈述意见。

3. 对每一项学习和活动开展全方位的反思。

第一节 概　　述

一、设计概算的概念

设计概算是指在设计阶段对建设项目投资额度的概略计算。设计概算投资应包括建设项目从立项、可行性研究、设计、施工、试运行到竣工验收等的全部建设资金。设计概算是设计文件的重要组成部分。

二、设计概算的作用

(1)设计概算是确定建设项目、各单项工程及各单位工程投资的依据。按照规定报请有关部门或单位批准的初步设计及总概算，一经批准即作为建设项目静态总投资的最高限额，不得任意突破，必须突破时需报原审批部门(单位)批准。

(2)设计概算是编制投资计划的依据。计划部门根据批准的设计概算编制建设项目年固定资产投资计划，并严格控制投资计划的实施。若建设项目实际投资数额超过了总概算，则必须在原设计单位和建设单位共同提出追加投资的申请报告基础上，经上级计划部门审核批准后，方能追加投资。

(3)设计概算是进行拨款和贷款的依据。建设银行根据批准的设计概算和年度投资计划，进行拨款和贷款，并严格实行监督控制。对超出概算的部分，未经计划部门批准，建设银行不得追加拨款和贷款。

(4)设计概算是实行投资包干的依据。在进行概算包干时，单项工程综合概算及建设项目总概算是投资包干指标商定和确定的基础，尤其经上级主管部门批准的设计概算或修正概算，是主管单位和包干单位签订包干合同，控制包干数额的依据。

(5)设计概算是考核设计方案的经济合理性和控制施工图预算的依据。设计单位根据设计概算进行技术经济分析和多方案评价，以提高设计质量和经济效果，同时保证施工图预算在设计概算的范围内。

(6)设计概算是进行各种施工准备、设备供应指标、加工订货及落实各项技术经济责任制的依据。

(7)设计概算是控制项目投资，考核建设成本，提高项目实施阶段工程管理和经济核算水平的必要手段。

第二节　设计概算文件的组成及签署

一、设计概算文件的编制形式及组成

设计概算文件的编制形式应视项目情况采用三级编制形式或二级编制形式。

1. 三级编制形式设计概算文件的组成

三级编制(总概算、综合概算、单位工程概算)形式设计概算文件的组成：

(1)封面、签署页及目录；

(2)编制说明；

(3)总概算表；

(4)工程建设其他费用表；

(5)综合概算表；

(6)单位工程概算表；

(7)概算综合单价分析表；

(8)附件：其他表。

建设项目设计概算
编审规程(2015)

2. 二级编制形式设计概算文件的组成

二级编制(总概算、单位工程概算)形式设计概算文件的组成:

(1)封面、签署页及目录;

(2)编制说明;

(3)总概算表;

(4)工程建设其他费用表;

(5)单位工程概算表;

(6)概算综合单价分析表;

(7)附件:其他表。

二、概算文件表格格式

(1)设计概算封面、签署页、目录、编制说明样式参见《建设项目设计概算编审规程》(CECA/GC2—2015)附件 A。

(2)概算表格包括总概算表、工程建设其他费用汇总表、工程建设其他费用计算表、综合概算表、建筑工程概算综合单价分析表、设备及安装工程概算表、补充单位估价表、主要设备材料数量及价格表、工程费用计算程序表,表格格式参见《建设项目设计概算编审规程》(CECA/GC 2—2015)附件 B。

(3)调整概算对比表包括总概算对比表和综合概算对比表,表格格式参见《建设项目设计概算编审规程》(CECA/GC 2—2015)附件 B。

三、概算文件的签署

概算文件需经签署(加盖执业或从业印章)后才能生效。总概算表、工程建设其他费用汇总表、综合概算表、建筑工程概算表、建筑工程概算综合单价分析表、设备及安装工程概算表、设备及安装工程概算综合单价分析表、总概算对比表、综合概算对比表均签编制人、审核人、审定人,其他各表均签编制人、审核人。

第三节 建设工程设计概算的编制

一、设计概算的编制依据

设计概算的编制依据是指编制项目概算所需的一切基础资料,主要有以下几个方面:

(1)批准的可行性研究报告。

(2)工程勘察与设计文件或设计工程量。

(3)项目涉及的概算指标或定额,以及工程所在地编制同期的人工、材料、机械台班市场价格,相应工程造价管理机构发布的概算定额(或指标)。

(4)国家、行业和地方政府有关法律、法规或规定,政府有关部门、金融机构等发布的价格指数、利率、汇率、税率,以及工程建设其他费用等。

（5）资金筹措方式。

（6）正常的施工组织设计或拟订的施工组织设计和施工方案。

（7）项目涉及的设备材料供应方式及价格。

（8）项目的管理（含监理）、施工条件。

（9）项目所在地区有关的气候、水文、地质地貌等自然条件。

（10）项目所在地区有关的经济、人文等社会条件。

（11）项目的技术复杂程度及新技术、专利使用情况等。

（12）有关文件、合同、协议等。

（13）委托单位提供的其他技术经济资料。

（14）其他相关资料。

二、建设项目总概算及单项工程综合概算的编制

（1）设计概算编制说明应包括以下主要内容：

1）项目概况：简述建设项目的建设地点、设计规模、建设性质（新建、扩建或改建）、工程类别、建设期（年限）、主要工程内容、主要工程量、主要工艺设备及数量等。

2）主要技术经济指标：项目概算总投资（有引进的给出所需外汇额度）及主要分项投资、主要技术经济指标（主要单位工程投资指标）等。

3）资金来源：按资金来源不同渠道分别说明，发生资产租赁的说明租赁方式及租金。

4）编制依据，参见本节"一、设计概算的编制依据"。

5）其他需要说明的问题。

6）总说明附表。

①建筑、安装工程工程费用计算程序表；

②进口设备材料货价及从属费用计算表；

③具体建设项目概算要求的其他附表及附件。

（2）总概算表。概算总投资由工程费用、工程建设其他费用、预备费及应列入项目概算总投资中的几项费用组成。

1）第一部分　工程费用。按单项工程综合概算组成编制，采用二级编制的按单位工程概算组成编制。

①市政民用建设项目一般排列顺序：主体建（构）筑物、辅助建（构）筑物、配套系统。

②工业建设项目一般排列顺序：主要工艺生产装置、辅助工艺生产装置、公用工程、总图运输、生产管理服务性工程、生活福利工程、厂外工程。

2）第二部分　工程建设其他费用。一般按其他费用概算顺序列项，具体见下述"三、其他费用、预备费、专项费用概算的编制"。

3）第三部分　预备费。包括基本预备费和价差预备费，具体见下述"三、其他费用、预备费、专项费用概算的编制"。

4）第四部分　应列入项目概算总投资中的几项费用。一般包括建设期利息、铺底流动资金、固定资产投资方向调节税（暂停征收）等，具体见下述"三、其他费用、预备费、专项费用概算的编制"。

（3）综合概算以单项工程所属的单位工程概算为基础，采用"综合概算表"进行编制，分别按各单位工程概算汇总成若干个单项工程综合概算。

(4)对单一的、具有独立性的单项工程建设项目，按二级编制形式编制，直接编制总概算。

三、工程建设其他费用、预备费、专项费用概算编制

(1)一般工程建设其他费用包括前期费用、建设用地费和赔偿费、建设管理费、专项评价及验收费、研究试验费、勘察设计费、场地准备及临时设施费、引进技术和进口设备材料其他费、工程保险费、联合试运转费、特殊设备安全监督检验及标定费、施工队伍调遣费、市政审查验收费及公用配套设施费、专利及专有技术使用费、生产准备及开办费等。

(2)引进技术其他费用中的国外技术人员现场服务费、出国人员旅费和生活费折合成人民币列入，用人民币支付的其他几项费用直接列入工程建设其他费用中。

(3)预备费包括基本预备费和价差预备费，基本预备费以总概算第一部分"工程建设其他费用"之和为基数的百分比计算；价差预备费一般按下式计算：

$$P = \sum_{t=1}^{n} I_t \left[(1+f)^m (1+f)^{0.5} (1+f)^{t-1} - 1 \right]$$

式中　P——价差预备费；

　　　n——建设期年份数；

　　　I_t——建设期第 t 年的投资计划额，包括工程费用、工程建设其他费用及基本预备费，即第 t 年的静态投资计划额；

　　　f——投资价格指数；

　　　i——建设期第 t 年；

　　　m——建设前期年限(从编制概算到开工建设年数)。

(4)应列入项目概算总投资中的几项费用。

1)建设期利息：根据不同资金来源及利率分别计算。

$$Q = \sum_{j=1}^{n} (P_{j-1} + A_j / 2) i$$

式中　Q——建设期利息；

　　　P_{j-1}——建设期第 $(j-1)$ 年末贷款累计金额与利息累计金额之和；

　　　A_j——建设期第 j 年贷款金额；

　　　i——贷款年利率；

　　　n——建设期年数。

自有资金额度应符合国家或行业有关规定。

2)铺底流动资金按国家或行业有关规定计算。

3)固定资产投资方向调节税(暂停征收)。

四、单位工程概算的编制

(1)单位工程概算是编制单项工程综合概算(或项目总概算)的依据，单位工程概算项目根据单项工程中所属的每个单体按专业分别编制。

(2)单位工程概算一般分建筑工程、设备及安装工程两大类，建筑工程单位工程概算按下述(3)的要求编制，设备及安装工程单位工程概算按下述(4)的要求编制。

(3)建筑工程单位工程概算。

1)建筑工程概算费用内容及组成见住房和城乡建设部、财政部《建筑安装工程费用项目组成》(建标〔2013〕44 号)。

2)建筑工程概算要采用"建筑工程概算表"编制，按构成单位工程的主要分部分项工程编制，根据初步设计工程量按工程所在省（直辖市、自治区）颁发的概算定额（指标）或行业概算定额（指标），以及工程费用定额计算。

3)以房屋建筑为例，根据初步设计工程量按工程所在省（直辖市、自治区）颁发的概算定额（指标）分土石方工程、基础工程、墙壁工程、梁柱工程、楼地面工程、门窗工程、屋面工程、保温防水工程、室外附属工程、装饰工程等项编制概算，编制深度宜达到《建设工程工程量清单计价规范》（GB 50500—2013）（以下简称"13计价规范"）的深度。

4)对于通用结构建筑，可采用"造价指标"编制概算；对于特殊或重要的建（构）筑物，必须按构成单位工程的主要分部分项工程编制，必要时，结合施工组织设计进行详细计算。

（4）设备及安装工程单位工程概算。

1)设备及安装工程概算费用由设备购置费和安装工程费组成。

2)设备购置费。

①定型或成套设备。其计算公式为

$$定型或成套设备费＝设备出厂价格＋运输费＋采购保管费$$

②非标准设备。非标准设备原价有多种不同的计算方法，如综合单价法、成本计算估价法、系列设备插入估价法、分部组合估价法、定额估价法等。一般采用不同种类设备综合单价法计算。其计算公式为

$$设备费 = \sum 综合单价(元／吨) \times 设备单重(吨)$$

③进口设备。进口设备费用可分为外币和人民币两种支付方式。外币部分按美元或其他国际主要流通货币计算。进口设备的国外运输费、国外运输保险费、关税、消费税、进口环节增值税、外贸手续费、银行财务费、国内运杂费等，按照引进货价（FOB或CIF）计算后进入相应的设备购置费中。

④超限设备运输特殊措施费。超限设备运输特殊措施费是指当设备质量、尺寸超过铁路、公路等交通部门所规定的限度，在运输过程中须进行路面处理、桥涵加固、铁路设施改造或造成正常交通中断进行补偿所发生的费用，应根据超限设备运输方案计算超限设备运输特殊措施费。

3)安装工程费的组成及计算方法。安装工程费用内容组成，以及工程费用计算方法见住房和城乡建设部、财政部引发的《建筑安装工程费用项目组成》（建标〔2013〕44号）；其中，辅助材料费按概算定额（指标）计算，主要材料费以消耗量按工程所在地当年预算价格（或市场价）计算。

4)进口材料费用计算方法与进口设备费用计算方法相同。

5)设备及安装工程概算采用"设备及安装工程概算表"形式，按构成单位工程的主要分部分项工程编制，根据初步设计工程量按工程所在省、市、自治区颁发的概算定额（指标）或行业概算定额（指标），以及工程费用定额计算。

6)概算编制深度可参照"13计价规范"深度执行。

（5）当概算定额或指标不能满足概算编制要求时，应编制"补充单位估价表"。

五、调整概算的编制

（1）设计概算批准后，一般不得调整。由于下述（2）所列原因需要调整概算时，由建设单位调查分析变更原因，报主管部门审批同意后，由原设计单位核实编制、调整概算，并按有关审批程序报批。

(2)调整概算的原因。

1)超出原设计范围的重大变更;

2)超出基本预备费规定范围内不可抗拒的重大自然灾害引起的工程变动和费用增加;

3)超出工程造价调整预备费的国家重大政策性的调整。

(3)影响工程概算的主要因素已经清楚,工程量完成了一定量后方可进行调整,一个工程只允许调整一次概算。

(4)调整概算编制深度与要求、文件组成及表格形式同原设计概算,调整概算还应对工程概算调整的原因做详尽分析说明,所调整的内容在调整概算总说明中要逐项与原批准概算对比,并编制调整前后概算对比表(表 4-1、表 4-2),分析主要变更原因。

表 4-1　总概算对比表

总概算编号:_____工程名称:_____(单位:　　万元)　　　　　　共　页　第　页

序号	工程项目或费用名称	原批准概算					调整概算					差额调整概算－原批准概算	备注
		建筑工程费	设备购置费	安装工程费	工程建设其他费用	合计	建筑工程费	设备购置费	安装工程费	其他费用	合计		
一	工程费用												
1	主要工程												
(1)	××××××												
	…												
2	辅助工程												
(1)	××××××												
	…												
3	配套工程												
(1)	××××××												
	…												
二	工程建设其他费用												
1	××××××												
2	××××××												
	…												
三	预备费												
四	建设利息												
五	铺底流动资金												
	建设项目概算总投资												

编制人:　　　　　　　　　审核人:　　　　　　　　　审定人:

表 4-2 综合概算对比表

综合概算编号：_____ 工程名称：_____ （单位：____ 万元） 共 页 第 页

序号	工程项目或费用名称	原批准概算				调整概算				差额（调整概算—原批准概算）	调整的主要原因
		建筑工程费	设备购置费	安装工程费	合计	建筑工程费	设备购置费	安装工程费	合计		
一	主要工程										
1	×××××										
2	×××××										
	…										
二	辅助工程										
1	×××××										
2	×××××										
	…										
三	配套工程										
1	×××××										
2	×××××										
	…										
	单项工程概算费用合计										

编制人： 审核人： 审定人：

(5)在上报调整概算时，应同时提供有关文件和调整依据。

六、设计概算文件的编制程序和质量控制

(1)设计概算文件编制的有关单位应当一起制定编制原则、方法，以及确定合理的概算投资水平，对设计概算的编制质量、投资水平负责。

(2)项目设计负责人和概算负责人对全部设计概算的质量负责；概算文件编制人员应参与设计方案的讨论；设计人员要树立以经济效益为中心的观念，严格按照批准的工程内容及投资额度设计，提出满足概算文件编制深度的技术资料；概算文件编制人员对投资的合理性负责。

(3)概算文件需要经编制单位自审，建设单位(项目业主)复审，主管部门审批。

(4)概算文件的编制与审查人员必须具有国家注册造价工程师资格，或者具有省、市(行业)颁发的造价员资格证。

(5)各地方工程造价协会和中国建设工程造价管理协会各专业委员会、造价主管部门可根据所主管的工程特点制定概算编制质量的管理办法，并对编制人员采取相应的措施进行考核。

第四节　建设工程设计概算的审查

一、设计概算审查的内容

(1)审查设计概算的编制依据。包括国家综合部门的文件，国务院主管部门和各省、市、自治区根据国家规定或授权制定的各种规定及办法，以及建设项目的设计文件等重点审查。

1)审查编制依据的合法性。采用的各种编制依据必须经过国家或授权机关的批准，符合国家的编制规定，未经批准的不能采用。也不能强调情况特殊，擅自提高概算定额、指标或费用标准。

2)审查编制依据的时效性。包括各种依据，如定额、指标、价格、取费标准等，都应根据国家有关部门的现行规定进行，注意有无调整和新的规定。有的虽然颁发时间较长，但不能全部适用；有的应按有关部门做的调整系数执行。

3)审查编制依据的适用范围。各种编制依据都有规定的适用范围，如各主管部门规定的各种专业定额及其取费标准，只适用于该部门的专业工程；各地区规定的各种定额及其取费标准，只适用于该地区的范围以内。特别是地区的材料预算价格区域性更强，如某市有该市区的材料预算价格，又编制了郊区内一个矿区的材料预算价格，如在该市的矿区建设时，其概算采用的材料预算价格，则应用矿区的价格，而不能采用该市区的价格。

(2)审查概算的编制说明、编制深度和编制范围。

1)审查概算的编制说明。审查概算的编制说明可以检查概算的编制方法、深度和编制依据等重大原则问题。

2)审查概算的编制深度。一般大中型项目的设计概算，应有完整的编制说明和"三级概算"(即总概算表、单项工程综合概算表、单位工程概算表)，并按有关规定的深度进行编制。审查是否有符合规定的"三级概算"，各级概算的编制、校对、审核是否按规定签署。

3)审查概算的编制范围。审查概算的编制范围及具体内容是否与主管部门批准的建设项目范围及具体工程内容一致；审查分期建设项目的建筑范围及具体工程内容有无重复交叉，是否重复计算或漏算；审查其他费用所列的项目是否都符合规定，静态投资、动态投资和经营性项目铺底流动资金是否分部列出等。

(3)审查建设规模、标准。审查概算的投资规模、生产能力、设计标准、建设用地、建筑面积、主要设备、配套工程、设计定员等是否符合原批准可行性研究报告或立项批文的标准。如概算总投资超过原批准投资估算10%以上，应进一步审查超估算的原因。

(4)审查设备规格、数量和配置。工业建设项目设备投资比重大，一般占总投资的30%~50%，要认真审查。审查所选用的设备规格、台数是否与生产规模一致，材质、自动化程度有无提高标准，引进设备是否配套、合理，备用设备台数是否适当，消防、环保设备是否计算等。还要重点审查价格是否合理、是否符合有关规定，如国产设备应按当时询价资料或有关部门发布的出厂价、信息价，引进设备应依据询价或合同价编制概算。

(5)审查工程费。建筑安装工程投资是随工程量增加而增加的，要认真审查。要根据初步设计图纸、概算定额及工程量计算规则、专业设备材料表、建(构)筑物和总图运输一览表进行审查，有无多算、重算、漏算。

(6)审查计价指标。审查建筑工程采用工程所在地区的计价定额、费用定额、价格指数和有关人工、材料、机械台班单价是否符合现行规定；审查安装工程所采用的专业部门或地区定额是否符合工程所在地区的市场价格水平，概算指标调整系数、主材价格、人工、机械台班和辅材调整系数是否按当地最新规定执行；审查引进设备安装费费率或计取标准、部分行业专业设备安装费费率是否按有关规定计算等。

(7)审查其他费用。工程建设其他费用投资约占项目总投资的25%，必须认真逐项审查。审查费用项目是否按国家统一规定计列，具体费率或计取标准、部分行业专业设备安装费费率是否按有关规定计算等。

二、设计概算审查的方法

1. 对比分析法

对比分析法主要是通过建设规模、标准与立项批文对比；工程数量与设计图纸对比；综合范围、内容与编制方法、规定对比；各项取费与规定标准对比；材料、人工单价与市场信息对比；引进设备、技术投资与报价要求对比；技术经济指标与同类工程对比等。通过以上对比，容易发现设计概算存在的主要问题和偏差。

2. 查询核实法

查询核实法是对一些关键设备和设施、重要装置、引进工程图纸不全、难以核算的较大投资进行多方查询核对，逐项落实的方法。主要设备的市场价向设备供应部门或招标代理公司查询核实；重要生产装置、设施向同类企业(工程)查询了解；引进设备价格及有关税费向进出口公司调查落实；复杂的建筑安装工程向同类工程的建设、承包、施工单位征求意见；深度不够或不清楚的问题直接向原概算编制人员、设计者询问清楚。

3. 联合会审法

联合会审前，可先采取多种形式分头审查，包括设计单位自审，主管、建设、承包单位初审，工程造价咨询公司评审，邀请同行专家预审，审批部门复审等，经层层审查把关后，由有关单位和专家进行联合会审。在会审会上，由设计单位介绍概算编制情况及有关问题，各有关单位、专家汇报初审和预审意见。然后进行认真分析、讨论，结合对各专业技术方案的审查意见所产生的投资增减，逐一核实原概算出现的问题。经过充分协商，认真听取设计单位意见后，实事求是地处理、调整。通过以上复审后，对审查中发现的问题和偏差，按照单项、单位工程的顺序，先按设备费、安装费、建筑费和工程建设其他费用分类整理；然后按照静态投资部分、动态投资部分和铺底流动资金三大类，汇总核增或核减的项目及其投资额；最后将具体审核数据，按照"原编""审核结果""增减投资""增减幅度"四栏列表，并按照原总概算表汇总顺序，将增减项目逐一列出，相应调整所属项目投资合计数，再依次汇总审核后的总投资及增减投资额。对于差错较多、问题较大或不能满足要求的，责成按会审意见修改返工后，重新报批；对于无重大原则问题，深度基本满足要求，投资增减不多的，当场核定概算投资额，并提交审批部门复核后，正式下达审批概算。

三、设计概算审查的步骤

设计概算审查是一项复杂而细致的技术经济工作,审查人员既应懂得有关专业技术知识,又应具有熟练编制概算的能力,一般情况下可按以下步骤进行:

(1)概算审查的准备。概算审查的准备工作包括了解设计概算的内容组成、编制依据和方法;了解建设规模、设计能力和工艺流程;熟悉设计图纸和说明书、掌握概算费用的构成和有关技术经济指标;明确概算各种表格的内涵;收集概算定额、概算指标、取费标准等有关规定的文件资料等。

(2)进行概算审查。根据审查的主要内容,分别对设计概算的编制依据、单位工程设计概算、综合概算、总概算进行逐级审查。

(3)进行技术经济对比分析。利用规定的概算定额或指标以及有关技术经济指标与设计概算进行分析对比,根据设计和概算列明的工程性质、结构类型、建设条件、费用构成、投资比例、占地面积、生产规模、设备数量、造价指标、劳动定员等与国内外同类型工程规模进行对比分析,从大的方面找出和同类型工程的距离,为审查提供线索。

(4)研究、定案、调整概算。对概算审查中出现的问题要在对比分析、找出差距的基础上深入现场进行实际调查研究。了解设计是否经济合理,概算编制依据是否符合现行规定和施工现场实际,有无扩大规模、多估投资或预留缺口等情况,并及时核实概算投资。对于当地没有同类型的项目而不能进行对比分析时,可向国内同类型企业进行调查,收集资料,作为审查的参考。经过会审决定的定案问题应及时调整概算,并经原批准单位下发文件。

本章小结

设计概算是指在设计阶段对建设项目投资额度的概略计算。概算文件的编制形式应视项目情况采用三级编制形式或二级编制形式。设计概算的审查方法主要有对比分析法、查询核实法、联合会审法。设计概算审查的步骤包括概算审查的准备,进行概算审查,进行技术经济对比分析,研究、定案、调整概算。

思考与练习

一、填空题

1. 概算文件签署页按_____、_____、_____、_____顺序签署。

2. 概算总投资由_____、_____、_____及应列入项目概算总投资中的几项费用组成。

3. 单位工程概算是编制_____的依据,单位工程概算项目根据_____分别编制。

4. 审查设计概算的方法包括_____、_____及_____。

二、问答题

1. 什么是设计概算？其作用主要表现在哪些方面？
2. 设计概算的编制依据是什么？
3. 设计概算编制说明应包括哪些内容？
4. 调整概算的原因有哪些？
5. 简述设计概算审查的步骤。

第五章 建筑工程施工图预算编制与审查

知识目标

1. 了解施工图预算的概念及施工图预算的作用。

2. 熟悉施工图预算文件组成及其格式要求，明确施工图预算编制形式及施工图预算文件的签署工作。

3. 了解施工图预算文件的编制依据，掌握施工图预算编制方法。

4. 熟悉施工图预算的审查内容与方法，明确施工图预算质量管理。

能力目标

具备独立编制建设工程施工图预算的能力，并能够完成施工图预算的审查工作。

素养目标

1. 能以表格、图片等一目了然的方式展示信息。

2. 能准确理解所要解决的问题，确定需要改变的信息，设计一整套活动方案。

3. 具有良好的沟通交流能力及吃苦耐劳、团队合作精神。

建设项目施工图预算的编制与审查应遵循《建设项目施工图预算编审规程》（CECA/GC 5—2010）的规定，除此之外，还应符合现行国家有关标准的规定。

第一节　概　述

一、施工图预算的概念

施工图预算是在设计的施工图完成以后，以施工图为依据，根据预算定额、费用标准

及工程所在地区的人工、材料、施工机械设备台班的预算价格编制的，确定建筑工程、安装工程预算造价的文件。

二、施工图预算的作用

建设项目施工图预算是施工图设计阶段合理确定和有效控制工程造价的重要依据。具体表现在以下几项：

（1）施工图预算是工程实行招标、投标的重要依据；

（2）施工图预算是签订建设工程施工合同的重要依据；

（3）施工图预算是办理工程财务拨款、工程贷款和工程结算的依据；

（4）施工图预算是施工单位进行人工和材料准备、编制施工进度计划、控制工程成本的依据；

（5）施工图预算是落实或调整年度进度计划和投资计划的依据；

（6）施工图预算是施工企业降低工程成本、实行经济核算的依据。

第二节　施工图预算文件组成及签署

一、施工图预算编制形式及文件组成

施工图预算根据建设项目实际情况可采用三级预算编制形式或二级预算编制形式。当建设项目有多个单项工程时，应采用三级预算编制形式，三级预算编制形式由建设项目施工图总预算、单项工程综合预算、单位工程施工图预算组成。当建设项目只有一个单项工程时，应采用二级预算编制形式，二级预算编制形式由建设项目施工图总预算和单位工程施工图预算组成。

1. 三级预算编制形式的工程预算文件组成

（1）封面、签署页及目录；

（2）编制说明[包括工程概况、主要技术经济指标、编制依据、工程费用计算表（建筑、设备、安装工程费用计算方法和其他费用计取的说明）、其他有关说明的问题]；

（3）总预算表；

（4）综合预算表；

（5）单位工程预算表；

（6）附件。

2. 二级预算编制形式的工程预算文件组成

（1）封面、签署页及目录；

（2）编制说明[包括工程概况、主要技术经济指标、编制依据、工程费

建设项目施工图预算
编审规程（2010）

用计算表（建筑、设备、安装工程费用计算方法和其他费用计取的说明）、其他有关说明的问题]；

（3）总预算表；

(4)单位工程预算表；

(5)附件。

二、施工图预算文件表格格式

(1)建设项目施工图预算文件的封面、签署页、目录、编制说明式样参见《建设项目施工图预算编审规程》(CECA/GC 5—2010)附录 A。

(2)建设项目施工图预算文件的预算表格。建设项目施工图预算文件的预算表格包括总预算表、其他费用表、其他费用计算表、综合预算表、建筑工程取费表、建筑工程预算表、设备及安装工程取费表、设备及安装工程预算表、补充单位估价表、主要设备材料数量及价格表、分部工程工料分析表、分部工程工种数量分析汇总表、单位工程材料分析汇总表及进口设备材料货价及从属费用计算表，表格格式参见《建设项目施工图预算编审规程》(CECA/GC 5—2010)附录 B。

(3)调整预算表格。

1)调整预算"正表"表格，其格式同上述"(2)建设项目施工图预算文件的预算表格"。

2)调整预算对比表格。包括总预算对比表、综合预算对比表、其他费用对比表及主要设备材料数量及价格对比表，表格格式参见《建设项目施工图预算编审规程》(CECA/GC 5—2010)附录 B。

三、施工图预算文件签署

建设项目施工图预算应经签署齐全后方能生效。建设项目施工图预算文件签署页应按编制人、审核人、审定人等顺序签署，其中编制人、审核人、审定人还需加盖执业或从业印章。对于总预算表、综合预算表应签编制人、审核人、项目负责人等，对于其他各表均应签编制人、审核人。

第三节　施工图预算的编制

建设项目施工图预算的编制应由具有相应专业资质的单位和造价专业人员完成。编制单位应在施工图预算成果文件上加盖公章和资质专用章，对成果文件质量承担相应责任；注册造价工程师和造价员应在施工图预算文件上签署执业(从业)印章，并承担相应责任。

施工图预算的编制应保证编制依据的合法性、全面性和有效性，以及预算编制成果文件的准确性、完整性。

施工图预算应考虑施工现场实际情况，并结合拟建建设项目合理的施工组织设计进行编制。

一、施工图预算的编制依据

编制依据是指编制建设项目施工图预算所需的一切基础资料。建设项目施工图预算的编制依据主要有以下几个方面：

(1)国家、行业、地方政府发布的计价依据，有关法律、法规或规定；

(2)建设项目有关文件、合同、协议等；

(3)批准的设计概算；

(4)批准的施工图设计图纸及相关标准图集和规范；

(5)相应预算定额和地区单位估价表；

(6)合理的施工组织设计和施工方案等文件；

(7)项目有关的设备、材料供应合同、价格及相关说明书；

(8)项目所在地区有关的气候、水文、地质地貌等自然条件；

(9)项目的技术复杂程度，以及新技术、专利使用情况等；

(10)项目所在地区有关的经济、人文等社会条件。

二、施工图预算编制方法

建设项目施工图预算由总预算、综合预算和单位工程预算组成。

1. 总预算编制

建设项目总预算由综合预算汇总而成。

总预算造价由组成该建设项目的各个单项工程综合预算，以及经计算的工程建设其他费、预备费、建设期贷款利息、固定资产投资方向调节税汇总而成。

施工图总预算应控制在已批准的设计总概算投资范围以内。

2. 综合预算编制

综合预算由组成本单项工程的各单位工程预算汇总而成。

综合预算造价由组成该单项工程的各个单位工程预算造价汇总而成。

3. 单位工程预算编制

单位工程预算包括建筑工程预算和设备安装工程预算。

单位工程预算的编制应根据施工图设计文件、预算定额（或综合单价）以及人工、材料及施工机械台班等价格资料进行编制。其主要编制方法有单价法和实物量法。

(1)单价法。单价法可分为定额单价法和工程量清单单价法。

1)定额单价法是使用事先编制好的分项工程的单位估价表来编制施工图预算的方法。

2)工程量清单单价法是指根据招标人按照国家统一的工程量计算规则提供工程数量，采用综合单价的形式计算工程造价的方法。

(2)实物量法。实物量法是依据施工图纸和预算定额的项目划分及工程量计算规则，先计算出分部分项工程量，然后套用预算定额（实物量定额）来编制施工图预算的方法。

4. 建筑工程预算编制

建筑工程预算费用内容及组成，应符合《建筑安装工程费用项目组成》（建标〔2013〕44 号）的有关规定。

建筑工程预算按构成单位工程的分部分项工程编制，根据设计施工图纸计算各分部分项工程工程量，按工程所在省（自治区、直辖市）或行业颁发的预算定额或单位估价表，以及建筑安装工程费用定额进行编制。

5. 安装工程预算编制

安装工程预算费用组成应符合《建筑安装工程费用项目组成》（建标〔2013〕44 号）的有关规定。

安装工程预算按构成单位工程的分部分项工程编制，根据设计施工图计算各分部分项工程工程量，按工程所在省（自治区、直辖市）或行业颁发的预算定额或单位估价表，以及建筑安装工程费用定额进行编制。

6. 设备及工具、器具购置费组成

(1)设备购置费由设备原价和设备运杂费构成；工具、器具购置费一般以设备购置费为计算基数，按照规定的费率计算。

(2)进口设备原价即该设备的抵岸价，引进设备费用分外币和人民币两种支付方式，外币部分按美元或其他国际主要流通货币计算。

(3)国产标准设备原价即其出厂价，国产非标准设备原价有多种不同的计算方法，如综合单价法、成本计算估价法、系列设备插入估价法、分部组合估价法、定额估价法等。

(4)工具、器具及生产家具购置费，是指按项目初步设计要求，保证初期正常生产必须购置的没有达到固定资产标准的设备、仪器、生产家具和备品备件的购置费用。

7. 工程建设其他费用、预备费等

工程建设其他费用、预备费及应列入建设项目施工图总预算中的几项费用的计算方法与计算顺序，应参照"第四章　第三节　三、工程建设其他费用、预备费、专项费用概算编制"的相关内容编制。

8. 调整预算的编制

工程预算批准后，一般情况下不得调整。由于重大设计变更、政策性调整及不可抗力等原因造成的可以调整。

调整预算编制深度与要求、文件组成及表格形式同原施工图预算。调整预算还应对工程预算调整的原因做详尽分析说明，所调整的内容在调整预算总说明中要逐项与原批准预算对比，并编制调整前后预算对比表[参见《建设项目施工图预算编审规程》(CECA/GC 5—2010)附录 B]，分析主要变更原因。在上报调整预算时，应同时提供有关文件和调整依据。需要进行分部工程、单位工程，人工、材料等分析的参见《建设项目施工图预算编审规程》(CECA/GC 5—2010)附录 B。

第四节　施工图预算审查与质量管理

一、施工图预算审查

施工图预算文件的审查，应当委托具有相应资质的工程造价咨询机构进行。

从事建设工程施工图预算审查的人员，应具备相应的执业（从业）资格，需在施工图预算审查文件上签署注册造价工程师执业资格专用章或造价员从业资格专用章，并出具施工图预算审查意见报告，报告要加盖工程造价咨询企业的公章和资质专用章。

1. 施工图预算审查的内容

(1)审查施工图预算的编制是否符合现行国家、行业、地方政府有关法律、法规和规定要求。

（2）审查工程计算的准确性、工程量计算规则与计价规范规则或定额规则的一致性。

（3）审查在施工图预算的编制过程中，各种计价依据使用是否恰当，各项费率计取是否正确；审查依据主要有施工图设计资料、有关定额、施工组织设计、有关造价文件规定和技术规范、规程等。

（4）审查各种要素市场价格选用是否合理。

（5）审查施工图预算是否超过概算以及进行偏差分析。

2. 施工图预算审查的方法

（1）全面审查法。全面审查法是指按照全部施工图的要求，结合有关预算定额分项工程中的工程细目，逐一、全部地进行审核的方法。其具体计算方法和审核过程与编制预算的计算方法和编制过程基本相同。

全面审查法的优点是全面、细致，所审核过的工程预算质量高，差错比较少；其缺点是工作量太大。全面审查法一般适用于一些工程量较小、工艺比较简单、编制工程预算力量比较薄弱的设计单位所承包的工程。

（2）重点审查法。抓住工程预算中的重点进行审查的方法，称为重点审查法。一般情况下，重点审查法的内容如下：

1）选择工程量大或造价较高的项目进行重点审查。

2）对补充单价进行重点审查。

3）对计取的各项费用的费用标准和计算方法进行重点审查。

重点审查工程预算的方法应灵活掌握。例如，在重点审查中，如发现问题较多，应扩大审查范围；反之，如没有发现问题，或者发现的差错很小，应考虑适当缩小审查范围。

（3）经验审查法。经验审查法是指监理工程师根据以前的实践经验，审查容易发生差错的那些部分工程细目的方法。如土方工程中的平整场地、土壤分类等比较容易出错的地方，应重点加以审查。

（4）分解对比审查法。把一个单位工程，按费用构成进行分解，然后再把相关费用按工种工程和分部工程进行分解，分别与审定的标准图预算进行对比分析的方法，称为分解对比审查法。

分解对比审查法是把拟审的预算造价与同类型的定型标准施工图或复用施工图的工程预算造价相比较。如果出入不大，就可以认为本工程预算问题不大，不再审查；如果出入较大，如超过或少于已审定的标准设计施工图预算造价的 1% 或 3% 以上（根据本地区要求），再按分部分项工程进行分解，边分解边对比，哪里出入较大，就进一步审查那一部分工程项目的预算价格。

二、施工图预算质量管理

建设项目施工图预算编制单位应建立相应的质量管理体系，对编制建设项目施工图预算基础资料的收集、归纳和整理，成果文件的编制、审核、修改、提交、报审和归档等，都要有具体的规定。

预算编制人员应配合设计人员树立以经济效益为核心的观念，严格按照批准的初步设计文件的要求和工程内容开展施工图设计，同时要做好价值分析和方案比选。

建设项目施工图预算编制者应对施工图预算编制委托者提供的书面资料（委托者提供的书面资料应加盖公章或有效合法的签名）进行有效性和合理性核对。应保证自身收集的或已有的造价基础资料和编制依据全面、有效。

建设项目施工图预算的成果文件应经相关负责人进行审核、审定二级审查。工程造价文件的编制、审核、审定人员应在工程造价成果文件上签署注册造价工程师执业资格专用章或造价员从业资格专用章。

本章小结

施工图预算是在设计的施工图完成以后，以施工图为依据，根据预算定额、费用标准以及工程所在地区的人工、材料、施工机械设备台班的预算价格编制的，确定建筑工程、安装工程预算造价的文件。施工图预算根据建设项目实际情况可采用三级预算编制形式或二级预算编制形式。施工图预算审查主要有全面审查法、重点审查法、经验审查法、分解对比审查法。

思考与练习

一、填空题

1.当建设项目有多个单项工程时，应采用_____。

2.二级预算编制形式由_____和_____组成。

3.建设项目施工图预算文件签署页应按_____、_____、_____等顺序签署。

4.施工图预算的编制应保证编制依据的_____、_____和_____，以及预算编制成果文件的_____、_____。

5.建设项目施工图预算由_____、_____和_____组成。

6.单位工程预算包括_____和_____。

7.施工图预算文件的审查，应当委托具有相应资质的_____进行。

二、问答题

1.简述施工图预算的作用。

2.施工图预算文件采用哪些形式编制？

3.简述施工图预算的编制依据。

4.如何编制单位工程预算？

5.施工图预算审查的方法有哪些？

6.施工图预算审查主要审查哪些内容？

第六章　建筑工程计量

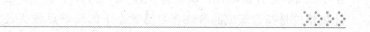

知识目标

1. 了解工程量的作用，熟悉工程量计算单位、有效位数及工程量计算依据与原则，熟悉工程量计算方法。
2. 了解建筑面积的概念与作用，掌握建筑面积的范围及规则。
3. 掌握建筑工程分部分项工程项目及措施项目的工程量计算规则与方法。

能力目标

具备计算建筑面积和建筑工程各施工项目工程量的能力。

素养目标

1. 恰当有效地利用时间，能按时完成各项任务。
2. 做事有干劲，对于本职工作能用心投入。

第一节　概　　述

一、工程量的概念及作用

工程量是指以物理计量单位或自然计量单位所表示的分部分项工程项目和措施项目的数量。

工程量的作用表现在以下三个方面：

(1)工程量是确定建筑安装工程造价的重要依据。只有准确计算工程量，才能正确计算工程相关费用，合理确定工程造价。

(2)工程量是承包方生产经营管理的重要依据。工程量是编制项目管理规划，安排工程施工进度；编制材料供应计划，进行工料分析；编制人工、材料、机械台班需要量，进行工程统计和经济核算的重要依据。其也是编制工程形象进度统计报表，向工程建设发包方结算工程价款的重要依据。

(3)工程量是发包方管理工程建设的重要依据。工程量是编制建设计划、筹集资金、编制工程招标文件、编制工程量清单、编制建筑工程预算、安排工程价款的拨付和结算、进行投资控制的重要依据。

二、工程量计量单位及有效位数

(1)物理计量单位是指以公制度量表示的长度、面积、体积和重量等计量单位。如楼梯扶手以"m"为计量单位；墙面抹灰以"m^2"为计量单位；混凝土以"m^3"为计量单位等。自然计量单位是指建筑成品表现在自然状态下的简单点数所表示的个、条、樘、块等计量单位。如门窗工程可以以"樘"为计量单位；桩基工程可以以"根"为计量单位等。

(2)工程计量时采用的计量单位不同，则计算结果也不同。计量前必须明确计量单位。工程计量时每一项目汇总的有效位数应遵守下列规定：

1)以"t"为单位，应保留小数点后三位数字，第四位小数四舍五入；

2)以"m""m^2""m^3""kg"为单位，应保留小数点后两位数字，第三位小数四舍五入；

3)以"个""件""根""组""系统"为单位，应取整数。

三、工程量计算的依据

建筑工程工程量计算除依据《房屋建筑与装饰工程工程量计算规范》(GB 50854—2013)的各项规定外，还应依据以下文件：

(1)经审定通过的施工设计图纸及其说明；

(2)经审定通过的施工组织设计或施工方案；

(3)经审定通过的其他有关技术经济文件。

四、工程量计算的原则

(1)立项要正确，严格按照规范或有关定额规定的工程量计算规则计算工程量，避免错算。

(2)工程量计量单位必须与工程量计算规范或有关定额中规定的计量单位相一致。

(3)计算口径要一致。根据施工图列出的工程量清单项目的口径必须与工程量计算规范中相应清单项目的口径相一致。

(4)根据图纸，结合建筑物的具体情况进行计算。要结合施工图纸尽量做到结构按楼层，内装修按楼层分房间计算，外装修按施工层分立面计算，或按施工方案的要求分段计算，或按使用的材料不同分别进行计算。这样，在计算工程量时既可避免漏项，又可为安排施工进度和编制资源计划提供数据。

(5)工程量计算精度要统一，要满足规范要求。

五、工程量计算的方法

工程量的计算从实际操作来讲，无论运用什么方法，只要根据工程量计算原理把工程量不重不漏地准确计算出来即可。但从理论上讲，为了保证工程量计算的快速、准确，仍有一些经过实践总结出来的实用方法值得介绍和应用。

1. 统筹法

统筹法计算工程量是根据各分项工程量计算之间的固有规律和相互之间的依赖关系，运用统筹原理和统筹图来合理安排工程量的计算程序，并按其顺序计算工程量。

用统筹法计算工程量的基本要点是：统筹程序、合理安排；利用基数、连续计算；一次计算、多次使用；结合实际、灵活机动。

2. 按施工顺序计算法

按施工顺序计算法即按工程施工顺序的先后来计算工程量。计算时，先地下，后地上；先底层，后上层；先主要，后次要。大型和复杂工程应先划成区域，编成区号，分区计算。

(1)按轴线编号顺序计算。按横向轴线从①～⑩编号顺序计算横向构造工程量；按竖向轴线从Ⓐ～Ⓓ编号顺序计算纵向构造工程量，如图 6-1 所示。这种方法适用于计算母线安装、电缆敷设等分项工程量。

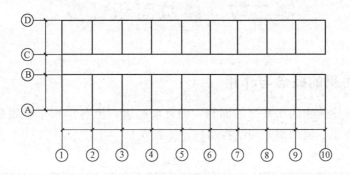

图 6-1　按轴线编号顺序计算

(2)按顺时针顺序计算。先从工程平面图左上角开始，按顺时针方向先横后竖、自左至右、自上而下逐步计算，绕完一周后再回到左上方为止，如图 6-2 所示。

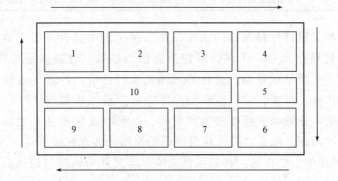

图 6-2　顺时针计算法

3. 列表法

在计算工程量时，为了使计算清晰、防止遗漏，便于检查，可通过列表法来计算有关工程量。

4. 重复计算法

计算工程量时，常常会发现一些分项工程的工程量是相同的或者是相似的，则可采用重复计算法，即把某个计算式重复利用。

5. 按定额项目顺序计算法

按定额项目顺序计算法是指按定额所列分部分项工程的次序来计算工程量。由前到后，逐项对照施工图设计内容，对相符的内容进行计算。采用这种方法计算工程量，要求熟悉施工图纸，具有较多的工程设计基础知识，并且要注意施工图中有的项目可能套不上定额项目，这时应单独列项，待编制补充定额时，切记不可因定额缺项而漏项。

第二节　建筑面积计算

一、建筑面积的概念与作用

建筑面积是指建筑物的水平平面面积，即外墙勒脚以上各层水平投影面积的总和。建筑面积包括使用面积、辅助面积和结构面积，见表 6-1。

表 6-1　建筑面积

序号	项目	内容
1	使用面积	是指建筑物各层平面布置中，可直接为生产或生活使用的净面积总和。居室净面积在民用建筑中也称"居住面积"。例如，住宅建筑中的居室、客厅、书房等
2	辅助面积	是指建筑物各层平面布置中为辅助生产或生活所占净面积的总和。例如，住宅建筑的楼梯、走道、卫生间、厨房等。使用面积与辅助面积的总和称为"有效面积"
3	结构面积	是指建筑物各层平面布置中的墙体、柱等结构所占面积的总和（不包括抹灰厚度所占面积）

建筑面积计算是工程计量最基础的工作，在工程建设中具有重要的意义。首先，在工程建设的众多技术经济指标中，大多数以建筑面积为基数，建筑面积是核定估算、概算、预算工程造价的一个重要基础数据，是计算和确定工程造价，并分析工程造价和工程设计合理性的一个基础指标。其次，建筑面积是国家进行建设工程数据统计、固定资产宏观调控的重要指标。最后，建筑面积还是房地产交易、工程承发包交易、建筑工程有关运营费用核定等的一个关键指标。除此之外，建筑面积的作用还体现在以下几个方面：

（1）确定建设规模的重要指标。根据项目立项批准文件所核准的建筑面积，是初步设计的重要控制指标。对于国家投资的项目，施工图的建筑面积不得超过初步设计的 5%，否则必须重新报批。

（2）确定各项技术经济指标的基础。建筑面积与使用面积、辅助面积、结构面积之间存在着一定的比例关系。设计人员在进行建筑或结构设计时，在计算建筑面积的基础上再分别计算出结构面积、有效面积等技术经济指标。

（3）评价设计方案的依据。建筑设计和建筑规划中，经常使用建筑面积控制某些指标，比如容积率、建筑密度、建筑系数等。在评价设计方案时，通常采用居住面积系数、土地利用系数、有效面积系数、单方造价等指标，它们都与建筑面积密切相关。因此，为了评价设计方案，必须准确计算建筑面积。

(4)计算有关分项工程量的依据。在编制一般土建工程预算时，建筑面积是确定一些分项工程量的基本数据。应用统筹计算方法，根据底层建筑面积，就可以很方便地推算出室内回填土体积、地(楼)面面积和顶棚面积等。另外，建筑面积也是脚手架、垂直运输机械费用的计算依据。

(5)选择概算指标和编制概算的基础数据。概算指标通常是以建筑面积为计量单位。用概算指标编制概算时，要以建筑面积为计算基础。

二、应计算建筑面积的范围及规则

(1)建筑物的建筑面积应按自然层外墙结构外围水平面积之和计算。结构层高在 2.20 m 及以上的，应计算全面积；结构层高在 2.20 m 以下的，应计算 1/2 面积。主体结构外的室外阳台、雨篷、檐廊、室外走廊、室外楼梯等按下述相应规则计算建筑面积。当外墙结构本身在一个层高范围内不等厚时，以楼地面结构标高处的外围水平面积计算。

多层建筑物建筑面积计算

(2)建筑物内设有局部楼层(图 6-3)时，对于局部楼层的二层及以上楼层，有围护结构的应按其围护结构外围水平面积计算，无围护结构的应按其结构底板水平面积计算。结构层高在 2.20 m 及以上的，应计算全面积；结构层高在 2.20 m 以下的，应计算 1/2 面积。

(3)形成建筑空间的坡屋顶，结构净高在 2.10 m 及以上的部位应计算全面积；结构净高在 1.20 m 及以上至 2.10 m 以下的部位应计算 1/2 面积；结构净高在 1.20 m 以下的部位不应计算建筑面积。

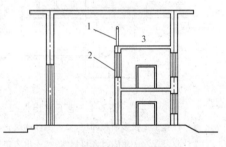

图 6-3　建筑物内的局部楼层
1—围护设施；2—围护结构；3—局部楼层

(4)场馆看台下的建筑空间，结构净高在 2.10 m 及以上的部位应计算全面积；结构净高在 1.20 m 及以上至 2.10 m 以下的部位应计算 1/2 面积；结构净高在 1.20 m 以下的部位不应计算建筑面积。室内单独设置的有围护设施的悬挑看台，应按看台结构底板水平投影面积计算建筑面积。有顶盖无围护结构的场馆看台应按其顶盖水平投影面积的 1/2 计算面积。

注：场馆看台下的建筑空间因其上部结构多为斜板，所以采用净高的尺寸划定建筑面积的计算范围和对应规则。室内单独设置的有围护设施的悬挑看台，因其看台上部设有顶盖且可供人使用，所以按看台板的结构底板水平投影计算建筑面积。

(5)地下室、半地下室应按其结构外围水平面积计算。结构层高在 2.20 m 及以上的，应计算全面积；结构层高在 2.20 m 以下的，应计算 1/2 面积。

(6)出入口外墙外侧坡道有顶盖的部位，应按其外墙结构外围水平面积的 1/2 计算面积。

注：出入口坡道分有顶盖出入口坡道和无顶盖出入口坡道，出

地下室建筑面积计算

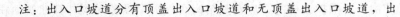

入口坡道顶盖的挑出长度，为顶盖结构外边线至外墙结构外边线的长度；顶盖以设计图纸为准，对后增加及建设单位自行增加的顶盖等，不计算建筑面积。顶盖不分材料种类（如钢筋混凝土顶盖、彩钢板顶盖、阳光板顶盖等）。地下室出入口如图 6-4 所示。

（7）建筑物架空层及坡地建筑物吊脚架空层（图 6-5），应按其顶板水平投影计算建筑面积。结构层高在 2.20 m 及以上的，应计算全面积；结构层高在 2.20 m 以下的，应计算 1/2 面积。

（8）建筑物的门厅、大厅应按一层计算建筑面积，门厅、大厅内设置的走廊应按走廊结构底板水平投影面积计算建筑面积。结构层高在 2.20 m 及以上的，应计算全面积；结构层高在 2.20 m 以下的，应计算 1/2 面积。

架空层建筑面积计算

门厅大厅建筑面积计算

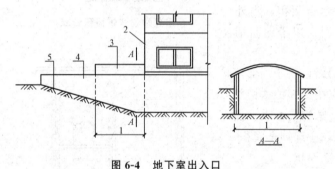

图 6-4　地下室出入口

1—计算 1/2 投影面积部位；2—主体建筑；3—出入口顶盖；
4—封闭出入口侧墙；5—出入口坡道

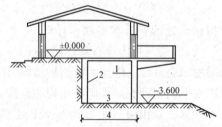

图 6-5　建筑物吊脚架空层

1—柱；2—墙；3—吊脚架空层；
4—计算建筑面积部位

（9）建筑物间的架空走廊，有顶盖和围护结构的，应按其围护结构外围水平面积计算全面积；无围护结构、有围护设施的，应按其结构底板水平投影面积计算 1/2 面积。

注：无围护结构的架空走廊如图 6-6 所示；有围护结构的架空走廊如图 6-7 所示。

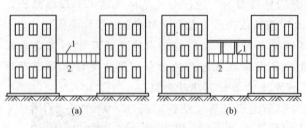

图 6-6　无围护结构的架空走廊

1—栏杆；2—架空走廊

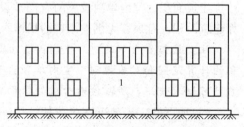

图 6-7　有围护结构的架空走廊

1—架空走廊

（10）立体书库、立体仓库、立体车库，有围护结构的，应按其围护结构外围水平面积计算建筑面积；无围护结构、有围护设施的，应按其结构底板水平投影面积计算建筑面积。

无结构层的应按一层计算，有结构层的应按其结构层面积分别计算。结构层高在2.20 m及以上的，应计算全面积；结构层高在2.20 m以下的，应计算1/2面积。

注：起局部分隔、存储等作用的书架层、货架层或可升降的立体钢结构停车层均不属于结构层，故该部分分层不计算建筑面积。

(11)有围护结构的舞台灯光控制室，应按其围护结构外围水平面积计算。结构层高在2.20 m及以上的，应计算全面积；结构层高在2.20 m以下的，应计算1/2面积。

(12)附属在建筑物外墙的落地橱窗，应按其围护结构外围水平面积计算。结构层高在2.20 m及以上的，应计算全面积；结构层高在2.20 m以下的，应计算1/2面积。

(13)窗台与室内楼地面高差在0.45 m以下且结构净高在2.10 m及以上的凸(飘)窗，应按其围护结构外围水平面积计算1/2面积。

(14)有围护设施的室外走廊(挑廊)，应按其结构底板水平投影面积计算1/2面积；有围护设施(或柱)的檐廊(图6-8)，应按其围护设施(或柱)外围水平面积计算1/2面积。

(15)门斗(图6-9)应按其围护结构外围水平面积计算建筑面积。结构层高在2.20 m及以上的，应计算全面积；结构层高在2.20 m以下的，应计算1/2面积。

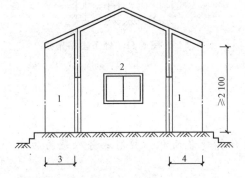

图6-8 檐廊
1—檐廊；2—室内；3—不计算建筑面积部位；
4—计算1/2建筑面积部位

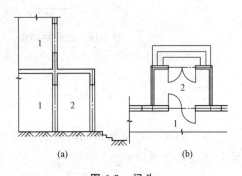

图6-9 门斗
(a)立面图；(b)平面图
1—室内；2—门斗

(16)门廊应按其顶板水平投影面积的1/2计算建筑面积；有柱雨篷应按其结构板水平投影面积的1/2计算建筑面积；无柱雨篷的结构外边线至外墙结构外边线的宽度在2.10 m及以上的，应按雨篷结构板的水平投影面积的1/2计算建筑面积。

注：雨篷分为有柱雨篷和无柱雨篷。有柱雨篷，没有出挑宽度的限制，也不受跨越层数的限制，均计算建筑面积。无柱雨篷，其结构板不能跨层，并受出挑宽度的限制，设计出挑宽度大于或等于2.10 m时才计算建筑面积。出挑宽度，是指雨篷结构外边线至外墙结构外边线的宽度，弧形或异形时，取最大宽度。

雨篷建筑面积计算

(17)设在建筑物顶部的、有围护结构的楼梯间、水箱间、电梯机房等，结构层高在2.20 m及以上的应计算全面积；结构层高在2.20 m以下的，应计算1/2面积。

(18)围护结构不垂直于水平面的楼层，应按其底板面的外墙外围水平面积计算。结构净高在2.10 m及以上的部位，应计算全面积；结构净高在1.20 m及以上至2.10 m以下的部位，应计算 1/2 面积；结构净高在 1.20 m 以下的部位，不应计算建筑面积。

注：斜围护结构与斜屋顶采用相同的计算规则，即只要外壳倾斜，就按结构净高划段，分别计算建筑面积。斜围护结构如图 6-10 所示。

(19)建筑物的室内楼梯、电梯井、提物井、管道井、通风排气竖井、烟道，应并入建筑物的自然层计算建筑面积。有顶盖的采光井应按一层计算面积，结构净高在 2.10 m 及以上的，应计算全面积，结构净高在 2.10 m 以下的，应计算 1/2 面积。

注：建筑物的楼梯间层数按建筑物的层数计算。有顶盖的采光井包括建筑物中的采光井和地下室采光井。地下室采光井如图 6-11 所示。

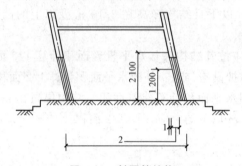

图 6-10 斜围护结构

1—计算 1/2 建筑面积部位；2—不计算建筑面积部位

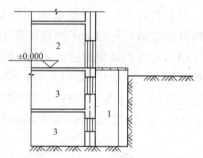

图 6-11 地下室采光井

1—采光井；2—室内；3—地下室

(20)室外楼梯应并入所依附建筑物自然层，并应按其水平投影面积的 1/2 计算建筑面积。

注：利用室外楼梯下部的建筑空间不得重复计算建筑面积；利用地势砌筑的为室外踏步，不计算建筑面积。

(21)在主体结构内的阳台，应按其结构外围水平面积计算全面积；在主体结构外的阳台，应按其结构底板水平投影面积计算 1/2 面积。

注：建筑物的阳台，无论其形式如何，均以建筑物主体结构为界分别计算建筑面积。

(22)有顶盖无围护结构的车棚、货棚、站台、加油站、收费站等，应按其顶盖水平投影面积的 1/2 计算建筑面积。

阳台建筑面积计算

(23)以幕墙作为围护结构的建筑物，应按幕墙外边线计算建筑面积。

注：设置在建筑物墙体外起装饰作用的幕墙，不计算建筑面积。

(24)建筑物的外墙外保温层，应按其保温材料的水平截面面积计算，并计入自然层建筑面积。

注：建筑物外墙外侧有保温隔热层的，保温隔热层以保温材料的净厚度乘以外墙结构外边线长度，按建筑物的自然层计算建筑面积，其外墙外边线长度不扣除门窗和建筑物外已计算建筑面积构件(如阳台、室外走廊、门斗、落地橱窗等部件)所占长度。当建筑物外已计算建筑面积的构件(如阳台、室外走廊、门斗、落地橱窗等部件)有保温隔热层时，其保温隔热层也不再计算建筑面积。外墙是斜面者按楼面楼板处的外墙外边线长度乘以保温材料的净厚度计算。外墙外保温以沿高度方向满铺为准，某层外墙外保温铺设高度未达到全部高度时(不包括阳台、室外走廊、门斗、落地橱窗、雨篷、飘窗等)，不计算建筑面积。

保温隔热层的建筑面积是以保温隔热材料的厚度来计算的，不包含抹灰层、防潮层、保护层（墙）的厚度。建筑外墙外保温如图 6-12 所示。

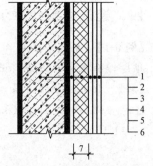

图 6-12　建筑外墙外保温
1—墙体；2—粘结胶浆；3—保温材料；
4—标准网；5—加强网；6—抹面胶浆；
7—计算建筑面积部位

(25)与室内相通的变形缝，应按其自然层合并在建筑物建筑面积内计算。对于高低联跨的建筑物，当高低跨内部连通时，其变形缝应计算在低跨面积内。

注：与室内相通的变形缝是指暴露在建筑物内，在建筑物内可以看得见的变形缝。

(26)对于建筑物内的设备层、管道层、避难层等有结构层的楼层，结构层高在 2.20 m 及以上的，应计算全面积；结构层高在 2.20 m 以下的，应计算 1/2 面积。

三、不计算建筑面积的范围

(1)与建筑物内不相连通的建筑部件。

(2)骑楼(图 6-13)、过街楼(图 6-14)底层的开放公共空间和建筑物通道。

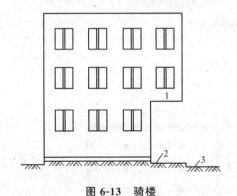

图 6-13　骑楼
1—骑楼；2—人行道；3—街道

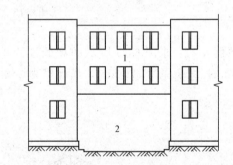

图 6-14　过街楼
1—过街楼；2—建筑物通道

(3)舞台及后台悬挂幕布和布景的天桥、挑台等。

(4)露台、露天游泳池、花架、屋顶的水箱及装饰性结构构件。

(5)建筑物内的操作平台、上料平台、安装箱和罐体的平台。

(6)勒脚、附墙柱、垛、台阶、墙面抹灰、装饰面、镶贴块料面层、装饰性幕墙，主体结构外的空调室外机搁板（箱）、构件、配件，挑出宽度在 2.10 m 以下的无柱雨篷和顶盖高度达到或超过两个楼层的无柱雨篷。

(7)窗台与室内地面高差在 0.45 m 以下且结构净高在 2.10 m 以下的凸（飘）窗，窗台与室内地面高差在 0.45 m 及以上的凸（飘）窗。

(8)室外爬梯、室外专用消防钢楼梯。

(9)无围护结构的观光电梯。

(10)建筑物以外的地下人防通道，独立的烟囱、烟道、地沟、油（水）罐、气柜、水塔、贮油（水）池、贮仓、栈桥等构筑物。

四、建筑面积计算示例

【例 6-1】 某办公楼共 4 层,层高为 3 m。底层为有柱走廊,楼层设有无围护结构的挑廊。顶层设有永久性顶盖。试计算办公楼的建筑面积,墙厚均为 240 mm,如图 6-15 所示。

【解】 此办公楼为 4 层,未封闭的走廊、挑廊按结构底板水平面积的 1/2 计算:

$$S = [(38.5 + 0.24) \times (8.0 + 0.24)] \times 4 - 4 \times 1/2 \times 1.8 \times (3.5 \times 9 - 0.24)$$
$$= 1\ 164.33 (m^2)$$

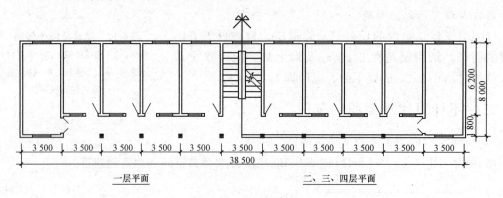

一层平面   二、三、四层平面

图 6-15 办公楼示意图

【例 6-2】 求图 6-16 所示的高低连跨单层厂房的建筑面积。柱断面尺寸为 250 mm×250 mm,纵墙厚为 370 mm,横墙厚为 240 mm。

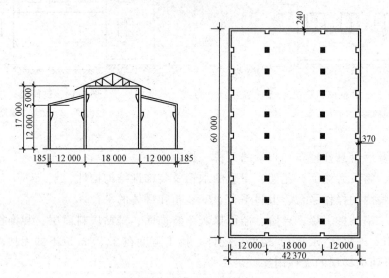

图 6-16 高低连跨厂房示意

【解】 此单层厂房外柱的外边就是外墙的外边。

边跨的建筑面积:$S_1 = 60.0 \times (12.0 - 0.125 + 0.185) \times 2 = 1\ 447.20 (m^2)$

中跨的建筑面积:$S_2 = 60.0 \times (18.0 + 0.25) = 1\ 095.00 (m^2)$

总建筑面积:$S = 1\ 447.20 + 1\ 095 = 2\ 542.20 (m^2)$

第三节 土石方工程工程量计算

一、定额说明

(1)本章①定额包括土方工程、石方工程、回填及其他三节。

(2)土壤及岩石分类:

1)本章土壤按一、二类土,三类土,四类土分类。其具体分类见表6-2。

表6-2 土壤分类表

土壤分类	土壤名称	开挖方法
一、二类土	粉土、砂土(粉砂、细砂、中砂、粗砂、砾砂)、粉质黏土、弱中盐渍土、软土(淤泥质土、泥炭、泥炭质土)、软塑红黏土、冲填土	用锹、少许用镐、条锄开挖。机械能全部直接铲挖满载者
三类土	黏土、碎石土(圆砾、角砾)混合土、可塑红黏土、硬塑红黏土、强盐渍土、素填土、压实填土	主要用镐、条锄,少许用锹开挖。机械需部分刨松方能铲挖满载者或可直接铲挖但不能满载者
四类土	碎石土(卵石、碎石、漂石、块石)、坚硬红黏土、超盐渍土、杂填土	全部用镐、条锄挖掘,少许用撬棍挖掘。机械须普遍刨松方能铲挖满载者

2)本章岩石按极软岩、软岩、较软岩、较硬岩、坚硬岩分类。其具体分类见表6-3。

表6-3 岩石分类表

岩石分类		代表性岩石	开挖方法
极软岩		1. 全风化的各种岩石 2. 各种半成岩	部分用手凿工具、部分用爆破法开挖
软质岩	软岩	1. 强风化的坚硬岩或较硬岩 2. 中等风化—强风化的较软岩 3. 未风化—微风化的页岩、泥岩、泥质砂岩等	用风镐和爆破法开挖
	较软岩	1. 中等风化—强风化的坚硬岩或较硬岩 2. 未风化—微风化的凝灰岩、千枚岩、泥灰岩、砂质泥岩等	用爆破法开挖
硬质岩	较硬岩	1. 微风化的坚硬岩 2. 未风化—微风化的大理岩、板岩、石灰岩、白云岩、钙质砂岩等	用爆破法开挖
	坚硬岩	未风化—微风化的花岗岩、闪长岩、辉绿岩、玄武岩、安山岩、片麻岩、石英岩、石英砂岩、硅质砾岩、硅质石灰岩等	用爆破法开挖

---

① "本章"指《房屋建筑与装饰工程消耗量定额》(TY01—31—2015)中相应章节,余同。

(3)干土、湿土、淤泥、冻土的划分：

1)干土、湿土的划分，以地质勘测资料的地下常水位为准。地下常水位以上为干土，以下为湿土。

2)地表水排出后，土壤含水率≥25％时为湿土。

3)含水率超过液限，土和水的混合物呈现流动状态时为淤泥。

4)温度在0℃及以下，并夹含有冰的土壤为冻土。本章定额中的冻土，是指短时冻土和季节冻土。

(4)沟槽、基坑、一般土石方的划分：底宽(设计图示垫层或基础的底宽，下同)≤7 m，且底长>3倍底宽为沟槽；底长≤3倍底宽，且底面积≤150 m² 为基坑；超出上述范围，又非平整场地的，为一般土石方。

(5)挖掘机(含小型挖掘机)挖土方项目，已综合了挖掘机挖土方和挖掘机挖土后，基底和边坡遗留厚度≤0.3 m的人工清理和修整。使用时不得调整，人工基底清理和边坡修整不另行计算。

(6)小型挖掘机，是指斗容量≤0.30 m³ 的挖掘机，适用于基础(含垫层)底宽≤1.20 m的沟槽土方工程或底面积≤8 m² 的基坑土方工程。

(7)下列土石方工程，执行相应项目时乘以规定的系数：

1)土方项目按干土编制。人工挖、运湿土时，相应项目人工乘以系数1.18；机械挖、运湿土时，相应项目人工、机械乘以系数1.15。采取降水措施后，人工挖、运土相应项目人工乘以系数1.09，机械挖、运土不再乘以系数。

2)人工挖一般土方、沟槽、基坑深度超过6 m时，6 m<深度≤7 m，按深度≤6 m相应项目人工乘以系数1.25；7 m<深度≤8 m，按深度≤6 m相应项目人工乘以系数1.25^2；以此类推。

3)挡土板内人工挖槽坑时，相应项目人工乘以系数1.43。

4)桩间挖土不扣除桩体和空孔所占体积，相应项目人工、机械乘以系数1.50。

5)满堂基础垫层底以下局部加深的槽坑，按槽坑相应规则计算工程量，相应项目人工、机械乘以系数1.25。

6)推土机推土，当土层平均厚度≤0.30 m时，相应项目人工、机械乘以系数1.25。

7)挖掘机在垫板上作业时，相应项目人工、机械乘以系数1.25。挖掘机下铺设垫板、汽车运输道路上铺设材料时，其费用另行计算。

8)场区(含地下室顶板以上)回填，相应项目人工、机械乘以系数0.90。

(8)土石方运输。

1)本章土石方运输按施工现场范围内运输编制。弃土外运以及弃土处理等其他费用，按各地的有关规定执行。

2)土石方运距，按挖土区重心至填方区(或堆放区)重心间的最短距离计算。

3)人工、人力车、汽车的负载上坡(坡度≤15％)降效因素，已综合在相应运输项目中，不另行计算。

推土机、装载机负载上坡时，其降效因素按坡道斜长乘以表6-4相应系数计算。

表 6-4　重车上坡降效系数表

坡度/%	5~10	≤15	≤20	≤25
系数	1.75	2.00	2.25	2.50

(9)平整场地是指建筑物所在现场厚度≤±30 cm的就地挖、填及平整。挖填土方厚度>±30 cm时，全部厚度按一般土方相应规定另行计算，但仍应计算平整场地。

(10)基础(地下室)周边回填材料时，执行本定额①"第六章　地基处理与边坡支护工程"中"一、地基处理"相应项目，人工、机械乘以系数0.90。

(11)本章未包括现场障碍物清除、地下常水位以下的施工降水、土石方开挖过程中的地表水排除与边坡支护，实际发生时，另按其他章节相应规定计算。

二、定额工程量计算规则

(1)土石方的开挖、运输均按开挖前的天然密实体积计算。土方回填，按回填后的竣工体积计算。不同状态的土石方体积按表6-5换算。

独立基础的施工过程

表 6-5　土石方体积换算系数表

名称	虚方	松填	天然密实	夯填
土方	1.00	0.83	0.77	0.67
	1.20	1.00	0.92	0.80
	1.30	1.08	1.00	0.87
	1.50	1.25	1.15	1.00
石方	1.00	0.85	0.65	—
	1.18	1.00	0.76	—
	1.54	1.31	1.00	—
块石	1.75	1.43	1.00	(码方)1.67
砂夹石	1.07	0.94	1.00	

(2)基础土石方的开挖深度，应按基础(含垫层)底标高至设计室外地坪标高确定。交付施工场地标高与设计室外地坪标高不同时，应按交付施工场地标高确定。

(3)基础施工的工作面宽度，按施工组织设计(经过批准，下同)计算；施工组织设计无规定时，按下列规定计算：

1)当组成基础的材料不同或施工方式不同时，基础施工的工作面宽度按表6-6计算。

表 6-6　基础施工单面工作面宽度计算表

基础材料	每面增加工作面宽度/mm
砖基础	200
毛石、方整石基础	250
混凝土基础(支模板)	400

---

① "本定额"指《房屋建筑与装饰工程消耗量定额》(TY01—31—2015)，余同。

基础材料	每面增加工作面宽度/mm
混凝土基础垫层（支模板）	150
基础垂直面做砂浆防潮层	400（自防潮层面）
基础垂直面做防水层或防腐层	1 000（自防水层或防腐层面）
支挡土板	100（另加）

2）基础施工需要搭设脚手架时，基础施工的工作面宽度，条形基础按 1.50 m 计算（只计算一面）；独立基础按 0.45 m 计算（四面均计算）。

3）基坑土方大开挖需做边坡支护时，基础施工的工作面宽度按 2.00 m 计算。

4）基坑内施工各种桩时，基础施工的工作面宽度按 2.00 m 计算。

5）管道施工的工作面宽度，按 6-7 表计算。

表 6-7　管道施工单面工作面宽度计算表

管道材质	管道基础外沿宽度（无基础时管道外径）/mm			
	≤500	≤1 000	≤2 500	>2 500
混凝土管、水泥管	400	500	600	700
其他管道	300	400	500	600

（4）基础土方的放坡：

1）土方放坡的起点深度和放坡坡度，按施工组织设计计算；施工组织设计无规定时，按表 6-8 计算。

表 6-8　土方放坡起点深度和放坡坡度表

土壤类别	起点深度（>m）	放坡坡度			
		人工挖土	机械挖土		
			基坑内作业	基坑上作业	沟槽上作业
一、二类土	1.20	1：0.50	1：0.33	1：0.75	1：0.50
三类土	1.50	1：0.33	1：0.25	1：0.67	1：0.33
四类土	2.00	1：0.25	1：0.10	1：0.33	1：0.25

2）基础土方放坡，自基础（含垫层）底标高算起。

3）混合土质的基础土方，其放坡的起点深度和放坡坡度，按不同土类厚度加权平均计算。

4）计算基础土方放坡时，不扣除放坡交叉处的重复工程量。

5）基础土方支挡土板时，土方放坡不另行计算。

（5）爆破岩石的允许超挖量分别为：极软岩、软岩 0.20 m，较软岩、较硬岩、坚硬岩 0.15 m。

（6）沟槽土石方，按设计图示沟槽长度乘以沟槽断面面积，以体积计算。

1）条形基础的沟槽长度，按设计规定计算；设计无规定时，按下列规定计算：

沟槽挖土

①外墙沟槽，按外墙中心线长度计算。突出墙面的墙垛，按墙垛突出墙面的中心线长度，并入相应工程量内计算。

②内墙沟槽、框架间墙沟槽，按基础(含垫层)之间垫层(或基础底)的净长度计算。

2)管道的沟槽长度，按设计规定计算；设计无规定时，以设计图示管道中心线长度(不扣除下口直径或边长≤1.5 m的井池)计算。下口直径或边长＞1.5 m的井池的土石方，另按基坑的相应规定计算。

3)沟槽的断面面积，应包括工作面宽度、放坡宽度或石方允许超挖量的面积。

(7)基坑土石方，按设计图示基础(含垫层)尺寸，另加工作面宽度、土方放坡宽度或石方允许超挖量乘以开挖深度，以体积计算。

(8)一般土石方，按设计图示基础(含垫层)尺寸，另加工作面宽度、土方放坡宽度或石方允许超挖量乘以开挖深度，以体积计算。机械施工坡道的土石方工程量，并入相应工程量内计算。

(9)挖淤泥流砂，以实际挖方体积计算。

(10)人工挖(含爆破后挖)冻土，按设计图示尺寸，另加工作面宽度，以体积计算。

(11)岩石爆破后人工清理基底与修整边坡，按岩石爆破的规定尺寸(含工作面宽度和允许超挖量)以面积计算。

(12)回填及其他。

1)平整场地，按设计图示尺寸，以建筑物首层建筑面积计算。建筑物地下室结构外边线突出首层结构外边线时，其突出部分的建筑面积合并计算。

2)基底钎探，以垫层(或基础)底面积计算。

3)原土夯实与碾压，按施工组织设计规定的尺寸，以面积计算。

4)回填，按下列规定，以体积计算：

①沟槽、基坑回填，按挖方体积减去设计室外地坪以下建筑物、基础(含垫层)的体积计算。

②管道沟槽回填，按挖方体积减去管道基础和表6-9管道折合回填体积计算。

表6-9 管道折合回填体积表 m³/m

管道	公称直径(mm以内)					
	500	600	800	1 000	1 200	1 500
混凝土管及钢筋混凝土管道	—	0.33	0.60	0.92	1.15	1.45
其他材质管道	—	0.22	0.46	0.74	—	—

③房心(含地下室内)回填，按主墙间净面积(扣除连续底面积2 m²以上的设备基础等面积)乘以回填厚度以体积计算。

④场区(含地下室顶板以上)回填，按回填面积乘以平均回填厚度以体积计算。

(13)土方运输，以天然密实体积计算。

挖土总体积减去回填土(折合天然密实体积)，总体积为正，则为余土外运；总体积为负，则为取土内运。

三、清单工程量计算规则

(1)土方工程。

1)平整场地按设计图示尺寸以建筑物首层建筑面积计算。

2)挖一般土方按设计图示尺寸以体积计算。

3)挖沟槽土方、挖基坑土方按设计图示尺寸以基础垫层底面积乘以挖土深度计算。

4)冻土开挖按设计图示尺寸开挖面积乘厚度以体积计算。

5)挖淤泥、流砂按设计图示位置、界限以体积计算。

6)管沟土方以米计量，按设计图示以管道中心线长度计算；或者以立方米计量，按设计图示管底垫层面积乘以挖土深度计算，无管底垫层按管外径的水平投影面积乘以挖土深度计算。不扣除各类井的长度，井的土方并入。

(2)石方工程。

1)挖一般石方按设计图示尺寸以体积计算。

2)挖沟槽石方按设计图示尺寸沟槽底面积乘以挖石深度以体积计算。

3)挖基坑石方按设计图示尺寸基坑底面积乘以挖石深度以体积计算。

4)挖管沟石方以米计量，按设计图示以管道中心线长度计算；或者以立方米计量，按设计图示截面面积乘以长度计算。

(3)回填。

1)回填方按设计图示尺寸以体积计算

①场地回填：回填面积乘平均回填厚度；

②室内回填：主墙间面积乘回填厚度，不扣除间隔墙；

③基础回填：按挖方清单项目工程量减去自然地坪以下埋设的基础体积(包括基础垫层及其他构筑物)。

2)余方弃置按挖方清单项目工程量减利用回填方体积(正数)计算。

四、工程量计算示例

【例6-3】 某教学楼底层平面图如图6-17所示，三类土，弃土运距为150 m，计算平整场地工程量。

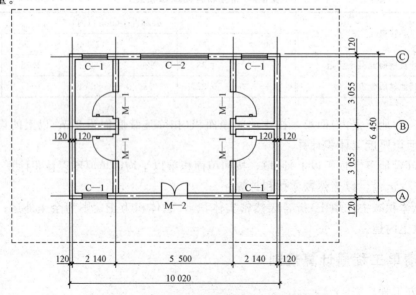

图6-17 某教学楼底层平面图(尺寸单位：mm)

【解】 平整场地工程量＝10.02×6.45＝64.63（m²）

【例6-4】 某沟槽开挖如图6-18所示，不放坡，不设工作面，土壤类别为二类土，试计算其工程量。

【解】 外墙地槽工程量＝1.05×1.4×(21.6＋7.2)×2＝84.67（m³）

内墙地槽工程量＝0.9×1.4×(7.2－1.05)×3＝23.25（m³）

附垛地槽工程量＝0.125×1.4×1.2×6＝1.26（m³）

合计＝84.67＋23.25＋1.26＝109.18（m³）

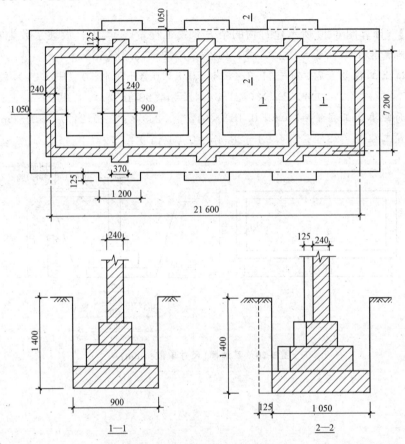

图6-18 挖地槽工程量计算示意(尺寸单位：mm)

【例6-5】 工程基础开挖过程中出现淤泥、流砂现象，其尺寸长为4.0 m，宽为2.6 m，深为2.0 m，淤泥、流砂外运60 m，试计算工程量。

【解】 挖淤泥、流砂工程量

$$V＝4.0×2.6×2.0＝20.8（m³）$$

【例6-6】 如图6-19所示，已知某混凝土管埋设工程，土壤类别为二类土，管中心半径为550 mm，管埋深为1 800 mm，管道总长为8 000 mm，试求挖管沟清单工程量。

【解】 挖管沟工程量：

管道中心线长度＝8（m）

或管沟土方工程量＝1.1×8×1.8＝15.84（m³）

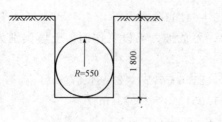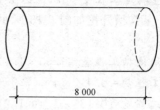

图 6-19　某混凝土工程示意(尺寸单位：mm)

【例 6-7】　计算图 6-20 所示建筑物的余方弃置工程量(三类土，放坡系数为 0.33)。

【解】　地槽挖土工程量＝$1.2 \times 1.7 \times (12+6) \times 2 = 73.44(\text{m}^3)$

地槽回填土工程量＝$73.44 - [1.2 \times 0.1 + 0.8 \times 0.4 + 0.4 \times 0.4 + 0.24 \times (1.7 - 0.1 -$
$0.4 \times 2)] \times (12+6) \times 2 = 44.93(\text{m}^3)$

室内地面回填土工程量＝$(0.6 - 0.18) \times (12 - 0.24) \times (6 - 0.24) = 28.45(\text{m}^3)$

余方弃置工程量＝$73.44 - 44.93 - 28.45 = 0.06(\text{m}^3)$

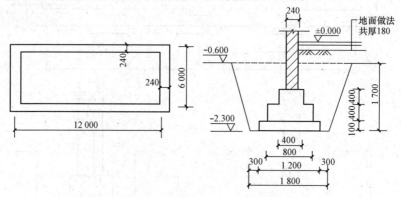

图 6-20　某地槽(尺寸单位：mm)

第四节　地基处理与基坑支护工程工程量计算

一、定额说明

(1)本章定额包括地基处理和基坑与边坡支护两节。

(2)地基处理：

1)填料加固。

①填料加固项目适用于软弱地基挖土后的换填材料加固工程。

②填料加固夯填灰土就地取土时，应扣除灰土配合比中的黏土。

2)强夯。

①强夯项目中每单位面积夯点数，是指设计文件规定单位面积内的夯点数量，若设计文件中夯点数量与定额不同时，采用内插法计算消耗量。

②强夯的夯击击数是指强夯机械就位后，夯锤在同一夯点上下起落的次数。

③强夯工程量应区别不同夯击能量和夯点密度，按设计图示夯击范围及夯击遍数分别计算。

3) 填料桩。

①碎石桩与砂石桩的充盈系数为1.3，损耗率为2%。实测砂石配合比及充盈系数不同时可以调整。

②其中灌注砂石桩除上述充盈系数和损耗率外，还包括级配密实系数1.334。

4) 搅拌桩。

①深层搅拌水泥桩项目按1喷2搅施工编制，实际施工为2喷4搅时，项目的人工、机械乘以系数1.43；实际施工为2喷2搅，4喷4搅时分别按1喷2搅、2喷4搅计算。

②水泥搅拌桩的水泥掺入量按加固土重(1 800 kg/m³)的13%考虑，如设计不同时，按每增减1%项目计算。

③深层水泥搅拌桩项目已综合了正常施工工艺需要的重复喷浆(粉)和搅拌。空搅部分按相应项目的人工及搅拌桩机台班乘以系数0.5计算。

④三轴水泥搅拌桩项目水泥掺入量按加固土重(1 800 kg/m³)的18%考虑，如设计不同时，按深层水泥搅拌桩每增减1%项目计算；按2喷2搅施工工艺考虑，设计不同时，每增(减)1搅1喷按相应项目人工和机械费增(减)40%计算。空搅部分按相应项目的人工及搅拌桩机台班乘以系数0.5计算。

⑤三轴水泥搅拌桩设计要求全断面套打时，相应项目的人工及机械乘以系数1.5，其余不变。

5) 注浆桩。高压旋喷桩项目已综合接头处的复喷工料；高压喷射注浆桩的水泥设计用量与定额不同时，应予以调整。

6) 注浆地基所用的浆体材料用量应按照设计含量调整。

7) 注浆项目中注浆管消耗量为摊销量，若为一次性使用，可进行调整。废浆处理及外运执行本定额"第一章 土石方工程"相应项目。

8) 打桩工程按陆地打垂直桩编制。设计要求打斜桩时，斜度≤1：6时，相应项目的人工、机械乘以系数1.25；斜度＞1：6时，相应项目的人工、机械乘以系数1.43。

9) 桩间补桩或在地槽(坑)中及强夯后的地基上打桩时，相应项目的人工、机械乘以系数1.15。

10) 单独打试桩、锚桩，按相应项目的打桩人工及机械乘以系数1.5。

11) 若单位工程的碎石桩、砂石桩的工程量≤60 m³时，其相应项目的人工、机械乘以系数1.25。

12) 本章凿桩头适用于深层水泥搅拌桩、三轴水泥搅拌桩、高压旋喷水泥桩等项目。

(3) 基坑支护。

1) 地下连续墙未包括导墙挖土方、泥浆处理及外运、钢筋加工，实际发生时，按相应规定另行计算。

2) 钢制桩。

①打拔槽钢或钢轨，按钢板桩项目，其机械乘以系数0.77，其他不变。

②现场制作的型钢桩、钢板桩，其制作执行本定额"第六章金属结构工程"中钢柱制作相应项目。

③定额内未包括型钢桩、钢板桩的制作、除锈、刷油。

3)挡土板项目分为疏板和密板。疏板是指间隔支挡土板，且板间净空≤150 cm的情况；密板是指满堂支挡土板或板间净空≤30 cm的情况。

4)若单位工程的钢板桩的工程量≤50 t时，其人工、机械量按相应项目乘以系数1.25计算。

5)钢支撑仅适用于基坑开挖的大型支撑安装、拆除。

6)注浆项目中注浆管消耗量为摊销量，若为一次性使用，可进行调整。

二、定额工程量计算规则

(1)地基处理。

1)填料加固，按设计图示尺寸以体积计算。

2)强夯。按设计图示强夯处理范围以面积计算。设计无规定时，按建筑物外围轴线每边各加4 m计算。

3)灰土桩、砂石桩、碎石桩、水泥粉煤灰碎石桩均按设计桩长(包括桩尖)乘以设计桩外径截面面积，以体积计算。

4)搅拌桩。

①深层水泥搅拌桩、三轴水泥搅拌桩、高压旋喷水泥桩按设计桩长加50 cm乘以设计桩外径截面面积，以体积计算。

②三轴水泥搅拌桩中的插、拔型钢工程量按设计图示型钢以质量计算。

5)高压喷射水泥桩成孔按设计图示尺寸以桩长计算。

6)分层注浆钻孔数量按设计图示以钻孔深度计算。注浆数量按设计图纸注明加固土体的体积计算。

7)压密注浆钻孔数量按设计图示以钻孔深度计算。注浆数量按下列规定计算：

①设计图纸明确加固土体体积的，按设计图纸注明的体积计算。

②设计图纸以布点形式图示土体加固范围的，则按两孔间距的一半作为扩散半径，以布点边线各加扩散半径，形成计算平面，计算注浆体积。

③如果设计图纸注浆点在钻孔灌注桩之间，按两注浆孔的一半作为每孔的扩散半径，依此圆柱体积计算注浆体积。

8)凿桩头按凿桩长度乘桩断面以体积计算。

(2)基坑支护。

1)地下连续墙。

①现浇导墙混凝土按设计图示以体积计算。现浇导墙混凝土模板按混凝土与模板接触面的面积，以面积计算。

②成槽工程量按设计长度乘以墙厚及成槽深度(设计室外地坪至连续墙底)，以体积计算。

③锁口管以"段"为单位(段是指槽壁单元槽段)，锁口管吊拔按连续墙段数计算，定额

中已包括锁口管的摊销费用。

④清底置换以"段"为单位(段是指槽壁单元槽段)。

⑤浇筑连续墙混凝土工程量按设计长度乘以墙厚及墙深加 0.5 m,以体积计算。

⑥凿地下连续墙超灌混凝土,设计无规定时,其工程量按墙体断面面积乘以 0.5 m,以体积计算。

2)钢板桩。打拔钢板桩按设计桩体以质量计算。安、拆导向夹具按设计图示尺寸以长度计算。

3)砂浆土钉、砂浆锚杆的钻孔、灌浆,按设计文件或施工组织设计规定(设计图示尺寸)以钻孔深度,以长度计算。喷射混凝土护坡区分土层与岩层,按设计文件(或施工组织设计)规定尺寸,以面积计算。钢筋、钢管锚杆按设计图示以质量计算。锚头制作、安装、张拉、锁定按设计图示以"套"计算。

4)挡土板按设计文件(或施工组织设计)规定的支挡范围,以面积计算。

5)钢支撑按设计图示尺寸以质量计算,不扣除孔眼质量,焊条、铆钉、螺栓等也不另增加质量。

三、清单工程量计算规则

(1)地基处理。

1)换填垫层按设计图示尺寸以体积计算。

2)铺设土工合成材料按设计图示尺寸以面积计算。

3)预压地基、强夯地基、振冲密实(不填料)按设计图示处理范围以面积计算。

4)振冲桩(填料)以米计量,按设计图示尺寸以桩长计算;或者以立方米计量,按设计桩截面乘以桩长以体积计算。

5)砂石桩以米计量,按设计图示尺寸以桩长(包括桩尖)计算;或者以立方米计量,按设计桩截面乘以桩长(包括桩尖)以体积计算。

6)水泥粉煤灰碎石桩按设计图示尺寸以桩长(包括桩尖)计算。

7)深层搅拌桩、粉喷桩按设计图示尺寸以桩长计算。

8)夯实水泥土桩按设计图示尺寸以桩长(包括桩尖)计算。

9)高压喷射注浆桩按设计图示尺寸以桩长计算。

10)石灰桩、灰土(土)挤密桩按设计图示尺寸以桩长(包括桩尖)计算。

11)柱锤冲扩桩按设计图示尺寸以桩长计算。

12)注浆地基以米计量,按设计图示尺寸以钻孔深度计算;或者以立方米计量,按设计图示尺寸以加固体积计算。

13)褥垫层以平方米计量,按设计图示尺寸以铺设面积计算;或者以立方米计量,按设计图示尺寸以体积计算。

(2)基坑与边坡支护。

1)地下连续墙按设计图示墙中心线长乘以厚度乘以槽深以体积计算。

2)咬合灌注桩以米计量,按设计图示尺寸以桩长计算;或者以根计量,按设计图示数量计算。

3)圆木桩、预制钢筋混凝土板桩以米计量,按设计图示尺寸以桩长(包括桩尖)计算;

或者以根计量，按设计图示数量计算。

4）型钢桩以吨计量，按设计图示尺寸以质量计算；或者以根计量，按设计图示数量计算。

5）钢板桩以吨计量，按设计图示尺寸以质量计算；或者以平方米计量，按设计图示墙中心线长乘以桩长以面积计算。

6）锚杆（锚索）、土钉以米计量，按设计图示尺寸以钻孔深度计算；以根计量，按设计图示数量计算。

7）喷射混凝土、水泥砂浆按设计图示尺寸以面积计算。

8）钢筋混凝土支撑按设计图示尺寸以体积计算。

9）钢支撑按设计图示尺寸以质量计算。不扣除孔眼质量，焊条、铆钉、螺栓等不另增加质量。

四、工程量计算示例

【例 6-8】 某地基铺设土工合成材料宽为 28 m，长为 12 m，求铺设土工合成材料清单工程量。

【解】 铺设土工合成材料工程量＝$12 \times 28 = 336 (\text{m}^2)$

【例 6-9】 图 6-21 所示的实线范围为地基强夯范围。

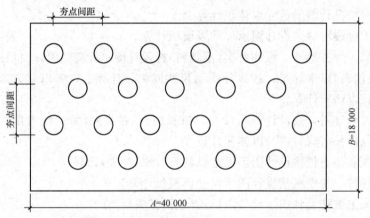

图 6-21 地基强夯示意图（尺寸单位：mm）

(1)设计要求：不同隔夯击，设计击数 8 击，夯击能量为 500 t·m，一遍夯击，求其工程量。

(2)设计要求：不同隔夯击，设计击数为 10 击，分两遍夯击，第一遍 5 击，第二遍 5 击，第二遍要求低锤满夯，设计夯击能量为 400 t·m，求其工程量。

【解】 (1)设计要求：不同隔夯击，设计击数 8 击，夯击能量为 500 t·m，一遍夯击，强夯地基工程量：

$$40 \times 18 = 720 (\text{m}^2)$$

(2)设计要求：不同隔夯击，设计击数为 10 击，分两遍夯击，第一遍 5 击，第二遍 5 击，第二遍要求低锤满夯，设计夯击能量为 400 t·m，强夯地基工程量：

$$40 \times 18 = 720 (\text{m}^2)$$

【例6-10】 某工程采用砂石桩，二类土，挖方形孔，孔边长为0.4 m，孔深为8 m，挖孔后填筑砂石，计算砂石桩定额工程量。

【解】 砂石桩工程量＝0.4×0.4×8＝1.28(m³)

【例6-11】 某工程基底为可塑黏土，不能满足设计承载力，采用水泥粉煤灰桩进行地基处理，桩顶采用300 mm厚人工配料石作为褥垫层，如图6-22所示，求褥垫层清单工程量。

【解】 褥垫层工程量＝2.3×2.3＝5.29(m²)

或＝2.3×2.3×0.3＝1.59(m³)

【例6-12】 某工程采用现浇混凝土连续墙，其平面图如图6-23所示，已知槽深为8 m，槽宽为900 m。试求连续墙工程量。

【解】 连续墙工程量＝30×8×0.9×2＋3.14×(12＋9)/2×2×0.9×8＝906.77(m³)

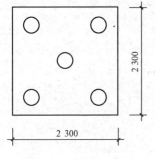

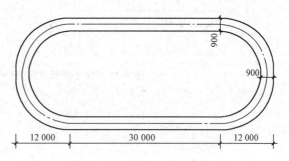

图6-22 褥垫层示意图
(尺寸单位：mm)

图6-23 现浇混凝土连续墙示意(尺寸单位：mm)

【例6-13】 如图6-24所示，某工程基坑立壁采用多锚支护，锚孔直径为80 mm，深度为2.5 m，杆筋送入钻孔后，灌注M30水泥砂浆，混凝土面板采用C25喷射混凝土。试求锚杆支护清单工程量。

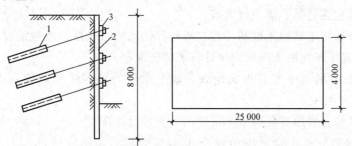

图6-24 某工程坑立壁(尺寸单位：mm)

1—土层锚杆；2—挡土灌注桩或地下连续墙；3—钢横梁(撑)

【解】 锚杆支护工程量＝2.5(m)

或＝3根

【例6-14】 如图6-25所示，求钢支撑工程量。

【解】 钢支撑工程量：角钢∟140×14：3.85×2×2×29.5＝454.3(kg)

钢板(δ＝10)：0.85×0.4×78.5＝26.69(kg)

钢板（$\delta=10$）：$0.18\times0.1\times3\times2\times78.5=8.48(\text{kg})$

钢板（$\delta=12$）：$(0.17+0.415)\times0.52\times2\times94.2=57.31(\text{kg})$

工程量合计：$454.3+26.69+8.48+57.31=546.78(\text{kg})\approx0.547\ \text{t}$

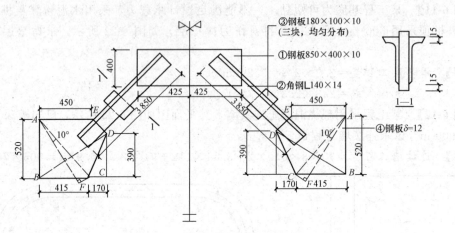

图 6-25　钢支撑示意图（尺寸单位：mm）

第五节　桩基工程工程量计算

一、定额说明

（1）本章定额包括打桩、灌注桩两节。

（2）本章定额适用于陆地上桩基工程，所列打桩机械的规格、型号是按常规施工工艺和方法综合取定，施工场地的土质级别也进行了综合取定。

（3）桩基施工前场地平整、压实地表、地下障碍处理等定额均未考虑，发生时另行计算。

（4）探桩位已综合考虑在各类桩基定额内，不另行计算。

（5）单位工程的桩基工程量少于表 6-10 对应数量时，相应项目人工、机械乘以系数1.25。灌注桩单位工程的桩基工程量指灌注混凝土量。

表 6-10　单位工程的桩基工程量表

项目	单位工程的工程量	项目	单位工程的工程量
预制钢筋混凝土方桩	200 m³	钻孔、旋挖成孔灌注桩	150 m³
预应力钢筋混凝土管桩	1 000 m	沉管、冲孔成孔灌注桩	100 m³
预制钢筋混凝土板桩	100 m³	钢管桩	50 t

（6）打桩。

1）单独打试桩、锚桩，按相应定额的打桩人工及机械乘以系数 1.5。

2）打桩工程按陆地打垂直桩编制。设计要求打斜桩时，斜度≤1：6 时，相应项目人工、机械乘以系数 1.25；斜度＞1：6 时，相应项目人工、机械乘以系数 1.43。

3）打桩工程以平地（坡度≤15°）打桩为准，坡度＞15°打桩时，按相应项目人工、机械乘以系数 1.15。如在基坑内（基坑深度＞1.5 m，基坑面积≤500 m²）打桩或在地坪上打坑槽内（坑槽深度＞1 m）桩时，按相应项目人工、机械乘以系数 1.11。

4）在桩间补桩或在强夯后的地基上打桩时，相应项目人工、机械乘以系数 1.15。

5）打桩工程，如遇送桩时，可按打桩相应项目人工、机械乘以表 6-11 中的系数。

表 6-11　送桩深度系数表

送桩深度	系数
≤2 m	1.25
≤4 m	1.43
＞4 m	1.67

6）打、压预制钢筋混凝土桩、预应力钢筋混凝土管桩，定额按购入成品构件考虑，已包含桩位半径在 15 m 范围内的移动、起吊、就位；超过 15 m 时的场内运输，按本定额"第五章　混凝土及钢筋混凝土工程"第四节构件运输 1 km 以内的相应项目计算。

7）本章定额内未包括预应力钢筋混凝土管桩钢桩尖制安项目，实际发生时按"第五章混凝土及钢筋混凝土工程"中的预埋铁件项目执行。

8）预应力钢筋混凝土管桩桩头灌芯部分按人工挖孔桩灌桩芯项目执行。

（7）灌注桩。

1）钻孔、冲孔、旋挖成孔等灌注桩设计要求进入岩石层时执行入岩子目，入岩指钻入中风化的坚硬岩。

2）旋挖成孔、冲孔桩机带冲抓锤成孔灌注桩项目按湿作业成孔考虑，如采用干作业成孔工艺时，则扣除定额项目中的黏土、水和机械中的泥浆泵。

3）定额各种灌注桩的材料用量中，均已包括了充盈系数和材料损耗，见表 6-12。

表 6-12　灌注桩充盈系数和材料损耗率表

项目名称	充盈系数	损耗率/%
冲孔桩机成孔灌注混凝土桩	1.30	1
旋挖、冲击钻机成孔灌注混凝土桩	1.25	1
回旋、螺旋钻机钻孔灌注混凝土桩	1.20	1
沉管桩机成孔灌注混凝土桩	1.15	1

4）人工挖孔桩土石方子目中，已综合考虑了孔内照明、通风。人工挖孔桩，桩内垂直运输方式按人工考虑，深度超过 16 m 时，相应定额乘以系数 1.2 计算；深度超过 20 m 时，相应定额乘以系数 1.5 计算。

5）人工清桩孔石渣子目，适用于岩石被松动后的挖除和清理。

6)桩孔空钻部分回填应根据施工组织设计要求套用相应定额，填土者按本定额"第一章 土石方工程"松填土方项目计算，填碎石者按本定额按"第二章 地基处理与边坡支护工程"碎石垫层项目乘以系数0.7计算。

7)旋挖桩、螺旋桩、人工挖孔桩等干作业成孔桩的土石方场内、场外运输，执行本定额"第一章 土石方工程"相应的土石方装车、运输项目。

8)本章定额内未包括泥浆池制作，实际发生时按本定额"第四章 砌筑工程"的相应项目执行。

9)本章定额内未包括泥浆场外运输，实际发生时执行本定额"第一章 土石方工程"泥浆罐车运淤泥流砂相应项目。

10)本章定额内未包括桩钢筋笼、铁件制安项目，实际发生时按本定额"第五章 混凝土及钢筋混凝土工程"中的相应项目执行。

11)本章定额内未包括沉管灌注桩的预制桩尖制安项目，实际发生时按本定额"第五章 混凝土及钢筋混凝土工程"中的小型构件项目执行。

12)灌注桩后压浆注浆管、声测管埋设，注浆管、声测管如遇材质、规格不同时，可以换算，其余不变。

13)注浆管埋设定额按桩底注浆考虑，如设计采用侧向注浆，则人工、机械乘以系数1.2。

二、定额工程量计算规则

(1)打桩。

1)预制钢筋混凝土桩。打、压预制钢筋混凝土桩按设计桩长(包括桩尖)乘以桩截面面积，以体积计算。

2)预应力钢筋混凝土管桩。

①打、压预应力钢筋混凝土管桩按设计桩长(不包括桩尖)，以长度计算。

②预应力钢筋混凝土管桩钢桩尖按设计图示尺寸，以质量计算。

③预应力钢筋混凝土管桩，如设计要求加注填充材料时，填充部分另按本章钢管桩填芯相应项目执行。

④桩头灌芯按设计尺寸以灌注体积计算。

3)钢管桩。

①钢管桩按设计要求的桩体质量计算。

②钢管桩内切割、精割盖帽按设计要求的数量计算。

③钢管桩管内钻孔取土、填芯，按设计桩长(包括桩尖)乘以填芯截面面积，以体积计算。

4)打桩工程的送桩均按设计桩顶标高至打桩前的自然地坪标高另加0.5 m计算相应的送桩工程量。

5)预制混凝土桩、钢管桩电焊接桩，按设计要求接桩头的数量计算。

6)预制混凝土桩截桩按设计要求截桩的数量计算。截桩长度≤1 m时，不扣减相应桩的打桩工程量；截桩长度>1 m时，其超过部分按实扣减打桩工程量，但桩体的价格不扣除。

7)预制混凝土桩凿桩头按设计图示桩截面面积乘以凿桩头长度，以体积计算。凿桩头长度设计无规定时，桩头长度按桩体高 $40d$（d 为桩体主筋直径，主筋直径不同时取大者）计算；灌注混凝土桩凿桩头按设计超灌高度（设计有规定的按设计要求，设计无规定的按 0.5 m）乘以桩身设计截面面积，以体积计算。

8)桩头钢筋整理，按所整理的桩的数量计算。

（2）灌注桩。

1)钻孔桩、旋挖桩成孔工程量按打桩前自然地坪标高至设计桩底标高的成孔长度乘以设计桩径截面面积，以体积计算。入岩增加项目工程量按实际入岩深度乘以设计桩径截面面积，以体积计算。

2)冲孔桩基冲击（抓）锤冲孔工程量分别按进入土层、岩石层的成孔长度乘以设计桩径截面面积，以体积计算。

3)钻孔桩、旋挖桩、冲孔桩灌注混凝土工程量按设计桩径截面面积乘以设计桩长（包括桩尖）另加加灌长度，以体积计算。加灌长度设计有规定者，按设计要求计算，无规定者，按 0.5 m 计算。

4)沉管成孔工程量按打桩前自然地坪标高至设计桩底标高（不包括预制桩尖）的成孔长度乘以钢管外径截面面积，以体积计算。

5)沉管桩灌注混凝土工程量按钢管外径截面面积乘以设计桩长（不包括预制桩尖）另加加灌长度，以体积计算。加灌长度设计有规定者，按设计要求计算，无规定者，按 0.5 m 计算。

6)人工挖孔桩挖孔工程量分别按进入土层、岩石层的成孔长度乘以设计护壁外围截面面积，以体积计算。

7)人工挖孔桩模板工程量，按现浇混凝土护壁与模板的实际接触面积计算。

8)人工挖孔桩灌注混凝土护壁和桩芯工程量分别按设计图示截面面积乘以设计桩长另加加灌长度，以体积计算。加灌长度设计有规定者，按设计要求计算，无规定者，按 0.25 m 计算。

9)钻（冲）孔灌注桩、人工挖孔桩，设计要求扩底时，其扩底工程量按设计尺寸，以体积计算，并入相应的工程量内。

10)泥浆运输按成孔工程量，以体积计算。

11)桩孔回填工程量按打桩前自然地坪标高至桩加灌长度的顶面乘以桩孔截面面积，以体积计算。

12)钻孔压浆桩工程量按设计桩长，以长度计算。

13)注浆管、声测管埋设工程量按打桩前的自然地坪标高至设计桩底标高另加 0.5 m，以长度计算。

14)桩底（侧）后压浆工程量按设计注入水泥用量，以质量计算。如水泥用量差别大，允许换算。

三、清单工程量计算规则

（1）打桩工程。

1)预制钢筋混凝土方桩、预制钢筋混凝土管桩以米计量，按设计图示尺寸以桩长（包括桩尖)计算;或者以立方米计量,按设计图示截面面积乘以桩长(包括桩尖)以实体积计算;或者以根计量,按设计图示数量计算。

2)钢管桩以吨计量,按设计图示尺寸以质量计算;或者以根计量,按设计图示数量计算。

3)截(凿)桩头以立方米计量,按设计桩截面乘以桩头长度以体积计算;或者以根计量,按设计图示数量计算。

(2)灌注桩。

1)泥浆护壁成孔灌注桩、干作业成孔灌注桩以米计量,按设计图示尺寸以桩长(包括桩尖)计算;或者以立方米计量,按不同截面在桩上范围内以体积计算;或者以根计量,按设计图示数量计算。

2)挖孔桩土(石)方按设计图示尺寸(含护壁)截面面积乘以挖孔深度以立方米计算。

3)人工挖孔灌注桩以立方米计量,按桩芯混凝土体积计算;或者以根计量,按设计图示数量计算。

4)钻孔压浆桩以米计量,按设计图示尺寸以桩长计算;或者以根计量,按设计图示数量计算。

5)灌注桩后压浆按设计图示以注浆孔数计算。

四、工程量计算示例

【例 6-15】 如图 6-26 所示,钢筋混凝土预制桩共 20 根,试求其定额工程量(二类土)。

【解】 钢筋混凝土预制桩工程量 $= 0.4 \times 0.4 \times (10+2) = 1.92(\text{m}^3)$

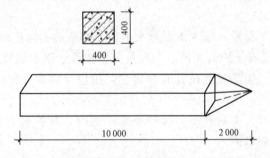

图 6-26 钢筋混凝土预制桩示意图(尺寸单位:mm)

【例 6-16】 某超高层住宅建筑工程采用钢管桩基础,共计 195 根,已知钢管桩外径为 406.4 mm,壁厚为 12 mm,单根钢柱长为 15 m。试计算该钢管桩的定额工程量。

【解】 钢管桩工程量 $= 88.2 \times 15 \times 195 = 257\,985(\text{kg}) = 257.985\ \text{t}$

【例 6-17】 某工程采用泥浆护壁成孔灌注桩施工,桩径为 1 200 mm,桩长为 30 m,共计 212 根,采用 6 mm 厚钢板护筒,试计算该泥浆护壁成孔灌注桩清单工程量。

【解】 泥浆护壁成孔灌注桩工程量 = 212 根

$$或 = 30 \times 212 = 6\,360(\text{m})$$

$$或 = 1.2^2 \times \pi \times 1/4 \times 30 \times 212 = 7\,189.34(\text{m}^3)$$

【例 6-18】 某工程处理湿陷性黄土地基,采用沉管灌注桩,桩长为 10 m,共 820 根。试计算其清单工程量。

【解】 沉管灌注桩工程量＝$10 \times 820 = 8\,200$（m）

或＝820 根

或＝$0.4^2 \times \pi \times 1/4 \times 10 \times 820 = 1\,029.92$（m³）

【例 6-19】 某工程挖孔桩如图 6-27 所示，$D = 1\,000$ mm，$\frac{1}{4}$ 砖护壁，$L = 28$ m，共 10 根，试计算挖孔桩土石方工程量。

【解】 挖孔桩土石方工程量＝$3.14 \times 0.56^2 \times 28 \times 10 = 275.72$（m³）

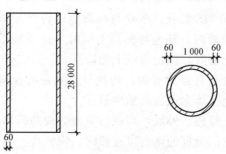

图 6-27 挖孔桩（尺寸单位：mm）

【例 6-20】 计算例 6-19 中的人工挖孔灌注桩清单工程量。

【解】 人工挖孔灌注桩工程量＝$3.14 \times 0.5^2 \times 28 \times 10 = 219.8$（m³）

或＝10 根

【例 6-21】 某工程钻孔压浆灌注桩，桩长为 35 m，共 230 根，注浆孔数共 87 个，计算钻孔压浆桩定额工程量。

【解】 钻孔压浆桩工程量＝35（m）

【例 6-22】 求例 6-21 中灌注桩后压浆清单工程量。

【解】 灌注桩后压浆工程量＝87 孔

第六节　砌筑工程工程量计算

一、定额说明

（1）本章定额包括砖砌体、砌块砌体、轻质隔墙、石砌体和垫层五节。

（2）砖砌体、砌块砌体、石砌体。

1）定额中砖、砌块和石料按标准或常用规格编制，设计规格与定额不同时，砌体材料和砌筑（粘结）材料用量应做调整换算，砌筑砂浆按干混预拌砌筑砂浆编制。定额所列砌筑砂浆种类和强度等级、砌块专用砌筑粘结剂品种，如设计与定额不同时，应做调整换算。

2）定额中的墙体砌筑层高是按 3.6 m 编制的，如超过 3.6 m 时，其超过部分工程量的定额人工乘以系数 1.3。

3)基础与墙(柱)身的划分:

①基础与墙(柱)身使用同一种材料时,以设计室内地面为界(有地下室者,以地下室室内设计地面为界),以下为基础,以上为墙(柱)身。

②基础与墙(柱)身使用不同材料时,位于设计室内地面高度≤±300 mm时,以不同材料为分界线,高度>±300 mm时,以设计室内地面为分界线。

③砖砌地沟不分墙基和墙身,按不同材质合并工程量套用相应项目。

④围墙以设计室外地坪为界,以下为基础,以上为墙身。

4)石基础、石勒脚、石墙的划分:基础与勒脚应以设计室外地坪为界,勒脚与墙身应以设计室内地面为界。石围墙内、外地坪标高不同时,应以较低地坪标高为界,以下为基础;内、外标高之差为挡土墙时,挡土墙以上为墙身。

5)砖基础不分砌筑宽度及有否大放脚,均执行对应品种及规格砖的同一项目。地下混凝土构件所用砖模及砖砌挡土墙套用砖基础项目。

6)砖砌体和砌块砌体不分内、外墙,均执行对应品种的砖和砌块项目,其中:

①定额中均已包括了立门窗框的调直以及腰线、窗台线、挑檐等一般出线用工。

②清水砖砌体均包括了原浆勾缝用工,设计需加浆勾缝时,应另行计算。

③轻集料混凝土小型空心砌块墙的门窗洞口等镶砌的同类实心砖部分已包含在定额内,不单独另行计算。

7)填充墙以填炉渣、炉渣混凝土为准,如设计与定额不同时应作换算,其余不变。

8)加气混凝土类砌块墙项目已包括砌块零星切割改锯的损耗及费用。

9)零星砌体系指台阶、台阶挡墙、梯带、锅台、炉灶、蹲台、池槽、池槽腿、花台、花池、楼梯栏板、阳台栏板、地垄墙、≤0.3 m² 的孔洞填塞、突出屋面的烟囱、屋面伸缩缝砌体、隔热板砖墩等。

10)贴砌砖项目适用于地下室外墙保护墙部位的贴砌砖;框架外表面的镶贴砖部分,套用零星砌体项目。

11)多孔砖、空心砖及砌块砌筑有防水、防潮要求的墙体时,若以普通(实心)砖作为导墙砌筑的,导墙与上部墙身主体需分别计算,导墙部分套用零星砌体项目。

12)围墙套用墙相关定额项目,双面清水围墙按相应单面清水墙项目,人工用量乘以系数1.15计算。

13)石砌体项目中粗、细料石(砌体)墙按400 mm×220 mm×200 mm规格编制。

14)毛料石护坡高度超过4 m时,定额人工乘以系数1.15。

15)定额中各类砖、砌块及石砌体的砌筑均按直形砌筑编制,如为圆弧形砌筑者,按相应定额人工用量乘以系数1.10,砖、砌块及石砌体及砂浆(粘结剂)用量乘以系数1.03计算。

16)砖砌体钢筋加固,砌体内加筋、灌注混凝土,墙体拉结筋的制作、安装,以及墙基、墙身的防潮、防水、抹灰等,按本定额其他相关章节的项目及规定执行。

(3)垫层。人工级配砂石垫层是按中(粗)砂15%(不含填充石子空隙)、砾石85%(含填充砂)的级配比例编制的。

二、定额工程量计算规则

(1)砖砌体、砌块砌体。

1)砖基础工程量按设计图示尺寸以体积计算。

①附墙垛基础宽出部分体积按折加长度合并计算，扣除地梁（圈梁）、构造柱所占体积，不扣除基础大放脚T形接头处的重叠部分及嵌入基础内的钢筋、铁件、管道、基础砂浆防潮层和单个面积≤0.3 m²的孔洞所占体积，靠墙暖气沟的挑檐不增加。

②基础长度：外墙按外墙中心线长度计算，内墙按内墙基净长线计算。

2)砖墙、砌块墙按设计图示尺寸以体积计算。

①扣除门窗、洞口、嵌入墙内的钢筋混凝土柱、梁、圈梁、挑梁、过梁及凹进墙内的壁龛、管槽、暖气槽、消火栓箱所占体积，不扣除梁头、板头、檩头、垫木、木楞头、沿缘木、木砖、门窗走头、砖墙内加固钢筋、木筋、铁件、钢管及单个面积≤0.3 m²的孔洞所占的体积。凸出墙面的腰线、挑檐、压顶、窗台线、虎头砖、门窗套的体积亦不增加。凸出墙面的砖垛并入墙体体积内计算。

砌体工艺

②墙长度：外墙按中心线、内墙按净长计算。

③墙高度：

a. 外墙：斜（坡）屋面无檐口天棚者算至屋面板底；有屋架且室内外均有天棚者算至屋架下弦底另加200 mm；无天棚者算至屋架下弦底另加300 mm，出檐宽度超过600 mm时按实砌高度计算；有钢筋混凝土楼板隔层者算至板顶。平屋顶算至钢筋混凝土板底。

b. 内墙：位于屋架下弦者，算至屋架下弦底；无屋架者算至天棚底另加100 mm；有钢筋混凝土楼板隔层者算至楼板底；有框架梁时算至梁底。

c. 女儿墙：从屋面板上表面算至女儿墙顶面（如有混凝土压顶时算至压顶下表面）。

d. 内、外山墙：按其平均高度计算。

④墙厚度：

a. 标准砖以240 mm×115 mm×53 mm为准，其砌体厚度按表6-13计算。

表 6-13　标准砖砌体计算厚度表

砖数（厚度）	$\frac{1}{4}$	$\frac{1}{2}$	$\frac{3}{4}$	1	$1\frac{1}{2}$	2	$2\frac{1}{2}$	3
计算厚度/mm	53	115	178	240	365	490	615	740

b. 使用非标准砖时，其砌体厚度应按砖实际规格和设计厚度计算；如设计厚度与实际规格不同时，按实际规格计算。

⑤框架间墙：不分内外墙按墙体净尺寸以体积计算。

⑥围墙：高度算至压顶上表面（如有混凝土压顶时算至压顶下表面），围墙柱并入围墙体积内。

3)空斗墙按设计图示尺寸以空斗墙外形体积计算。

①墙角、内外墙交接处、门窗洞口立边、窗台砖、屋檐处的实砌部分体积已包括在空斗墙体积内。

②空斗墙的窗间墙、窗台下、楼板下、梁头下等的实砌部分应另行计算，套用零星砌体项目。

4)空花墙按设计图示尺寸以空花部分外形体积计算，不扣除空花部分体积。

5)填充墙按设计图示尺寸以填充墙外形体积计算。

6）砖柱按设计图示尺寸以体积计算，扣除混凝土及钢筋混凝土梁垫、梁头、板头所占体积。

7）零星砌体、地沟、砖碹按设计图示尺寸以体积计算。

8）砖散水、地坪按设计图示尺寸以面积计算。

9）砌体砌筑设置导墙时，砖砌导墙需单独计算，厚度与长度按墙身主体，高度以实际砌筑高度计算，墙身主体的高度相应扣除。

10）附墙烟囱、通风道、垃圾道应按设计图示尺寸以体积（扣除孔洞所占体积）计算并入所依附的墙体体积内。当设计规定孔洞内需抹灰时，另按本定额"第十二章 墙、柱面装饰与隔断、幕墙工程"相应项目计算。

11）轻质砌块 L 形专用连接件的工程量按设计数量计算。

（2）轻质隔墙按设计图示尺寸以面积计算。

（3）石砌体。

①石基础、石墙的工程量计算规则参照砖砌体相应规定。

②石勒脚、石挡土墙、石护坡、石台阶按设计图示尺寸以体积计算，石坡道按设计图示尺寸以水平投影面积计算，墙面勾缝按设计图示尺寸以面积计算。

（4）垫层工程量按设计图示尺寸以体积计算。

三、清单工程量计算规则

（1）砖砌体。

1）砖基础按设计图示尺寸以体积计算。包括附墙垛基础宽出部分体积，扣除地梁（圈梁）、构造柱所占体积，不扣除基础大放脚 T 形接头处的重叠部分及嵌入基础内的钢筋、铁件、管道、基础砂浆防潮层和单个面积 $\leqslant 0.3 \text{ m}^2$ 的孔洞所占体积，靠墙暖气沟的挑檐不增加。

基础长度：外墙按外墙中心线，内墙按内墙净长线计算。

2）砖砌挖孔桩护壁按设计图示尺寸以立方米计算。

3）实心砖墙、多孔砖墙、空心砖墙按设计图示尺寸以体积计算。扣除门窗、洞口、嵌入墙内的钢筋混凝土柱、梁、圈梁、挑梁、过梁及凹进墙内的壁龛、管槽、暖气槽、消火栓箱所占体积。不扣除梁头、板头、檩头、垫木、木楞头、沿椽木、木砖、门窗走头、砖墙内加固钢筋、木筋、铁件、钢管及单个面积 $\leqslant 0.3 \text{ m}^2$ 的孔洞所占体积。凸出墙面的腰线、挑檐、压顶、窗台线、虎头砖、门窗套的体积也不增加。凸出墙面的砖垛并入墙体体积内计算。

①墙长度：外墙按中心线，内墙按净长计算；

②墙高度：

a. 外墙：斜（坡）屋面无檐口天棚者算至屋面板底（图 6-28）；有屋架且室内外均有天棚者（图 6-29）算至屋架下弦底另加 200 mm；无天棚者（图 6-30）算至屋架下弦底另加 300 mm，出檐宽度超过 600 mm 时按实砌高度计算；与钢筋混凝土楼板隔层者算至板顶。平屋面算至钢筋混凝土板底。

b. 内墙：位于屋架下弦者，算至屋架下弦底；无屋架者算至天棚底另加 100 mm；有钢筋混凝土楼板隔层者算至楼板顶；有框架梁时算至梁底。

c. 女儿墙：从屋面板上表面算至女儿墙顶面（如有混凝土压顶时算至压顶下表面）。

d. 内、外山墙：按其平均高度计算。

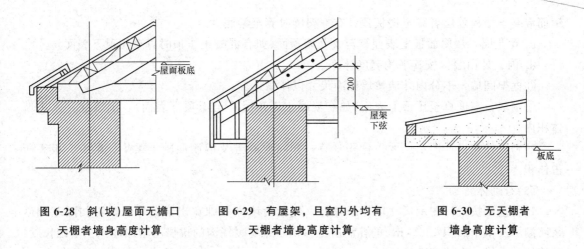

图 6-28　斜(坡)屋面无檐口　　　　图 6-29　有屋架，且室内外均有　　　　图 6-30　无天棚者

天棚者墙身高度计算　　　　　天棚者墙身高度计算　　　　墙身高度计算

③框架间墙：不分内外墙按墙体净尺寸以体积计算。

④围墙：高度算至压顶上表面(如有混凝土压顶时算至压顶下表面)，围墙柱并入围墙体积内。

4)空斗墙按设计图示尺寸以空斗墙外形体积计算。墙角、内外墙交接处、门窗洞口立边、窗台砖、屋檐处的实砌部分体积并入空斗墙体积内。

5)空花墙按设计图示尺寸以空花部分外形体积计算，不扣除空洞部分体积。

6)填充墙按设计图示尺寸以填充墙外形体积计算。

7)实心砖柱、多孔砖柱按设计图示尺寸以体积计算。扣除混凝土及钢筋混凝土梁垫、梁头、板头所占体积。

8)砖检查井按设计图示数量计算。

9)零星砌砖以立方米计量，按设计图示尺寸截面面积乘以长度计算；或者以平方米计量，按设计图示尺寸水平投影面积计算；或者以米计量，按设计图示尺寸长度计算；或者以个计量，按设计图示数量计算。

10)砖散水、地坪按设计图示尺寸以面积计算。

11)砖地沟、明沟以米计量，按设计图示以中心线长度计算。

(2)砌块砌体。

1)砌块墙按设计图示尺寸以体积计算。扣除门窗、洞口、嵌入墙内的钢筋混凝土柱、梁、圈梁、挑梁、过梁及凹进墙内的壁龛、管槽、暖气槽、消火栓箱所占体积。不扣除梁头、板头、檩头、垫木、木楞头、沿椽木、木砖、门窗走头、砖墙内加固钢筋、木筋、铁件、钢管及单个面积≤0.3 m²的孔洞所占体积。凸出墙面的腰线、挑檐、压顶、窗台线、虎头砖、门窗套的体积也不增加。凸出墙面的砖垛并入墙体体积内计算。

①墙长度：外墙按中心线，内墙按净长计算；

②墙高度：

a.外墙：斜(坡)屋面无檐口天棚者算至屋面板底；有屋架且室内外均有天棚者算至屋架下弦底另加 200 mm；无天棚者算至屋架下弦底另加 300 mm，出檐宽度超过 600 mm 时按实砌高度计算；与钢筋混凝土楼板隔层者算至板顶；平屋面算至钢筋混凝土板底。

b.内墙：位于屋架下弦者，算至屋架下弦底；无屋架者算至天棚底另加 100 mm；有钢筋混凝土楼板隔层者算至楼板顶;有框架梁时算至梁底。

c. 女儿墙:从屋面板上表面算至女儿墙顶面(如有混凝土压顶时算至压顶下表面)。

d. 内、外山墙:按其平均高度计算。

③框架间墙:不分内外墙按墙体净尺寸以体积计算。

④围墙:高度算至压顶上表面(如有混凝土压顶时算至压顶下表面),围墙柱并入围墙体积内。

2)砌块柱按设计图示尺寸以体积计算,扣除混凝土及钢筋混凝土梁垫、梁头、板头所占体积。

(3)石砌体。

1)石基础按设计图示尺寸以体积计算,包括附墙垛基础宽出部分体积,不扣除基础砂浆防潮层及单个面积≤0.3 m² 的孔洞所占体积,靠墙暖气沟的挑檐不增加体积。基础长度:外墙按中心线,内墙按净长计算。

2)石勒脚按设计图示尺寸以体积计算,扣除单个面积>0.3 m² 的孔洞所占的体积。

3)石墙按设计图示尺寸以体积计算。扣除门窗、洞口、嵌入墙内的钢筋混凝土柱、梁、圈梁、挑梁、过梁及凹进墙内的壁龛、管槽、暖气槽、消火栓箱所占体积。不扣除梁头、板头、檩头、垫木、木楞头、沿椽木、木砖、门窗走头、砖墙内加固钢筋、木筋、铁件、钢管及单个面积≤0.3 m² 的孔洞所占体积。凸出墙面的腰线、挑檐、压顶、窗台线、虎头砖、门窗套的体积也不增加。凸出墙面的砖垛并入墙体体积内计算。

①墙长度:外墙按中心线,内墙按净长计算;

②墙高度:

a. 外墙:斜(坡)屋面无檐口天棚者算至屋面板底;有屋架且室内外均有天棚者算至屋架下弦底另加 200 mm;无天棚者算至屋架下弦底另加 300 mm,出檐宽度超过 600 mm 时按实砌高度计算;与钢筋混凝土楼板隔层者算至板顶;平屋面算至钢筋混凝土板底。

b. 内墙:位于屋架下弦者,算至屋架下弦底;无屋架者算至天棚底另加 100 mm;有钢筋混凝土楼板隔层者算至楼板顶;有框架梁时算至梁底。

c. 女儿墙:从屋面板上表面算至女儿墙顶面(如有混凝土压顶时算至压顶下表面)。

d. 内、外山墙:按其平均高度计算。

③围墙:高度算至压顶上表面(如有混凝土压顶时算至压顶下表面),围墙柱并入围墙体积内。

4)石挡土墙、石柱按设计图示尺寸以体积计算。

5)石栏杆按设计图示以长度计算。

6)石护坡、石台阶按设计图示尺寸以体积计算。

7)石坡道按设计图示以水平投影面积计算。

8)石地沟、石明沟按设计图示以中心线长度计算。

(4)垫层按设计图示尺寸以立方米计算。

四、工程量计算示例

【例 6-23】 如图 6-31 所示为砖基础,已知墙厚均为 240 mm,试计算基础工程量。

【解】 外墙基础长度 $L_{外}$=(4.2×2+3.3×2)×2=30(m)

内墙长度 $L_{内}=(8.4-0.24)+(3.3-0.24)\times2=14.28(\text{m})$

外墙基础工程量 $=[0.6\times0.24+(0.24+0.12)\times0.12+(0.24+0.24)\times0.12]\times14.28$

$$=3.50(\text{m}^3)$$

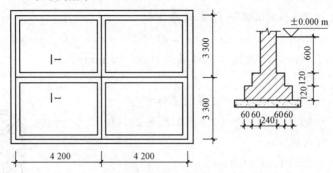

图 6-31 某砖基础示意图(尺寸单位：mm)

【例 6-24】 求如图 6-32 所示的墙体工程量。

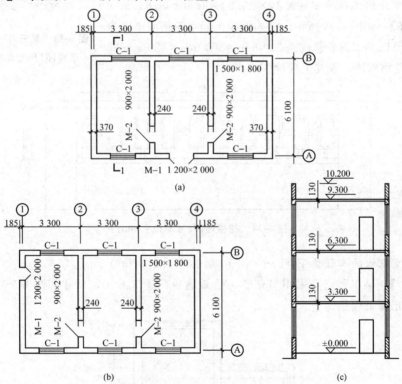

图 6-32 某工程示意图(尺寸单位：mm)

(a)一层平面图；(b)二、三层平面图；(c)1—1剖面图

【解】 外墙中心线长：$L_{外}=(3.3\times3+6.1)\times2=32(\text{m})$

内墙净长度：$L_{内}=(6.1-0.185\times2)\times2=11.46(\text{m})$

外墙面积：$S_{外墙}=32\times10.2-\text{门窗面积}$

$$=32\times10.2-1.5\times1.8\times17(\text{C}-1)-1.2\times2.0\times3(\text{M}-1)$$

$$=273.3(\text{m}^2)$$

内墙面积：$S_{内墙}=11.46×9.3-$门窗面积

$\qquad =11.46×9.3-0.9×2×6$

$\qquad =95.78(m^2)$

外墙体积：$V_{外}=273.3×0.37-$门窗过梁体积

$\qquad =273.3×0.37-(1.5+0.25×2)×0.37×0.12×17-(1.2+0.25×2)$

$\qquad ×0.37×0.12×3($过梁厚度按 120 mm 计算$)$

$\qquad =99.38(m^3)$

内墙体积：$V_{内}=95.78×0.24-$门窗过梁体积

$\qquad =95.78×0.24-(0.9+0.25×2)×0.12×$

$\qquad 0.24×6$

$\qquad =22.74(m^3)$

【例 6-25】 某三斗一眠空斗墙如图 6-33 所示，试求其工程量。

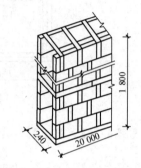

图 6-33　某三斗一眠空斗墙示意图(尺寸单位：mm)

【解】 空斗墙工程量 $V=0.24×20.00×1.80=8.64(m^3)$

【例 6-26】 如图 6-34 所示，已知混凝土漏空花格墙厚度为 120 mm，用 M2.5 水泥砂浆砌筑 300 mm×300 mm×120 mm 的混凝土漏空花格砌块，求其工程量。

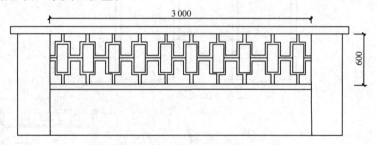

图 6-34　花格墙(尺寸单位：mm)

【解】 空花墙的工程量 $V=0.6×3.0×0.12=0.216(m^3)$

【例 6-27】 某工程墙身采用填充墙，已知墙身高为 3.6 m，尺寸如图 6-35、表 6-14 所示，试求填充墙工程量。

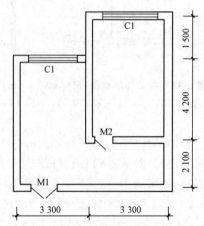

图 6-35　某工程墙身示意图(尺寸单位：mm)

表 6-14　门窗及预埋件表

门窗牌号	尺寸/(mm×mm)	过梁	尺寸/(mm×mm)
M1	1 200×2 400	M—GL1	240×120×1 700
M2	900×2 100	M—GL2	240×120×1 400
C1	1 800×2 100	GGL—1	240×120×2 300

【解】　外墙长度 $L_外$＝(3.3×2+2.1+4.2)×2+1.5×2＝28.8(m)

内墙长度 $L_内$＝3.3−0.24+4.2−0.24＝7.02(m)

填充墙工程量＝(28.8+7.02)×3.6×0.24−1.2×2.4×0.24−0.9×2.1×0.24−1.8×

2.1×0.24×2

＝27.99(m³)

【例 6-28】　试计算如图 6-36 所示砖柱的工程量。

【解】　砖柱工程量＝0.3×0.3×2.8＝0.252(m³)

【例 6-29】　如图 6-37 所示，已知烟道长为 20 m，求砖烟道清单工程量。

【解】　砖烟道工程量＝[1.65×2+(1.05−0.24/2)×3.14]×0.24×20＝29.86(m³)

或＝20 m

或＝1 个

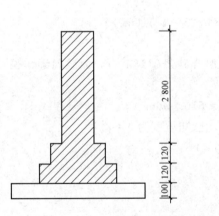

图 6-36　砖柱示意图

（尺寸单位：mm）

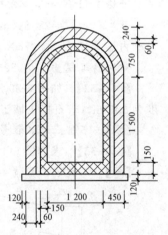

图 6-37　砖砌烟道示意图

（尺寸单位：mm）

【例 6-30】　某实铺砖地坪已知该地坪长度为 8 m，宽度为 6 m，厚度为 60 mm，求其工程量。

【解】　地坪工程量＝8×6＝48(m²)

【例 6-31】　如图 6-38 所示为砌块墙，已知外墙厚为 250 mm，内墙厚为 200 mm，墙高为 3.6 m，尺寸如图 6-38、表 6-15 所示，试计算砌块墙工程量。

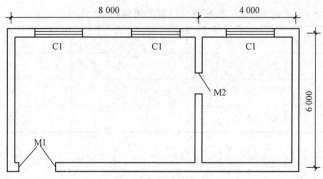

图 6-38　砌块墙示意图(尺寸单位：mm)

表 6-15　门窗尺寸

门窗编号	尺寸/(mm×mm)	过梁	尺寸/(mm×mm)
M1	1 200×2 400	MCL—1	1 700×120×250
M2	1 000×2 400	MCL—2	1 500×120×250
C1	1 800×2 100	CCL—1	2 300×120×250

【解】　外墙长度 $L_{外}$ =(6.0+8.0+4.0)×2=36(m)

内墙长度 $L_{内}$ =6.0-0.24=5.76(m)

外墙工程量=(36×3.6-1.8×2.1×3-1.2×2.4-1.7×0.12-2.3×0.12×3)×0.25

=28.59(m^3)

内墙工程量=(5.76×3.6-1.0×2.4-1.5×0.12)×0.25=4.54(m^3)

砌块墙工程量=28.59+4.54=33.13(m^3)

【例 6-32】　如图 6-39 所示，某挡土墙工程用 M2.5 混合砂浆砌筑毛石，原浆勾缝，长度为 200 m，求石挡土墙工程量。

【解】　石挡土墙工程量 V =(0.5+1.2)×3÷2×200=510.00(m^3)

【例 6-33】　求如图 6-40 所示的普通行车坡道工程量，已知坡度为 1：7。

【解】　石坡道工程量=(2.5+0.5×2)×0.9=3.15(m^2)

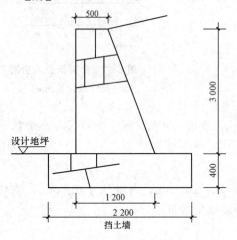

图 6-39　某挡土墙工程(尺寸单位：mm)

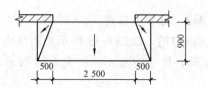

图 6-40　普通行车坡道(尺寸单位：mm)

第七节 混凝土及钢筋混凝土工程工程量计算

一、定额说明

(1)本章定额包括混凝土、钢筋、模板、混凝土构件运输与安装四节。

(2)混凝土。

1)混凝土按预拌混凝土编制,采用现场搅拌时,执行相应的预拌混凝土项目,再执行现场搅拌混凝土调整费项目。现场搅拌混凝土调整费项目中,仅包含了冲洗搅拌机用水量,如需冲洗石子,用水量另行处理。

2)预拌混凝土是指在混凝土厂集中搅拌、用混凝土罐车运输到施工现场并入模的混凝土(圈过梁及构造柱项目中已综合考虑了因施工条件限制不能直接入模的因素)。

固定泵、泵车项目适用于混凝土送到施工现场未入模的情况,泵车项目仅适用于高度在 15 m 以内,固定泵项目适用所有高度。

3)混凝土按常用强度等级考虑,设计强度等级不同时可以换算;混凝土各种外加剂统一在配合比中考虑;图纸设计要求增加的外加剂另行计算。

4)毛石混凝土,按毛石占混凝土体积的 20% 计算,如设计要求不同时,可以换算。

5)混凝土结构物实体积最小几何尺寸大于 1 m,且按规定需要进行温度控制的大体积混凝土,温度控制费用按照经批准的专项施工方案另行计算。

6)独立桩承台执行独立基础项目,带形桩承台执行带形基础项目,与满堂基础相连的桩承台执行满堂基础项目。

7)二次灌浆,如灌注材料与设计不同时,可以换算;空心砖内灌注混凝土,执行小型构件项目。

8)现浇钢筋混凝土柱、墙项目,均综合了每层底部灌注水泥砂浆的消耗量。地下室外墙执行直形墙项目。

9)钢管柱制作、安装执行本定额"第六章 金属结构工程"相应项目;钢管柱浇筑混凝土使用反顶升浇筑法施工时,增加的材料、机械另行计算。

10)斜梁(板)按坡度大于 10° 且≤30° 综合考虑的。斜梁(板)坡度在 10° 以内的执行梁、板项目;坡度在 30° 以上、45° 以内时人工乘以系数 1.05;坡度在 45° 以上、60° 以内时人工乘以系数 1.10;坡度在 60° 以上时人工乘以系数 1.20。

11)叠合梁、板分别按梁、板相应项目执行。

12)压型钢板上浇捣混凝土,执行平板项目,人工乘以系数 1.10。

13)型钢组合混凝土构件,执行普通混凝土相应构件项目,人工、机械乘以系数 1.20。

14)挑檐、天沟壁高度≤400 mm,执行挑檐项目;挑檐、天沟壁高度>400 mm,按全高执行栏板项目;单体体积 0.1 m³ 以内,执行小型构件项目。

15)阳台不包括阳台栏板及压顶内容。

16）预制板间补现浇板缝，适用于板缝小于预制板的模数，但需支模才能浇筑的混凝土板缝。

17）楼梯是按建筑物一个自然层双跑楼梯考虑，如单坡直行楼梯（即一个自然层、无休息平台）按相应项目定额乘以系数1.2；三跑楼梯（即一个自然层、两个休息平台）按相应项目定额乘以系数0.9；四跑楼梯（即一个自然层、三个休息平台）按相应项目定额乘以系数0.75。

①当图纸设计板式楼梯梯段底板（不含踏步三角部分）厚度大于150 mm、梁式楼梯梯段底板（不含踏步三角部分）厚度大于80 mm时，混凝土消耗量按实调整，人工按相应比例调整。

②弧形楼梯是指一个自然层旋转弧度小于180°的楼梯，螺旋楼梯是指一个自然层旋转弧度大于180°的楼梯。

18）散水混凝土按厚度60 mm编制，如设计厚度不同时，可以换算；散水包括了混凝土浇筑、表面压实抹光及嵌缝内容，未包括基础夯实、垫层内容。

19）台阶混凝土含量是按1.22 m³/10 m²综合编制的，如设计含量不同时，可以换算；台阶包括了混凝土浇筑及养护内容，未包括基础夯实、垫层及面层装饰内容，发生时执行其他章节相应项目。

20）与主体结构不同时浇捣的厨房、卫生间等处墙体下部的现浇混凝土翻边执行圈梁相应项目。

21）独立现浇门框按构造柱项目执行。

22）凸出混凝土柱、梁的线条，并入相应柱、梁构件内；凸出混凝土外墙面、阳台梁、栏板外侧≤300 mm的装饰线条，执行扶手、压顶项目；凸出混凝土外墙、梁外侧＞300 mm的板，按伸出外墙的梁、板体积合并计算，执行悬挑板项目。

23）外形尺寸体积在1 m³以内的独立池槽执行小型构件项目，1 m³以上的独立池槽及与建筑物相连的梁、板、墙结构式水池，分别执行梁、板、墙相应项目。

24）小型构件是指单件体积0.1 m³以内且本节未列项目的小型构件。

25）后浇带包括了与原混凝土接缝处的钢丝网用量。

26）本节仅按预拌混凝土编制了施工现场预制的小型构件项目，其他混凝土预制构件定额均按外购成品考虑。

27）预制混凝土隔板，执行预制混凝土架空隔热板项目。

28）有梁板及平板的区分如图6-41所示。

（3）钢筋。

钢筋混凝土梁
的图示特点

1）钢筋工程按钢筋的不同品种和规格以现浇构件、预制构件、预应力构件以及箍筋分别列项，钢筋的品种、规格比例按常规工程设计综合考虑。

2）除定额规定单独列项计算外，各类钢筋、铁件的制作成型、绑扎、安装、接头、固定所用人工、材料、机械消耗均已综合在相应项目内；设计另有规定者，按设计要求计算。直径25 mm以上的钢筋连接按机械连接考虑。

3）钢筋工程中措施钢筋，按设计图纸规定及施工验收规范要求计算，按品种、规格执行相应项目。如采用其他材料时，另行计算。

4）现浇构件冷拔钢丝按φ10以内钢筋制安项目执行。

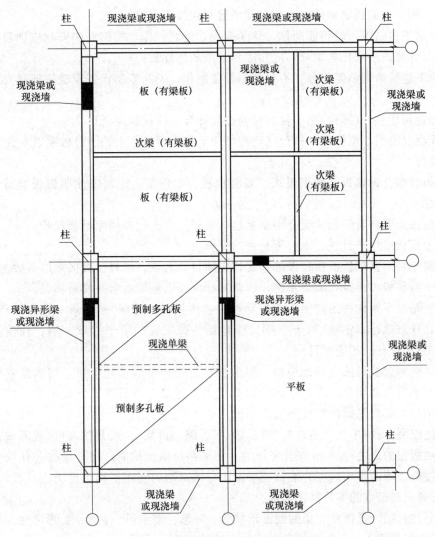

图 6-41 现浇梁、板区分示意图

5)型钢组合混凝土构件中，型钢骨架执行本定额"第六章 金属结构工程"相应项目；钢筋执行现浇构件钢筋相应项目，人工乘以系数 1.50、机械乘以系数 1.15。

6)弧形构件钢筋执行钢筋相应项目，人工乘以系数 1.05。

7)混凝土空心楼板（ADS空心板）中钢筋网片，执行现浇构件钢筋相应项目，人工乘以系数 1.30、机械乘以系数 1.15。

8)预应力混凝土构件中的非预应力钢筋按钢筋相应项目执行。

9)非预应力钢筋未包括冷加工，如设计要求冷加工时，应另行计算。

10)预应力钢筋如设计要求人工时效处理时，应另行计算。

11)后张法钢筋的锚固是按钢筋帮条焊、U形插垫编制的，如采用其他方法锚固时，应另行计算。

12)预应力钢丝束、钢绞线综合考虑了一端、两端张拉；锚具按单锚、群锚分别列项，单锚按单孔锚具列入，群锚按 3 孔列入。预应力钢丝束、钢绞线长度大于 50 m 时，应采用分段张拉；用于地面预制构件时，应扣除项目中张拉平台摊销费。

13)植筋不包括植入的钢筋制作、化学螺栓，钢筋制作，按钢筋制安相应项目执行，化学螺栓另行计算；使用化学螺栓，应扣除植筋胶的消耗量。

14)地下连续墙钢筋笼安放，不包括钢筋笼制作，钢筋笼制作按现浇钢筋制安相应项目执行。

15)固定预埋铁件(螺栓)所消耗的材料按实计算，执行相应项目。

16)现浇混凝土小型构件，执行现浇构件钢筋相应项目，人工、机械乘以系数2。

(4)模板。

1)模板分组合钢模板、大钢模板、复合模板、木模板，定额未注明模板类型的，均按木模板考虑。

2)模板按企业自有编制。组合钢模板包括装箱，且已包括回库维修耗量。

3)复合模板适用于竹胶、木胶等品种的复合板。

4)圆弧形带形基础模板执行带形基础相应项目，人工、材料、机械乘以系数1.15。

5)地下室底板模板执行满堂基础，满堂基础模板已包括集水井模板杯壳。

6)满堂基础下翻构件的砖胎模，砖胎模中砌体执行本定额"第四章　砌筑工程"砖基础相应项目；抹灰执行本定额"第十一章　楼地面装饰工程""第十二章　墙、柱面装饰与隔断、幕墙工程"抹灰的相应项目。

7)独立桩承台执行独立基础项目；带形桩承台执行带形基础项目；与满堂基础相连的桩承台执行满堂基础项目。高杯基础杯口高度大于杯口大边长度3倍以上时，杯口高度部分执行柱项目，杯形基础执行柱项目。

8)现浇混凝土柱(不含构造柱)、墙、梁(不含圈、过梁)、板是按高度(板面或地面、垫层面至上层板面的高度)3.6 m综合考虑的。如遇斜板面结构时，柱分别按各柱的中心高度为准；墙按分段墙的平均高度为准；框架梁按每跨两端的支座平均高度为准；板(含梁板合计的梁)按高点与低点的平均高度为准。

9)异形柱、梁，是指柱、梁的断面形状为：L形、十字形、T形、乚形的柱、梁。

10)柱模板如遇弧形和异形组合时，执行圆柱项目。

11)短肢剪力墙是指截面厚度≤300 mm，各肢截面高度与厚度之比的最大值>4但≤8的剪力墙；各肢截面高度与厚度之比的最大值≤4的剪力墙执行柱项目。

12)外墙设计采用一次摊销止水螺杆方式支模时，将对拉螺栓材料换为止水螺杆，其消耗量按对拉螺栓数量乘以系数12，取消塑料套管消耗量，其余不变。墙面模板未考虑定位支撑因素。

13)柱、梁面对拉螺栓堵眼增加费，执行墙面螺栓堵眼增加费项目，柱面螺栓堵眼人工、机械乘以系数0.3、梁面螺栓堵眼人工、机械乘以系数0.35。

14)板或拱形结构按板顶平均高度确定支模高度，电梯井壁按建筑物自然层层高确定支模高度。

15)斜梁(板)按坡度大于10°且≤30°综合考虑。斜梁(板)坡度在10°以内的执行梁、板项目；坡度在30°以上、45°以内时人工乘以系数1.05；坡度在45°以上、60°以内时人工乘以系数1.10；坡度在60°以上时人工乘以系数1.20。

16)混凝土梁、板应分别计算执行相应项目，混凝土板适用于截面厚度≤250 mm；板中暗梁并入板内计算；墙、梁弧形且半径≤9 m时，执行弧形墙、梁项目。

17）现浇空心板执行平板项目，内模安装另行计算。

18）薄壳板模板不分筒式、球形、双曲形等，均执行同一项目。

19）型钢组合混凝土构件模板，按构件相应项目执行。

20）屋面混凝土女儿墙高度＞1.2 m时执行相应墙项目，≤1.2 m时执行相应栏板项目。

21）混凝土栏板高度（含压顶扶手及翻沿），净高按1.2 m以内考虑，超1.2 m时执行相应墙项目。

22）现浇混凝土阳台板、雨篷板按三面悬挑形式编制，如一面为弧形栏板且半径≤9 m时，执行圆弧形阳台板、雨篷板项目；如非三面悬挑形式的阳台、雨篷，则执行梁、板相应项目。

23）挑檐、天沟壁高度≤400 mm执行挑檐项目；挑檐、天沟壁高度＞400 mm时，按全高执行栏板项目。单件体积0.1 m³以内，执行小型构件项目。

24）预制板间补现浇板缝执行平板项目。

25）现浇飘窗板、空调板执行悬挑板项目。

26）楼梯是按建筑物一个自然层双跑楼梯考虑，如单坡直行楼梯（即一个自然层、无休息平台）按相应项目人工、材料、机械乘以系数1.2；三跑楼梯（即一个自然层、两个休息平台）按相应项目人工、材料、机械乘以系数0.9；四跑楼梯（即一个自然层、三个休息平台）按相应项目人工、材料、机械乘以系数0.75。剪刀楼梯执行单坡直行楼梯相应系数。

27）与主体结构不同时浇捣的厨房、卫生间等处墙体下部现浇混凝土翻边的模板执行圈梁相应项目。

28）散水模板执行垫层相应项目。

29）凸出混凝土柱、梁、墙面的线条，并入相应构件内计算，再按凸出的线条道数执行模板增加费项目；但单独窗台板、拦板扶手、墙上压顶的单阶挑沿不另计算模板增加费；其他单阶线条凸出宽度＞200 mm的执行挑檐项目。

30）外形尺寸体积在1 m³以内的独立池槽执行小型构件项目，1 m³以上的独立池槽及与建筑物相连的梁、板、墙结构式水池，分别执行梁、板、墙相应项目。

31）小型构件是指单件体积0.1 m³以内且本节未列项目的小型构件。

32）当设计要求为清水混凝土模板时，执行相应模板项目，并作如下调整：复合模板材料换算为镜面胶合板，机械不变，其人工按表6-16增加工日。

表6-16 清水混凝土模板增加工日表

项目	柱			梁			墙		有梁板、无梁板、平板
	矩形柱	圆形柱	异形柱	矩形梁	异形梁	弧形、拱形梁	直形墙、弧形墙、电梯井壁墙	短肢剪力墙	
工日	4	5.2	6.2	5	5.2	5.8	3	2.4	4

33）预制构件地模的摊销，已包括在预制构件的模板中。

（5）混凝土构件运输与安装。

1）混凝土构件运输。

①构件运输适用于构件堆放场地或构件加工厂至施工现场的运输。运距以30 km以内

考虑，30 km 以上另行计算。

②构件运输基本运距按场内运输 1 km、场外运输 10 km 分别列项，实际运距不同时，按场内每增减 0.5 km、场外每增减 1 km 项目调整。

③定额已综合考虑施工现场内、外(现场、城镇)运输道路等级、路况、重车上下坡等不同因素。

④构件运输不包括桥梁、涵洞、道路加固、管线、路灯迁移及因限载、限高而发生的加固、扩宽、公交管理部门要求的措施等因素。

⑤预制混凝土构件运输，按表 6-17 预制混凝土构件分类。分类表中 1、2 类构件的单体体积、面积、长度三个指标中，以符合其中一项指标为准(按就高不就低的原则执行)。

表 6-17　预制混凝土构件分类表

类别	项目
1	桩、柱、梁、板、墙单件体积≤1 m³、面积≤4 m²、长度≤5 m
2	桩、柱、梁、板、墙单件体积>1 m³、面积>4 m²、5 m<长度≤6 m
3	6 m 以上至 14 m 的桩、柱、梁、板、屋架、桁架、托架(14 m 以上另行计算)
4	天窗架、侧板、端壁板、天窗上下档及小型构件

2)预制混凝土构件安装。

①构件安装不分履带式起重机或轮胎式起重机，以综合考虑编制。构件安装是按单机作业考虑的，如因构件超重(以起重机械起重量为限)须双机台吊时，按相应项目人工、机械乘以系数 1.20。

②构件安装是按机械起吊点中心回转半径 15 m 以内距离计算。如超过 15 m 时，构件须用起重机移运就位，且运距在 50 m 以内的，起重机械乘以系数 1.25；运距超过 50 m 的，应另按构件运输项目计算。

③小型构件安装是指单体构件体积小于 0.1 m³ 以内的构件安装。

④构件安装不包括运输、安装过程中起重机械、运输机械场内行驶道路的加固、铺垫工作的人工、材料、机械消耗，发生该费用时另行计算。

⑤构件安装高度以 20 m 以内为准，安装高度(除塔式起重机施工外)超过 20 m 并小于 30 m 时，按相应项目人工、机械乘以系数 1.20。安装高度(除塔式起重机施工外)超过 30 m 时，另行计算。

⑥构件安装需另行搭设的脚手架，按批准的施工组织设计要求，执行本定额"第十七章措施项目"脚手架工程相应项目。

⑦塔式起重机的机械台班均已包括在垂直运输机械费项目中。

⑧单层房屋屋盖系统预制混凝土构件，必须在跨外安装的，按相应项目的人工、机械乘以系数 1.18；但使用塔式起重机施工时，不乘系数。

3)装配式建筑构件安装。

①装配式建筑构件按外购成品考虑。

②装配式建筑构件包括预制钢筋混凝土柱、梁、叠合梁、叠合楼板、叠合外墙板、外墙板、内墙板、女儿墙、楼梯、阳台、空调板、预埋套管、注浆等项目。

③装配式建筑构件未包括构件卸车、堆放支架及垂直运输机械等内容。

④构件运输执行本节混凝土构件运输相应项目。

⑤如预制外墙构件中已包含窗框安装，则计算相应窗扇费用时应扣除窗框安装人工。

⑥柱、叠合楼板项目中已包括接头、灌浆工作内容，不再另行计算。

二、定额工程量计算规则

(1)混凝土。

1)现浇混凝土。

①混凝土工程量除另有规定者外，均按设计图示尺寸以体积计算。不扣除构件内钢筋、预埋铁件及墙、板中 0.3 m² 以内的孔洞所占体积。型钢混凝土中型钢骨架所占体积按(密度)7 850 kg/m³ 扣除。

②基础：按设计图示尺寸以体积计算，不扣除伸入承台基础的桩头所占体积。

a. 带形基础：不分有肋式与无肋式均按带形基础项目计算，有肋式带形基础，肋高(指基础扩大顶面至梁顶面的高)≤1.2 m 时，合并计算；>1.2 m 时，扩大顶面以下的基础部分，按无肋带形基础项目计算，扩大顶面以上部分，按墙项目计算。

b. 箱式基础分别按基础、柱、墙、梁、板等有关规定计算。

c. 设备基础：设备基础除块体(块体设备基础是指没有空间的实心混凝土形状)外，其他类型设备基础分别按基础、柱、墙、梁、板等有关规定计算。

③柱：按设计图示尺寸以体积计算。

a. 有梁板的柱高，应自柱基上表面(或楼板上表面)至上一层楼板上表面之间的高度计算；

b. 无梁板的柱高，应自柱基上表面(或楼板上表面)至柱帽下表面之间的高度计算；

c. 框架柱的柱高，应自柱基上表面至柱顶面高度计算；

d. 构造柱按全高计算，嵌接墙体部分(马牙槎)并入柱身体积；

e. 依附柱上的牛腿，并入柱身体积内计算；

f. 钢管混凝土柱以钢管高度按照钢管内径计算混凝土体积。

④墙：按设计图示尺寸以体积计算，扣除门窗洞口及 0.3 m² 以外孔洞所占体积，墙垛及凸出部分并入墙体积内计算。直形墙中门窗洞口上的梁并入墙体积；短肢剪力墙结构砌体内门窗洞口上的梁并入梁体积。

墙与柱连接时墙算至柱边；墙与梁连接时墙算至梁底；墙与板连接时板算至墙侧；未凸出墙面的暗梁暗柱并入墙体积。

⑤梁：按设计图示尺寸以体积计算，伸入砖墙内的梁头、梁垫并入梁体积内。

a. 梁与柱连接时，梁长算至柱侧面；

b. 主梁与次梁连接时，次梁长算至主梁侧面。

⑥板：按设计图示尺寸以体积计算，不扣除单个面积 0.3 m² 以内的柱、垛及孔洞所占体积。

a. 有梁板包括梁与板，按梁、板体积之和计算。

b. 无梁板按板和柱帽体积之和计算。

c. 各类板伸入砖墙内的板头并入板体积内计算，薄壳板的肋、基梁并入薄壳体积内计算。

d. 空心板按设计图示尺寸以体积(扣除空心部分)计算。

e. 栏板、扶手按设计图示尺寸以体积计算，伸入砖墙内的部分并入栏板、扶手体积计算。

f. 挑檐、天沟按设计图示尺寸以墙外部分体积计算。挑檐、天沟板与板(包括屋面板)连接时，以外墙外边线为分界线；与梁(包括圈梁等)连接时，以梁外边线为分界线；外墙外边线以外为挑檐、天沟。

g. 凸阳台(凸出外墙外侧用悬挑梁悬挑的阳台)按阳台项目计算；凹进墙内的阳台，按梁、板分别计算，阳台栏板、压顶分别按栏板、压顶项目计算。

h. 雨篷梁、板工程量合并，按雨篷以体积计算，高度≤400 mm 的栏板并入雨篷体积内计算，栏板高度>400 mm 时，其超过部分，按栏板计算。

i. 楼梯(包括休息平台，平台梁、斜梁及楼梯的连接梁)按设计图示尺寸以水平投影面积计算，不扣除宽度小于 500 mm 楼梯井，伸入墙内部分不计算。当整体楼梯与现浇楼板无梯梁连接时，以楼梯的最后一个踏步边缘加 300 mm 为界。

j. 散水、台阶按设计图示尺寸，以水平投影面积计算。台阶与平台连接时其投影面积应以最上层踏步外沿加 300 mm 计算。

k. 场馆看台、地沟、混凝土后浇带按设计图示尺寸以体积计算。

l. 二次灌浆、空心砖内灌注混凝土，按照实际灌注混凝土体积计算。

m. 空心楼板筒芯、箱体安装，均按体积计算。

2)预制混凝土。预制混凝土均按图示尺寸以体积计算，不扣除构件内钢筋、铁件及小于 0.3 m² 以内孔洞所占体积。

3)预制混凝土构件接头灌缝。预制混凝土构件接头灌缝，均按预制混凝土构件体积计算。

(2)钢筋。

1)现浇、预制构件钢筋，按设计图示钢筋长度乘以单位理论质量计算。

2)钢筋搭接长度应按设计图示及规范要求计算；设计图示及规范要求未标明搭接长度的，不另计算搭接长度。

3)钢筋的搭接(接头)数量应按设计图示及规范要求计算；设计图示及规范要求未标明的，按以下规定计算：

①φ10 以内的长钢筋按每 12 m 计算一个钢筋搭接(接头)；

②φ10 以上的长钢筋按每 9 m 计算一个搭接(接头)。

4)先张法预应力钢筋按设计图示钢筋长度乘以单位理论质量计算。

5)后张法预应力钢筋按设计图示钢筋(绞线、丝束)长度乘以单位理论质量计算。

①低合金钢筋两端均采用螺杆锚具时，钢筋长度按孔道长度减 0.35 m 计算，螺杆另行计算。

②低合金钢筋一端采用镦头插片，另一端采用螺杆锚具时，钢筋长度按孔道长度计算，螺杆另行计算。

③低合金钢筋一端采用镦头插片，另一端采用帮条锚具时，钢筋按增加 0.15 m 计算；两端均采用帮条锚具时，钢筋长度按孔道长度增加 0.3 m 计算。

④低合金钢筋采用后张混凝土自锚时，钢筋长度按孔道长度增加 0.35 m 计算。

⑤低合金钢筋(钢绞线)采用 JM、XM、QM 型锚具,孔道长度≤20 m 时,钢筋长度按孔道长度增加 1 m 计算;孔道长度>20 m 时,钢筋长度按孔道长度增加 1.8 m 计算。

⑥碳素钢丝采用锥形锚具,孔道长度≤20 m 时,钢丝束长度按孔道长度增加 1 m 计算;孔道长度>20 m 时,钢丝束长度按孔道长度增加 1.8 m 计算。

⑦碳素钢丝采用墩头锚具时,钢丝束长度按孔道长度增加 0.35 m 计算。

6)预应力钢丝束、钢绞线锚具安装按套数计算。

7)当设计要求钢筋接头采用机械连接时,按数量计算,不再计算该处的钢筋搭接长度。

8)植筋按数量计算,植入钢筋按外露和植入部分之和长度乘以单位理论质量计算。

9)钢筋网片、混凝土灌注桩钢筋笼、地下连续墙钢筋笼按设计图示钢筋长度乘以单位理论质量计算。

10)混凝土构件预埋铁件、螺栓,按设计图示尺寸,以质量计算。

(3)模板。

1)现浇混凝土构件模板。

①现浇混凝土构件模板,除另有规定者外,均按模板与混凝土的接触面积(扣除后浇带所占面积)计算。

②基础。

a. 有肋式带形基础,肋高(指基础扩大顶面至梁顶面的高)≤1.2 m 时,合并计算;>1.2 m 时,基础底板模板按无肋带形基础项目计算,扩大顶面以上部分模板按混凝土墙项目计算。

b. 独立基础:高度从垫层上表面计算到柱基上表面。

c. 满堂基础:无梁式满堂基础有扩大或角锥形柱墩时,并入无梁式满堂基础内计算。有梁式满堂基础梁高(从板面或板底计算,梁高不含板厚)≤1.2 m 时,基础和梁合并计算;>1.2 m 时,底板按无梁式满堂基础模板项目计算,梁按混凝土墙模板项目计算。箱式满堂基础应分别按无梁式满堂基础、柱、墙、梁、板的有关规定计算。地下室底板按无梁式满堂基础模板项目计算。

d. 设备基础:块体设备基础按不同体积,分别计算模板工程量。框架设备基础应分别按基础、柱以及墙的相应项目计算;楼层面上的设备基础并入梁、板项目计算,如在同一设备基础中部分为块体,部分为框架时,应分别计算。框架设备基础的柱模板高度应由底板或柱基的上表面算至板的下表面;梁的长度按净长计算,梁的悬臂部分应并入梁内计算。

e. 设备基础地脚螺栓套孔以不同深度以数量计算。

③构造柱均应按图示外露部分计算模板面积。带马牙槎构造柱的宽度按马牙槎处的宽度计算。

④现浇混凝土墙、板上单孔面积在 0.3 m² 以内的孔洞,不予扣除,洞侧壁模板也不增加;单孔面积在 0.3 m² 以外时,应予以扣除,洞侧壁模板面积并入墙、板模板工程量以内计算。

⑤对拉螺栓堵眼增加费按墙面、柱面、梁面模板接触面分别计算工程量。

⑥现浇混凝土框架分别按柱、梁、板有关规定计算,附墙柱凸出墙面部分按柱工程量计算,暗梁、暗柱并入墙内工程量计算。

⑦柱、墙、梁、板、栏板相互连接的重叠部分,均不扣除模板面积。

⑧挑檐、天沟与板(包括屋面板、楼板)连接时,以外墙外边线为分界线;与梁(包括圈梁等)连接时,以梁外边线为分界线;外墙外边线以外或梁外边线以外为挑檐、天沟。

⑨现浇混凝土悬挑板、雨篷、阳台按图示外挑部分尺寸的水平投影面积计算,挑出墙外的悬臂梁及板边不另计算。

⑩现浇混凝土楼梯(包括休息平台、平台梁、斜梁和楼层板的连接的梁)按水平投影面积计算。不扣除宽度小于 500 mm 楼梯井所占面积,楼梯的踏步、踏步板、平台梁等侧面模板不另行计算,伸入墙内部分也不增加。当整体楼梯与现浇楼板无梯梁连接时,以楼梯的最后一个踏步边缘加 300 mm 为界。

⑪混凝土台阶不包括梯带,按图示台阶尺寸的水平投影面积计算,台阶端头两侧不另计算模板面积;架空式混凝土台阶按现浇楼梯计算;场馆看台按设计图示尺寸,以水平投影面积计算。

⑫凸出的线条模板增加费,以凸出棱线的道数分别按长度计算,两条及多条线条相互之间净距小于 100 mm 的,每两条按一条计算。

⑬后浇带按模板与后浇带的接触面积计算。

2)预制混凝土构件模板。预制混凝土模板按模板与混凝土的接触面积计算,地模不计算接触面积。

(4)混凝土构件运输与安装。

1)预制混凝土构件运输及安装除另有规定外,均按构件设计图示尺寸,以体积计算。

2)预制混凝土构件安装。

①预制混凝土矩形柱、工形柱、双肢柱、空格柱、管道支架等安装,均按柱安装计算。

②组合屋架安装,以混凝土部分体积计算,钢杆件部分不计算。

③预制板安装,不扣除单个面积≤0.3 m² 的孔洞所占体积,扣除空心板空洞体积。

3)装配式建筑构件安装。

①装配式建筑构件工程量均按设计图示尺寸以体积计算。不扣除构件内钢筋、预埋铁件等所占体积。

②装配式墙、板安装,不扣除单个面积≤0.3 m² 的孔洞所占体积。

③装配式楼梯安装,应按扣除空心踏步板空洞体积后,以体积计算。

④预埋套筒、注浆按数量计算。

⑤墙间空腔注浆按长度计算。

三、清单工程量计算规则

(1)现浇混凝土基础。垫层、带形基础、独立基础、满堂基础、桩承台基础、设备基础按设计图示尺寸以体积计算。不扣除伸入承台基础的桩头所占体积。

(2)现浇混凝土柱。矩形柱、构造柱、异形柱按设计图示尺寸以体积计算。

柱高:

1)有梁板的柱高,应自柱基上表面(或楼板上表面)至上一层楼板上表面之间的高度计算。

2)无梁板的柱高,应自柱基上表面(或楼板上表面)至柱帽下表面之间的高度计算。

3)框架柱的柱高:应自柱基上表面至柱顶高度计算。

4)构造柱按全高计算,嵌接墙体部分(马牙槎)并入柱身体积。

5)依附柱上的牛腿和升板的柱帽,并入柱身体积计算。

(3)现浇混凝土梁。基础梁,矩形梁,异形梁,圈梁,过梁,弧形、拱形梁按设计图示尺寸以体积计算。伸入墙内的梁头、梁垫并入梁体积内。

梁长:

1)梁与柱连接时,梁长算至柱侧面。

2)主梁与次梁连接时,次梁长算至主梁侧面。

(4)现浇混凝土墙。直形墙、弧形墙、短肢剪力墙、挡土墙按设计图示尺寸以体积计算,扣除门窗洞口及单个面积$>0.3 \ m^2$的孔洞所占体积,墙垛及凸出墙面部分并入墙体体积计算内。

(5)现浇混凝土板。

1)有梁板、无梁板、平板、拱板、薄壳板、栏板按设计图示尺寸以体积计算,不扣除单个面积$\leqslant 0.3 \ m^2$的柱、垛以及孔洞所占体积。

①压形钢板混凝土楼板扣除构件内压形钢板所占体积。

②有梁板(包括主、次梁与板)按梁、板体积之和计算,无梁板按板和柱帽体积之和计算,各类板伸入墙内的板头并入板体积内,薄壳板的肋、基梁并入薄壳体积内计算。

2)天沟(檐沟)、挑檐板按设计图示尺寸以体积计算。

3)雨篷、悬挑板、阳台板按设计图示尺寸以墙外部分体积计算。包括伸出墙外的牛腿和雨篷反挑檐的体积。

4)空心板按设计图示尺寸以体积计算。空心板(GBF高强度薄壁蜂巢芯板等)应扣除空心部分体积。

5)其他板按设计图示尺寸以体积计算。

(6)现浇混凝土楼梯。直形楼梯、弧形楼梯以平方米计量,按设计图示尺寸以水平投影面积计算,不扣除宽度$\leqslant 500 \ mm$的楼梯井,伸入墙内部分不计算;或者以立方米计量,按设计图示尺寸以体积计算。

(7)现浇混凝土其他构件。

1)散水、坡道,室外地坪按设计图示尺寸以水平投影面积计算。不扣除单个$\leqslant 0.3 \ m^2$的孔洞所占面积。

2)电缆沟、地沟按设计图示以中心线长度计算。

3)台阶以平方米计量,按设计图示尺寸水平投影面积计算;或者以立方米计量,按设计图示尺寸以体积计算。

4)扶手、压顶以米计量,按设计图示的中心线延长米计算;或者以立方米计量,按设计图示尺寸以体积计算。

5)化粪池、检查井,其他构件按设计图示尺寸以体积计算;或者以座计量,按设计图示数量计算。

(8)后浇带按设计图示尺寸以体积计算。

(9)预制混凝土柱。矩形柱、异形柱以立方米计量,按设计图示尺寸以体积计算;或者以根计量,按设计图示尺寸以数量计算。

(10)预制混凝土梁。矩形梁、异形梁、过梁、拱形梁、鱼腹式吊车梁、其他梁以立方米计量，按设计图示尺寸以体积计算；或者以根计量，按设计图示尺寸以数量计算。

(11)预制混凝土屋架。折线型、组合、薄腹、门式钢架、天窗架以立方米计量，按设计图示尺寸以体积计算；以榀计量，按设计图示尺寸以数量计算。

(12)预制混凝土板。

1)平板、空心板、槽形板、网架板、折线板、带肋板、大型板以立方米计量，按设计图示尺寸以体积计算，不扣除单个面积≤300 mm×300 mm的孔洞所占体积，扣除空心板空洞体积；或者以块计量，按设计图示尺寸以数量计算。

2)沟盖板、井盖板、井圈以立方米计量，按设计图示尺寸以体积计算；或者以块计量，按设计图示尺寸以数量计算。

(13)预制混凝土楼梯以立方米计量，按设计图示尺寸以体积计算，扣除空心踏步板空洞体积；或者以段计量，按设计图示数量计算。

(14)其他预制构件。垃圾道、通风道、烟道，其他构件以立方米计量，按设计图示尺寸以体积计算，不扣除单个面积≤300 mm×300 mm的孔洞所占体积，扣除烟道、垃圾道、通风道的孔洞所占体积；或者以平方米计量，按设计图示尺寸以面积计算，不扣除单个面积≤300 mm×300 mm的孔洞所占面积；或者以根计量，按设计图示尺寸以数量计算。

(15)钢筋工程。

1)现浇构件钢筋、预制构件钢筋、钢筋网片、钢筋笼按设计图示钢筋(网)长度(面积)乘单位理论质量计算。

2)先张法预应力钢筋按设计图示钢筋长度乘单位理论质量计算。

3)后张法预应力钢筋按设计图示钢筋(丝束、绞线)长度乘单位理论质量计算。

①低合金钢筋两端均采用螺杆锚具时，钢筋长度按孔道长度减0.35 m计算，螺杆另行计算。

②低合金钢筋一端采用镦头插片，另一端采用螺杆锚具时，钢筋长度按孔道长度计算，螺杆另行计算。

③低合金钢筋一端采用镦头插片，另一端采用帮条锚具时，钢筋增加0.15 m计算；两端均采用帮条锚具时，钢筋长度按孔道长度增加0.3 m计算。

④低合金钢筋采用后张混凝土自锚时，钢筋长度按孔道长度增加0.35 m计算。

⑤低合金钢筋(钢绞线)采用JM、XM、QM型锚具，孔道长度≤20 m时，钢筋长度增加1 m计算，孔道长度>20 m时，钢筋长度增加1.8 m计算。

⑥碳素钢丝采用锥形锚具，孔道长度≤20 m时，钢丝束长度按孔道长度增加1 m计算，孔道长度>20 m时，钢丝束长度按孔道长度增加1.8 m计算。

⑦碳素钢丝采用镦头锚具时，钢丝束长度按孔道长度增加0.35 m计算。

4)支撑钢筋(铁马)按钢筋长度乘单位理论质量计算。

5)声测管按设计图示尺寸以质量计算。

(16)螺栓、铁件。

1)螺栓、预埋铁件按设计图示尺寸以质量计算。

2)机械连接按数量计算。

四、工程量计算示例

【例 6-34】 如图 6-42 所示的独立基础,求其工程量。

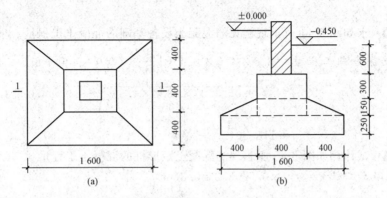

图 6-42 独立基础(尺寸单位:mm)

(a)平面图;(b)1—1 剖面图

【解】 独立基础工程量 $V = 1.6 \times 1.6 \times 0.25 + \dfrac{0.15}{6} \times [0.4^2 + (0.4+1.6)^2 + (0.4 \times 3)^2] +$

$$0.4 \times 0.4 \times 0.3$$

$$= 0.83(\text{m}^3)$$

【例 6-35】 求如图 6-43 所示现浇无筋混凝土设备基础的混凝土工程量。

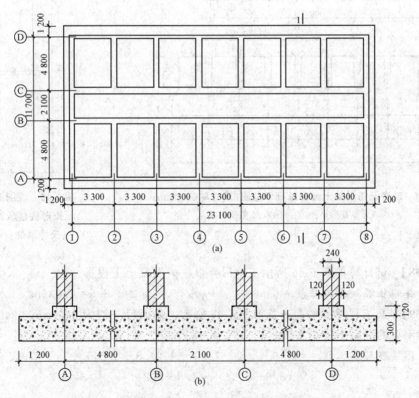

图 6-43 现浇无筋混凝土满堂基础示意图(尺寸单位:mm)

【解】　混凝土工程量＝$(23.1+1.2×2)×(4.8×2+2.1+1.2×2)×0.3+[(23.1+0.24×2)×0.48×4+(4.8-0.24×2)×0.48×16+(2.1-0.24×2)×0.48×2]×0.12$

$$=117.47(m^3)$$

【例 6-36】　求如图 6-44 所示现浇无筋混凝土设备基础的混凝土工程量。

【解】　设备基础工程量＝$8.6×4.6×0.4+[\frac{1}{3}×(8.0×4.0+8.6×4.6)×0.4+\sqrt{(8.0×4.0)×(8.6×4.6)}]+8.0×4.0×1.2-0.16^2×1.0×14$

$$=113.30(m^3)$$

【例 6-37】　试计算如图 6-45 所示现浇混凝土矩形桩的混凝土工程量。

【解】　混凝土工程量＝$0.5×0.5×3.2=0.8(m^3)$

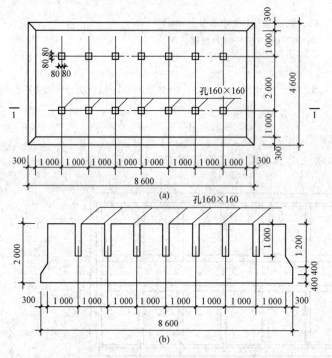

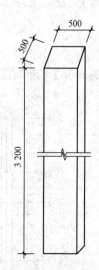

图 6-44　现浇无筋混凝土设备基础示意图(尺寸单位：mm)

(a)设备基础平面图；(b)1—1 剖面图

图 6-45　现浇混凝土
矩形桩柱示意图
(尺寸单位：mm)

【例 6-38】　试计算如图 6-46 所示工字形异形柱的混凝土工程量。

【解】　异形柱混凝土工程量＝$(0.6×1.3-0.2×0.5×2)×3.5=2.03(m^3)$

【例 6-39】　某工程圈梁平面布置如图 6-47 所示，截面尺寸均为 240 mm×240 mm，试计算该工程圈梁的混凝土清单工程量。

【解】　圈梁混凝土工程量＝$\{[9.6×2+7.2×2+(4.8-0.24)×2]+[(7.5-0.24)+(3.6-0.24)+(4.8-0.24)]\}×0.24^2×3$

$$=10.01(m^3)$$

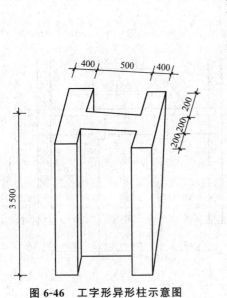

图 6-46 工字形异形柱示意图
(尺寸单位：mm)

图 6-47 某工程圈梁示意图(尺寸单位：mm)

【例 6-40】 试计算如图 6-48 所示现浇钢筋混凝土弧形梁的混凝土工程量。

【解】 弧形梁混凝土工程量 $=2\times\pi\times10\times\dfrac{100°}{360°}\times0.3\times0.6=3.14(\text{m}^3)$

【例 6-41】 如图 6-49 所示，某现浇钢筋混凝土直形墙墙高为 32.5 m，墙厚为 0.3 m，门的尺寸为 900 mm×2 100 mm。求现浇钢筋混凝土直形墙工程量。

【解】 混凝土直形墙工程量 $=32.5\times8.0\times0.3-0.9\times2.1\times2\times0.3=76.87(\text{m}^3)$

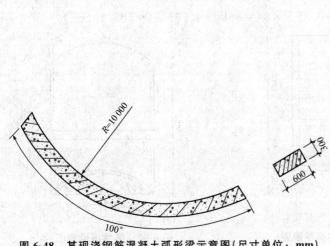

图 6-48 某现浇钢筋混凝土弧形梁示意图(尺寸单位：mm)

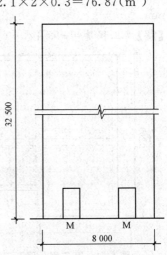

图 6-49 某现浇钢筋混凝土
直形墙示意(尺寸单位：mm)

【例 6-42】 某现浇钢筋混凝土有梁板，如图 6-50 所示，计算有梁板的工程量。

【解】 现浇板工程量＝2.6×3×2.4×3×0.12＝6.74(m³)

板下梁工程量＝0.25×(0.5－0.12)×2.4×3×2＋0.2×(0.4－0.12)×(2.6×3－0.25×
2)×2＋0.25×0.50×0.12×4＋0.20×0.40×0.12×4

＝2.28(m³)

有梁板工程量＝6.74＋2.28＝9.02(m³)

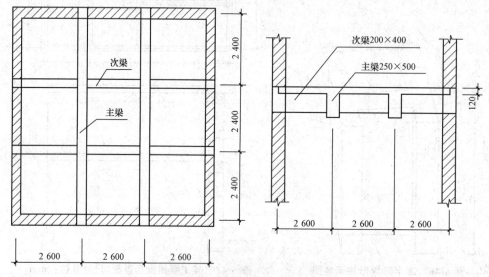

图 6-50　现浇钢筋混凝土有梁板(尺寸单位：mm)

【例 6-43】 某工程结构平面图如图 6-51 所示，采用现浇混凝土平板，板厚为 90 mm，梁宽为 300 mm，试求平板工程量。

【解】 平板工程量＝[(9.2＋0.3)×(4.2＋0.3)＋4.8×(2.4＋4.8＋0.3)]×0.09

＝7.09(m³)

【例 6-44】 试计算如图 6-52 所示现浇钢筋混凝土拱板的混凝土工程量，板厚为 120 mm。

【解】 工程量＝π×[12²－(12－0.2)²]×34＝3.14×4.76×34＝508.18(m³)

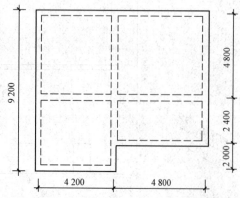

图 6-51　某工程一层至三层结构平面图
(尺寸单位：mm)

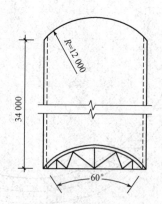

图 6-52　某拱板示意图
(尺寸单位：mm)

【例 6-45】 如图 6-53 所示，求现浇钢筋混凝土拦板的混凝土工程量，其中板厚为100 mm。

【解】 混凝土工程量=1.7×2×0.1×1.2=0.41(m³)

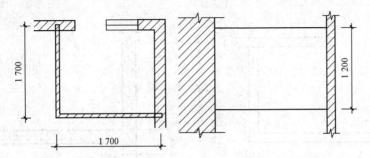

图 6-53 某现浇钢筋混凝土拦板示意图(尺寸单位：mm)

【例 6-46】 图 6-54 所示为现浇混凝土挑檐天沟，求其工程量。

【解】 工程量=(0.77+0.1)×0.1×[(33.0+0.12×2+0.87)+(27.0+0.12×2+
 0.87)]×2+0.35×0.1×[(33.0+0.12×2+0.87-0.1)+(27.0+
 0.12×2+0.87-0.1)]×2
 =15.17(m³)

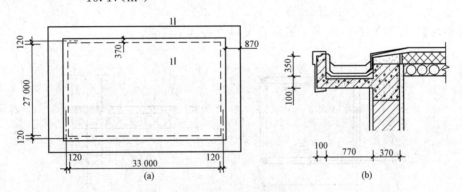

图 6-54 挑檐天沟示意图(尺寸单位：mm)

(a)平面图；(b)1—1 剖面图

【例 6-47】 如图 6-55 所示为梁板式雨篷，试求其工程量。

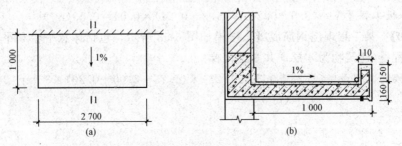

图 6-55 梁板式雨篷示意图(尺寸单位：mm)

(a)平面图；(b)1—1 剖面图

【解】 雨篷工程量＝2.7×1.0×0.16＋(2.7＋1.0＋1.0)×0.15×0.11
　　　　　　＝0.51(m³)

【例 6-48】 求如图 6-56 所示现浇混凝土阳台板的工程量。

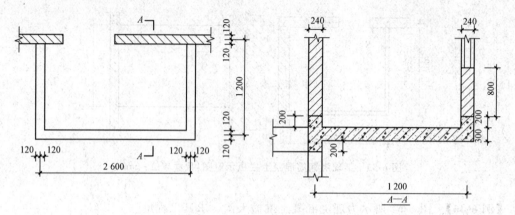

图 6-56　现浇混凝土阳台板示意图(尺寸单位：mm)

【解】 阳台板工程量＝1.2×(2.6＋0.24)×0.3＋[(2.6＋0.24)＋(1.2－0.24)×2]×
　　　　　　0.2×0.24
　　　　　　＝1.25(m³)

【例 6-49】 计算如图 6-57 所示的板带及叠合板的工程量。

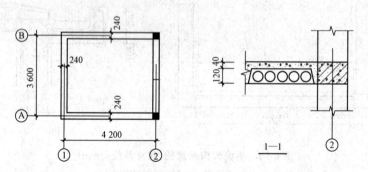

图 6-57　现浇板带、叠合板示意图(尺寸单位：mm)

【解】 (1)板带工程量 V＝0.24×(3.6－0.24)×0.12＝0.10(m³)

(2)叠合板工程量 V＝(3.6－0.24)×(4.2－0.24)×0.04＝0.53(m³)

【例 6-50】 某工程现浇钢筋混凝土楼梯如图 6-58 所示，包括休息平台和平台梁，试计算该楼梯工程量(建筑物为 4 层，共 3 层楼梯)。

【解】 楼梯工程量＝(1.23＋0.50＋1.23)×(1.23＋3.00＋0.20)×3
　　　　　　＝39.34(m²)

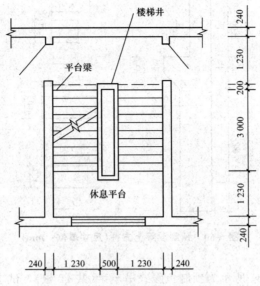

图 6-58 楼梯平面图(尺寸单位：mm)

【例 6-51】 如图 6-59 所示为混凝土散水，试求其工程量。

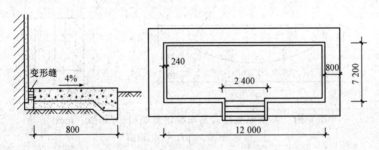

图 6-59 某混凝土散水示意图(尺寸单位：mm)

【解】 散水工程量＝[(12.0+0.24+0.8×2)+(7.2+0.24)]×0.8×2-2.4×0.8

＝32.13(m²)

【例 6-52】 如图 6-60 所示，预制混凝土方柱为 60 根，现场制作、搅拌混凝土，混凝土强度等级为 C25，轮胎式起重机安装，强度等级为 C20 的细石混凝土灌缝。试计算预制混凝土方柱工程量。

【解】 混凝土方柱工程量＝[0.4×0.4×3.0+0.6×0.4×6.5+(0.25+0.5)×0.15/2×

0.4]×60

＝123.75(m³)

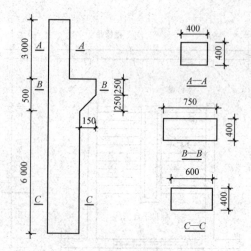

图 6-60　预制混凝土方柱(尺寸单位：mm)

【例 6-53】　如图 6-61 所示为预制鱼腹式吊车梁(共 12 根)，试求其工程量。

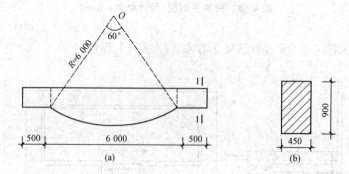

图 6-61　某预制鱼腹式吊车梁示意图(尺寸单位：mm)

(a)平面图；(b)1—1 剖面图

【解】　鱼腹式吊车梁工程量 $= \left[0.45 \times 0.9 \times 0.5 \times 2 + \left(6.0 \times 0.9 + \dfrac{3.14 \times 6^2}{6} - \dfrac{1}{2} \times 6.0 \times \right. \right.$

$$\left. \left. \sqrt{36-9} \right) \times 0.45 \right] \times 12 = (0.405 + 3.89) \times 12 = 51.54 (\text{m}^3)$$

或 $= 12($ 根 $)$

【例 6-54】　图 6-62 所示为某工程预制沟盖板示意图，需要 15 块，试计算其工程量。

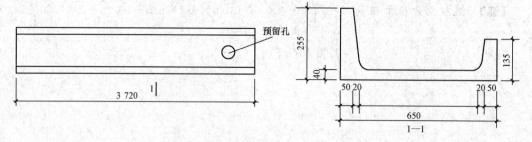

图 6-62　预制沟盖板(尺寸单位：mm)

【解】 预制沟盖板工程量 = $[(0.05+0.07)\times 1/2\times(0.255-0.04)+0.65\times 0.04+$
$(0.05+0.07)\times 1/2\times(0.135-0.04)]\times 3.72\times 15$

$=2.49(\mathrm{m}^3)$

或 = 15 块

【例 6-55】 某连续梁的配筋如图 6-63 所示，试求其钢筋工程量。

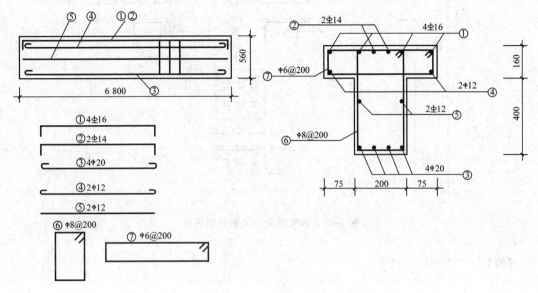

图 6-63 连续梁钢筋

【解】 ①号：$(6.8-0.025\times 2+3.5\times 0.016\times 2)\times 4\times 1.58=43.37(\mathrm{kg})\approx 0.043$ t

②号：$(6.8-0.025\times 2+3.5\times 0.014\times 2)\times 2\times 1.21=16.57(\mathrm{kg})\approx 0.017$ t

③号：$(6.8-0.025\times 2+6.25\times 0.02\times 2)\times 4\times 2.47=69.16(\mathrm{kg})\approx 0.069$ t

④号：$(6.8-0.025\times 2+6.25\times 0.012\times 2)\times 2\times 0.888=12.25(\mathrm{kg})\approx 0.012$ t

⑤号：$(6.8-0.025\times 2)\times 2\times 0.888=11.99(\mathrm{kg})\approx 0.012$ t

⑥号：$[(6.8-0.025\times 2)/0.2+1]\times[(0.16+0.4+0.2-0.025\times 4)\times 2+2\times 6.87\times$
$0.008]\times 0.395=19.63(\mathrm{kg})\approx 0.020$ t

⑦号：$[(6.8-0.025\times 2)/0.2+1]\times[(0.2+0.075\times 2+0.16-0.025\times 4)\times 2+2\times$
$6.87\times 0.006]\times 0.222=6.96(\mathrm{kg})\approx 0.007$ t

【例 6-56】 如图 6-64 所示为预应力空心板，计算其先张法预应力钢筋工程量。

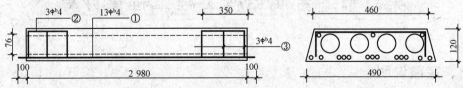

图 6-64 预应力空心板(尺寸单位：mm)

【解】 ①号先张预应力纵向钢筋工程量 $=(2.98+0.1\times 2)\times 13\times 0.099$

$=4.09(\mathrm{kg})\approx 0.004$ t

【例 6-57】 根据图 6-65 所示，计算预埋铁件工程量。

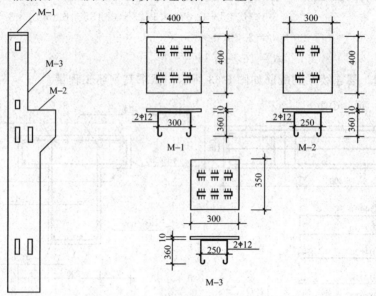

图 6-65 钢筋混凝土预制柱预埋件

【解】 (1)M－1 工程量。

钢板：0.4×0.4×78.5＝12.56(kg)

Φ12 钢筋：2×(0.30＋0.36×2＋0.012×12.5)×0.888＝2.08(kg)

(2)M－1 工程量。

钢板：0.3×0.4×78.5＝9.42(kg)

Φ12 钢筋：2×(0.25＋0.36×2＋0.012×12.5)×0.888＝1.99(kg)

(3)M－1 工程量。

钢板：0.3×0.35×78.5＝8.24(kg)

Φ12 钢筋：2×(0.25＋0.36×2＋0.012×12.5)×0.888＝1.99(kg)

预埋件工程量＝12.56＋2.08＋9.42＋1.99＋8.24＋1.99＝36.28(kg)≈0.036 t

第八节　金属结构工程工程量计算

一、定额说明

(1)本章定额包括金属结构制作、金属结构运输、金属结构安装和金属结构楼(墙)面板及其他四节。

(2)金属结构制作、安装。

1)构件制作若采用成品构件，按各省、自治区、直辖市造价管理机构发布的信息价执行；如采用现场制作或施工企业附属加工厂制作，可参照本定额执行。

2)构件制作项目中钢材按钢号 Q235 编制，构件制作设计使用的钢材强度等级、型材组成比例与定额不同时，可按设计图纸进行调整；配套焊材单价相应调整，用量不变。

3)构件制作项目中钢材的损耗量已包括了切割和制作损耗，对于设计有特殊要求的，消耗量可进行调整。

4)构件制作项目已包括加工厂预装配所需的人工、材料、机械台班用量及预拼装平台摊销费用。

5)钢网架制作、安装项目按平面网格结构编制，如设计为筒壳、球壳及其他曲面结构的，其制作项目人工、机械乘以系数 1.3，安装项目人工、机械乘以系数 1.2。

6)钢桁架制作、安装项目按直线形桁架编制，如设计为曲线、折线形桁架，其制作项目人工、机械乘以系数 1.3，安装项目人工、机械乘以系数 1.2。

7)构件制作项目中焊接 H 型钢构件均按钢板加工焊接编制，如实际采用成品 H 型钢的，主材按成品价格进行换算，人工、机械及除主材外的其他材料乘以系数 0.6。

8)定额中圆(方)钢管构件按成品钢管编制，如实际采用钢板加工而成的，主材价格调整，加工费用另计。

9)构件制作按构件种类及截面形式不同套用相应项目，构件安装按构件种类及质量不同套用相应项目。构件安装项目中的质量指按设计图纸所确定的构件单元质量。

10)轻钢屋架是指单榀质量在 1 t 以内，且用角钢或圆钢、管材作为支撑、拉杆的钢屋架。

11)实腹钢柱(梁)是指 H 形、箱形、T 形、L 形、十字形等，空腹钢柱是指格构形等。

12)制动梁、制动板、车挡套用钢吊车梁相应项目。

13)柱间、梁间、屋架间的 H 形或箱形钢支撑，套相应的钢柱或钢梁制作、安装项目；墙架柱、墙架梁和相配套连接杆件套用钢墙架相应项目。

14)型钢混凝土组合结构中的钢构件套用本章相应的项目，制作项目人工、机械乘以系数 1.15。

15)钢栏杆(钢护栏)定额适用于钢楼梯、钢平台及钢走道板等与金属结构相连的栏杆，其他部位的栏杆、扶手应套用本定额"第十五章　其他装饰工程"相应项目。

16)基坑围护中的格构柱套用本章相应项目，其中制作项目(除主材外)乘以系数 0.7，安装项目乘以系数 0.5。同时，应考虑钢格构柱拆除、回收残值等的因素。

17)单件质量在 25 kg 以内的加工铁件套用本章定额中的零星构件。需埋入混凝土中的铁件及螺栓套用本定额"第五章　混凝土及钢筋混凝土工程"相应项目。

18)构件制作项目中未包括除锈工作内容，发生时套用相应项目。其中喷砂或抛丸除锈项目按 Sa2.5 除锈等级编制，如设计为 Sa3 级则定额乘以系数 1.1，设计为 Sa2 级或 sa1 级则定额乘以系数 0.75；手工及动力工具除锈项目按 St3 除锈等级编制，如设计为 St2 级则定额乘以系数 0.75。

19)构件制作中未包括油漆工作内容，如设计有要求时，套用本定额"第十四章　油漆、涂料、裱糊工程"相应项目。

20)构件制作、安装项目中已包括了施工企业按照质量验收规范要求所需的磁粉探伤、超声波探伤等常规检测费用。

21）钢结构构件 15 t 及以下构件按单机吊装编制，其他按双机抬吊考虑吊装机械，网架按分块吊装考虑配置相应机械。

22）钢构件安装项目按檐高 20 m 以内、跨内吊装编制，实际须采用跨外吊装的，应按施工方案进行调整。

23）钢结构构件采用塔式起重机吊装的，将钢构件安装项目中的汽车式起重机 20 t、40 t 分别调整为自升式塔式起重机 2 500 kN·m、3 000 kN·m，人工及起重机械乘以系数 1.2。

24）钢构件安装项目中已考虑现场拼装费用，但未考虑分块或整体吊装的钢网架、钢桁架地面平台拼装摊销，如发生则套用现场拼装平台摊销定额项目。

（3）金属结构运输。

1）金属结构构件运输定额是按加工厂至施工现场考虑的，运输距离以 30 km 为限，运距在 30 km 以上时按照构件运输方案和市场运价调整。

2）金属结构构件运输按表 6-18 分为三类，套用相应项目。

表 6-18　金属结构构件分类表

类别	构件名称
一	钢柱、屋架、托架、桁架、吊车梁、网架、钢架桥
二	钢梁、檩条、支撑、拉条、栏杆、钢平台、钢走道、钢楼梯、零星构件
三	墙架、挡风架、天窗架、轻钢屋架、其他构件

3）金属结构构件运输过程中，如遇路桥限载（限高），而发生的加固、拓宽的费用及有电车线路和公安交通管理部门的保安护送费用，应另行处理。

（4）金属结构楼（墙）面板及其他。

1）金属结构楼面板和墙面板按成品板编制。

2）压型楼面板的收边板未包括在楼面板项目内，应单独计算。

二、定额工程量计算规则

（1）金属构件制作。

1）金属构件工程量按设计图示尺寸乘以理论质量计算。

2）金属构件计算工程量时，不扣除单个面积 $\leqslant 0.3$ m^2 的孔洞质量，焊缝、铆钉、螺栓等不另增加质量。

3）钢网架计算工程量时，不扣除孔眼的质量，焊缝、铆钉等不另增加质量。焊接空心球网架质量包括连接钢管杆件、连接球、支托和网架支座等零件的质量，螺栓球节点网架质量包括连接钢管杆件（含高强度螺栓、销子、套筒、锥头或封板）、螺栓球、支托和网架支座等零件的质量。

4）依附在钢柱上的牛腿及悬臂梁的质量等并入钢柱的质量内，钢柱上的柱脚板、加劲板、柱顶板、隔板和肋板并入钢柱工程量内。

5）钢管柱上的节点板、加强环、内衬板（管）、牛腿等并入钢管柱的质量内。

6）钢平台的工程量包括钢平台的柱、梁、板、斜撑等的质量，依附于钢平台上的钢扶梯及平台栏杆，应按相应构件另行列项计算。

7）钢楼梯的工程量包括楼梯平台、楼梯梁、楼梯踏步等的质量，钢楼梯上的扶手、栏杆另行列项计算。

8)钢栏杆包括扶手的质量，合并套用钢栏杆项目。

9)机械或手工及动力工具除锈按设计要求以构件质量计算。

(2)金属结构运输、安装。

1)金属结构构件运输、安装工程量同制作工程量。

2)钢构件现场拼装平台摊销工程量按实施拼装构件的工程量计算。

(3)金属结构楼(墙)面板及其他。

1)楼面板按设计图示尺寸以铺设面积计算，不扣除单个面积≤0.3 m² 的柱、垛及孔洞所占面积。

2)墙面板按设计图示尺寸以铺挂面积计算，不扣除单个面积≤0.3 m² 的梁、孔洞所占面积。

3)钢板天沟按设计图示尺寸以质量计算，依附天沟的型钢并入天沟的质量内计算；不锈钢天沟、彩钢板天沟按设计图示尺寸以长度计算。

4)金属构件安装使用的高强螺栓、花篮螺栓和剪力栓钉按设计图纸以数量以"套"为单位计算。

5)槽铝檐口端面封边包角、混凝土浇捣收边板高度按 150 mm 考虑，工程量按设计图示尺寸以延长米计算；其他材料的封边包角、混凝土浇捣收边板按设计图示尺寸以展开面积计算。

三、清单工程量计算规则

(1)钢网架按设计图示尺寸以质量计算。不扣除孔眼的质量，焊条、铆钉等不另增加质量。

(2)钢屋架、钢托架、钢桁架、钢架桥。

1)钢屋架以榀计量，按设计图示数量计算；或者以吨计量，按设计图示尺寸以质量计算，不扣除孔眼的质量，焊条、铆钉、螺栓等不另增加质量。

2)钢托架、钢桁架、钢架桥按设计图示尺寸以质量计算。不扣除孔眼的质量，焊条、铆钉、螺栓等不另增加质量。

(3)钢柱。

1)实腹钢柱、空腹钢柱按设计图示尺寸以质量计算。不扣除孔眼的质量，焊条、铆钉、螺栓等不另增加质量，依附在钢柱上的牛腿及悬臂梁等并入钢柱工程量内。

2)钢管柱按设计图示尺寸以质量计算。不扣除孔眼的质量，焊条、铆钉、螺栓等不另增加质量，钢管柱上的节点板、加强环、内衬管、牛腿等并入钢管柱工程量内。

(4)钢梁。钢梁、钢吊车梁按设计图示尺寸以质量计算。不扣除孔眼的质量，焊条、铆钉、螺栓等不另增加质量，制动梁、制动板、制动桁架、车挡并入钢吊车梁工程量内。

(5)钢板楼板、墙板。钢板楼板按设计图示尺寸以铺设水平投影面积计算。不扣除单个面积≤0.3 m² 柱、垛及孔洞所占面积。

钢板墙板按设计图示尺寸以铺挂展开面积计算。不扣除单个面积≤0.3 m² 的梁、孔洞所占面积，包角、包边、窗台泛水等不另加面积。

(6)钢构件。

1)钢支撑、钢拉条、钢檩条、钢天窗架、钢挡风架、钢墙架、钢平台、钢走道、钢梯、钢护栏按设计图示尺寸以质量计算，不扣除孔眼的质量，焊条、铆钉、螺栓等不另增加质量。

2)钢漏斗、钢板天沟按设计图示尺寸以质量计算，不扣除孔眼的质量，焊条、铆钉、螺栓等不另增加质量，依附漏斗或天沟的型钢并入漏斗或天沟工程量内

3)钢支架、零星钢构件按设计图示尺寸以质量计算，不扣除孔眼的质量，焊条、铆钉、螺栓等不另增加质量。

(7)金属制品。

1)成品空调金属百页护栏、成品栅栏按设计图示尺寸以框外围展开面积计算。

2)成品雨篷以米计量，按设计图示接触边以米计算；或者以平方米计量，按设计图示尺寸以展开面积计算。

3)金属网栏按设计图示尺寸以框外围展开面积计算。

4)砌块墙钢丝网加固、后浇带金属网按设计图示尺寸以面积计算。

四、工程量计算示例

【例6-58】 某工程钢屋架如图6-66所示，计算钢屋架工程量。

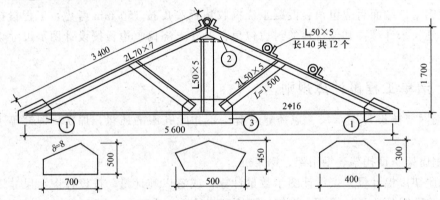

图6-66 钢屋架(尺寸单位：mm)

【解】 钢屋架工程量计算如下：

计算公式：杆件质量＝杆件设计图示长度×单位理论质量

多边形钢板质量＝最大对角线长度×最大宽度×面密度

上弦质量＝3.40×2×2×7.398＝100.61(kg)

下弦质量＝5.60×2×1.58＝17.70(kg)

立杆质量＝1.70×3.77＝6.41(kg)

斜撑质量＝1.50×2×2×3.77＝22.62(kg)

①号连接板质量＝0.7×0.5×2×62.80＝43.96(kg)

②号连接板质量＝0.5×0.45×62.80＝14.13(kg)

③号连接板质量＝0.4×0.3×62.80＝7.54(kg)

檩托质量＝0.14×12×3.77＝6.33(kg)

钢屋架工程量＝100.61＋17.70＋6.41＋22.62＋43.96＋14.13＋7.54＋6.33

＝219.30(kg)≈0.219 t

【例6-59】 某工程空腹钢柱如图6-67所示，共20根，计算空腹钢柱工程量。

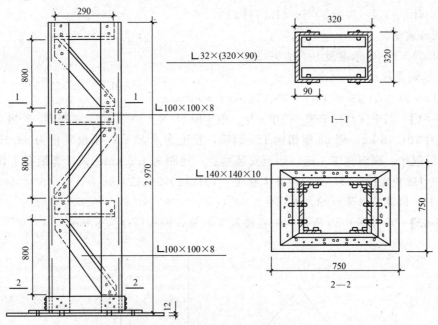

图6-67 空腹钢柱(尺寸单位：mm)

【解】 空腹钢柱工程量计算如下：

计算公式：杆件质量＝杆件设计图示长度×单位理论质量

多边形钢板质量＝最大对角线长度×最大宽度×面密度

32b槽钢立柱质量＝$2.97 \times 2 \times 43.107 = 256.06$(kg)

∟$100 \times 100 \times 8$角钢横撑质量＝$0.29 \times 6 \times 12.276 = 21.36$(kg)

∟$100 \times 100 \times 8$角钢斜撑质量$\sqrt{0.8^2 + 0.29^2} \times 6 \times 12.276 = 62.68$(kg)

∟$140 \times 140 \times 10$角钢底座质量＝$(0.32 + 0.14 \times 2) \times 4 \times 21.488 = 51.57$(kg)

—12钢板底座质量＝$0.75 \times 0.75 \times 94.20$
$$= 52.99(kg)$$

空腹钢柱工程量＝$(256.06 + 21.36 + 62.68 +$
$51.57 + 52.99) \times 20 = 8\ 893.20(kg)\approx 8.893$ t

【例6-60】 计算如图6-68所示8根钢管柱工程量。

【解】 8根钢管柱工程量计算如下：

(1)方形钢板($\delta = 10$)。

每平方米质量＝$7.85 \times 10 = 78.5$(kg/m^2)

钢板面积＝$0.4 \times 0.4 = 0.16$(m^2)

质量小计：$78.5 \times 0.16 \times 2 = 25.12$(kg)

(2)不规则钢板($\delta = 6$)。

每平方米质量＝$7.85 \times 6 = 47.1$(kg/m^2)

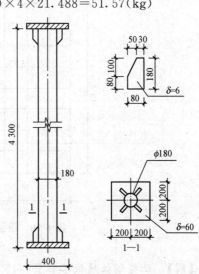

图6-68 钢管柱结构图(尺寸单位：mm)

钢板面积＝(0.18＋0.08)×0.8×0.4＝0.083(m²)

质量小计：47.1×0.083×8＝31.27(kg)

(3)钢板质量。

4.284×10.26(每米质量)＝43.95(kg)

(4)8根钢管柱质量。

(25.12＋31.27＋43.95)×8＝802.72(kg)≈0.803 t

【例6-61】 某单位自行车棚，高度4 m。用5根 H200×100×5.5×8 钢梁，长度为4.8 m，单根质量为104.16 kg；用36根槽钢18a钢梁，长度为4.12 m，单根质量为83.10 kg。由附属加工厂制作，刷防锈漆1遍，运至安装地点，运距为1.5 km，试计算钢梁工程量。

【解】 H200×100×5.5×8 钢梁工程量＝104.16×5＝520.8(t)

槽钢18a钢梁工程量＝83.1×36＝2.992(t)

【例6-62】 求如图6-69所示的钢板楼板工程量，钢板厚度为8 mm。

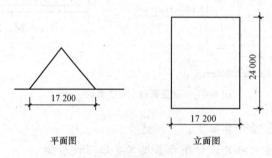

平面图　　　　　立面图

图6-69 工程示意图(尺寸单位：mm)

【解】 钢板楼板工程量＝17.2×24＝412.8(m²)

【例6-63】 求如图6-70所示的钢板墙板工程量，钢板厚度为3.0 mm。

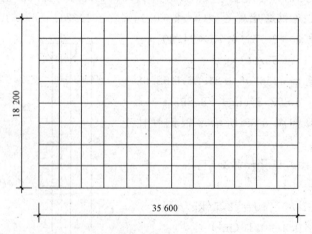

图6-70 压型钢板墙板简图(尺寸单位：mm)

【解】 压型钢板墙板工程量＝18.2×35.6＝647.92(m²)

【例6-64】 求如图6-71所示的钢护栏制作工程量。

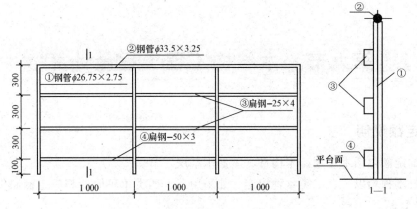

图 6-71　钢护栏示意图(尺寸单位：mm)

【解】　钢管(ϕ26.75×2.75)：(0.1+0.3×3)×4×1.63＝6.52(kg)

钢管(ϕ33.5×3.25)：1.0×3×2.42＝7.26(kg)

扁钢(—25×4)：1×6×0.785＝4.71(kg)

扁钢(—50×3)：1×3×1.18＝3.54(kg)

工程量合计：6.52＋7.26＋4.71＋3.54＝22.03(kg)≈0.022 t

【例6-65】　计算如图 6-72 所示的钢梯工程量。

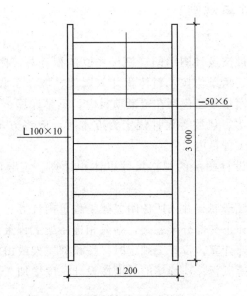

图 6-72　钢梯示意图(尺寸单位：mm)

【解】　(1)钢梯的扶边∟100×10 工程量＝3×2×16.69＝100.14(kg)

(2)踏步—50×6 工程量＝1.2×0.05×7.85×6×9＝25.434(kg)

工程量合计＝100.14＋25.43＝125.57(kg)≈0.126 t

第九节　木结构工程工程量计算

一、定额说明

(1)本章定额包括木屋架、木构件、屋面木基层三节。

(2)木材木种均以一、二类木种取定。如采用三、四类木种时，相应定额制作人工、机械乘以系数1.35。

(3)设计刨光的屋架、檩条、屋面板在计算木料体积时，应加刨光损耗，方木一面刨光加3 mm，两面刨光加5 mm；圆木直径加5 mm；板一面刨光加2 mm，两面刨光加3.5 mm。

(4)屋架跨度是指屋架两端上、下弦中心线交点之间的距离。

(5)屋面板制作厚度不同时可进行调整。

(6)木屋架、钢木屋架定额项目中的钢板、型钢、圆钢用量与设计不同时，可按设计数量另加8%损耗进行换算，其余不再调整。

二、定额工程量计算规则

(1)木屋架。

1)木屋架、檩条工程量按设计图示的规格尺寸以体积计算。附属于其上的木夹板、垫木、风撑、挑檐木、檩条三角条均按木料体积并入屋架、檩条工程量内。单独挑檐木并入檩条工程量内。檩托木、檩垫木已包括在定额项目内，不另计算。

2)圆木屋架上的挑檐木、风撑等设计规定为方木时，应将方木木料体积乘以系数1.7折合成圆木并入圆木屋架工程量内。

3)钢木屋架工程量按设计图示的规格尺寸以体积计算。定额内已包括钢构件的用量，不再另外计算。

4)带气楼的屋架，其气楼屋架并入所依附屋架工程量内计算。

5)屋架的马尾、折角和正交部分半屋架，并入相连屋架工程量内计算。

6)简支檩木长度按设计计算，设计无规定时，按相邻屋架或山墙中距增加0.20 m接头计算，两端出山檩条算至搏风板；连续檩的长度按设计长度增加5%的接头长度计算。

(2)木构件。

1)木柱、木梁按设计图示尺寸以体积计算。

2)木楼梯按设计图示尺寸以水平投影面积计算。不扣除宽度≤300 mm的楼梯井，伸入墙内部分不计算。

3)木地楞按设计图示尺寸以体积计算。定额内已包括平撑、剪刀撑、沿油木的用量，不再另行计算。

(3)屋面木基层。

1)屋面椽子、屋面板、挂瓦条、竹帘子工程量按设计图示尺寸以屋面斜面积计算，不扣除屋面烟囱、风帽底座、风道、小气窗及斜沟等所占面积。小气窗的出檐部分亦不增加面积。

2)封檐板工程量按设计图示檐口外围长度计算。博风板按斜长度计算，每个大刀头增加长度 0.50 m。

三、清单工程量计算规则

(1)木屋架。

1)木屋架以榀计量，按设计图示数量计算；以立方米计量，按设计图示的规格尺寸以体积计算。

2)钢木屋架以榀计量，按设计图示数量计算。

(2)木构件。

1)木柱、木梁按设计图示尺寸以体积计算。

2)木檩以立方米计量，按设计图示尺寸以体积计算；以米计量，按设计图示尺寸以长度计算。

3)木楼梯按设计图示尺寸以水平投影面积计算。不扣除宽度≤300 mm 的楼梯井，伸入墙内部分不计算。

4)其他木构件以立方米计量，按设计图示尺寸以体积计算；以米计量，按设计图示尺寸以长度计算。

(3)屋面木基层按设计图示尺寸以斜面积计算。不扣除房上烟囱、风帽底座、风道、小气窗、斜沟等所占面积。小气窗的出檐部分不增加面积。

四、工程量计算示例

【例 6-66】 某项目施工图如图 6-73 所示，方木屋架，共 4 榀，现场制作，不刨光，拉杆为 $\phi 10$ 的圆钢，铁件刷防锈漆一遍，轮胎式起重机安装，安装高度为 6 m。求其定额工程量。

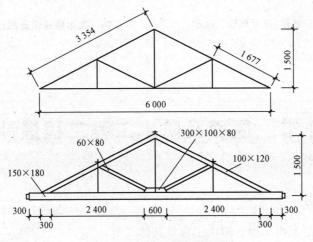

图 6-73　某项目屋架施工图

【解】 下弦杆：$0.15 \times 0.18 \times 6.6 \times 4 = 0.713 (m^3)$

上弦杆：$0.10 \times 0.12 \times 3.354 \times 2 \times 4 = 0.322 (m^3)$

斜撑：$0.06 \times 0.08 \times 1.677 \times 2 \times 4 = 0.064 (m^3)$

元宝垫木：$0.30 \times 0.10 \times 0.08 \times 4 = 0.010 (m^3)$

合计：$0.713 + 0.322 + 0.064 + 0.010 = 1.11 (m^3)$

【例 6-67】 求如图 6-74 所示圆木柱的工程量，已知木柱直径为 400 mm。

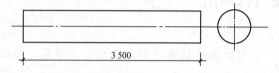

图 6-74　圆木柱(尺寸单位：mm)

【解】 圆木柱工程量 $= 3.14 \times 0.2^2 \times 3.5 = 0.44 (m^3)$

【例 6-68】 试计算如图 6-75 所示木梁的工程量。

【解】 木梁工程量 $= 0.2 \times 0.4 \times 3.8 = 0.30 (m^3)$

【例 6-69】 试计算图 6-76 所示木楼梯的工程量。

【解】 木楼梯工程量 $= (1.5 + 0.28 + 1.5) \times (1.0 + 3.0 + 1.5) = 18.04 (m^2)$

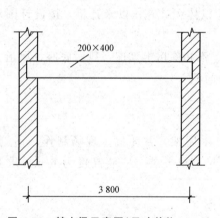

图 6-75　某木梁示意图(尺寸单位：mm)

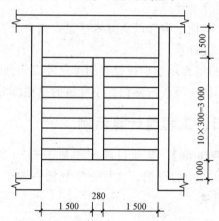

图 6-76　某木楼梯示意图(尺寸单位：mm)

第十节　屋面及防水工程工程量计算

一、定额说明

(1)本章定额包括屋面工程、防水工程及其他二节。

(2)本章中瓦屋面、金属板屋面、采光板屋面、玻璃采光顶、卷材防水、水落管、水口、水斗、沥青砂浆填缝、变形缝盖板、止水带等项目是按标准或常用材料编制，设计与定额不同时，材料可以换算，人工、机械不变；屋面保温等项目执行本定额"第十章　保温、隔热、防腐工程"相应项目，找平层等项目执行本定额"第十一章　楼地面装饰工程"相应项目。

（3）屋面工程。

1）黏土瓦若穿铁丝钉圆钉，每 100 m² 增加 11 工日，增加镀锌低碳钢丝（22#）3.5 kg，圆钉 2.5 kg；若用挂瓦条，每 100 m² 增加 4 工日，增加挂瓦条（尺寸 25 mm×30 mm）300.3 m，圆钉 2.5 kg。

2）金属板屋面中一般金属板屋面，执行彩钢板和彩钢夹心板项目；装配式单层金属压型板屋面区分檩距不同执行定额项目。

3）采光板屋面如设计为滑动式采光顶，可以按设计增加 U 形滑动盖帽等部件，调整材料、人工乘以系数 1.05。

4）膜结构屋面的钢支柱、锚固支座混凝土基础等执行其他章节相应项目。

5）25%＜坡度≤45%及人字形、锯齿形、弧形等不规则瓦屋面，人工乘以系数 1.3；坡度＞45%的，人工乘以系数 1.43。

（4）防水工程及其他。

1）防水。

①细石混凝土防水层，使用钢筋网时，执行本定额"第五章　混凝土及钢筋混凝土工程"相应项目。

屋面施工

②平（屋）面以坡度≤15%为准，15%＜坡度≤25%的，按相应项目的人工乘以系数 1.18；25%＜坡度≤45%及人字形、锯齿形、弧形等不规则屋面或平面，人工乘以系数 1.3；坡度＞45%的，人工乘以系数 1.43。

③防水卷材、防水涂料及防水砂浆，定额以平面和立面列项，实际施工桩头、地沟、零星部位时，人工乘以系数 1.43；单个房间楼地面面积≤8 m² 时，人工乘以系数 1.3。

④卷材防水附加层套用卷材防水相应项目，人工乘以系数 1.43。

⑤立面是以直形为依据编制的，弧形者，相应项目的人工乘以系数 1.18。

⑥冷粘法以满铺为依据编制的，点、条铺粘者按其相应项目的人工乘以系数 0.91，粘合剂乘以系数 0.7。

2）屋面排水。

①水落管、水口、水斗均按材料成品、现场安装考虑。

②薄钢板屋面及薄钢板排水项目内已包括薄钢板咬口和搭接的工料。

③采用不锈钢水落管排水时，执行镀锌钢管项目，材料按实换算，人工乘以系数 1.1。

3）变形缝与止水带。

①变形缝嵌填缝定额项目中，建筑油膏、聚氯乙烯胶泥设计断面取定为 30 mm×20 mm；油浸木丝板取定为 150 mm×25 mm；其他填料取定为 150 mm×30 mm。

②变形缝盖板，木板盖板断面取定为 200 mm×25 mm；铝合金盖板厚度取定为 1 mm；不锈钢钢板厚度取定为 1 mm。

③钢板（紫铜板）止水带展开宽度为 400 mm，氯丁橡胶宽度为 300 mm，涂刷式氯丁胶贴玻璃纤维止水片宽度为 350 mm。

二、定额工程量计算规则

(1)屋面工程。

1)各种屋面和型材屋面(包括挑檐部分)均按设计图示尺寸以面积计算(斜屋面按斜面面积计算)。不扣除房上烟囱、风帽底座、风道、小气窗、斜沟和脊瓦等所占面积,小气窗的出檐部分也不增加。

2)西班牙瓦、瓷质波形瓦、英红瓦屋面的正斜脊瓦、檐口线,按设计图示尺寸以长度计算。

3)采光板屋面和玻璃采光顶屋面按设计图示尺寸以面积计算;不扣除面积≤0.3 m² 孔洞所占面积。

4)膜结构屋面按设计图示尺寸以需要覆盖的水平投影面积计算,膜材料可以调整含量。

(2)防水工程及其他。

1)防水。

①屋面防水,按设计图示尺寸以面积计算(斜屋面按斜面面积计算),不扣除房上烟囱、风帽底座、风道、屋面小气窗等所占面积,上翻部分也不另计算;屋面的女儿墙、伸缩缝和天窗等处的弯起部分,按设计图示尺寸计算;设计无规定时,伸缩缝、女儿墙、天窗的弯起部分按 500 mm 计算,计入立面工程量内。

②楼地面防水、防潮层按设计图示尺寸以主墙间净面积计算,扣除凸出地面的构筑物、设备基础等所占面积,不扣除间壁墙及单个面积≤0.3 m² 柱、垛、烟囱和孔洞所占面积,平面与立面交接处,上翻高度≤300 mm 时,按展开面积并入平面工程量内计算,高度>300 mm时,按立面防水层计算。

③墙基防水、防潮层,外墙按外墙中心线长度、内墙按墙体净长度乘以宽度,以面积计算。

④墙的立面防水、防潮层,无论内墙、外墙,均按设计图示尺寸以面积计算。

⑤基础底板的防水、防潮层按设计图示尺寸以面积计算,不扣除桩头所占面积。桩头处外包防水按桩头投影外扩 300 mm 以面积计算,地沟处防水按展开面积计算,均计入平面工程量,执行相应规定。

⑥屋面、楼地面及墙面、基础底板等,其防水搭接、拼缝、压边、留槎用量已综合考虑,不另行计算,卷材防水附加层按设计铺贴尺寸以面积计算。

⑦屋面分格缝,按设计图示尺寸,以长度计算。

2)屋面排水。

①水落管、镀锌薄钢板天沟、檐沟按设计图示尺寸,以长度计算。

②水斗、下水口、雨水口、弯头、短管等均以设计数量计算。

③种植屋面排水按设计尺寸以铺设排水层面积计算;不扣除房上烟囱、风帽底座、风道、屋面小气窗、斜沟和脊瓦等所占面积,以及面积≤0.3 m² 的孔洞所占面积,屋面小气窗的出檐部分也不增加。

3)变形缝与止水带。变形缝(嵌填缝与盖板)与止水带按设计图示尺寸,以长度计算。

三、清单工程量计算规则

(1)瓦、型材及其他屋面。

1)瓦屋面、型材屋面按设计图示尺寸以斜面积计算。不扣除房上烟囱、风帽底座、风道、小气窗、斜沟等所占面积。小气窗的出檐部分不增加面积。

2)阳光板屋面、玻璃钢屋面按设计图示尺寸以斜面积计算。不扣除屋面面积≤0.3 m² 孔洞所占面积。

3)膜结构屋面按设计图示尺寸以需要覆盖的水平投影面积计算。

(2)屋面防水及其他。

1)屋面卷材防水、屋面涂膜防水按设计图示尺寸以面积计算。

①斜屋顶(不包括平屋顶找坡)按斜面积计算,平屋顶按水平投影面积计算。

②不扣除房上烟囱、风帽底座、风道、屋面小气窗和斜沟所占面积。

③屋面的女儿墙、伸缩缝和天窗等处的弯起部分,并入屋面工程量内。

2)屋面刚性层按设计图示尺寸以面积计算。不扣除房上烟囱、风帽底座、风道等所占面积。

3)屋面排水管按设计图示尺寸以长度计算。如设计未标注尺寸,以檐口至设计室外散水上表面垂直距离计算。

4)屋面排(透)气管按设计图示尺寸以长度计算。

5)屋面(廊、阳台)泄(吐)水管按设计图示数量计算。

6)屋面天沟、檐沟按设计图示尺寸以展开面积计算。

7)屋面变形缝按设计图示以长度计算。

(3)墙面防水、防潮。

1)墙面卷材防水、墙面涂膜防水、墙面砂浆防水(防潮)按设计图示尺寸以面积计算。

2)墙面变形缝按设计图示尺寸以长度计算。

(4)楼(地)面防水、防潮。

1)楼(地)面卷材防水、楼(地)面涂膜防水、楼(地)面砂浆防水(防潮)按设计图示尺寸以面积计算。

①楼(地)面防水:按主墙间净空面积计算,扣除凸出地面的构筑物、设备基础等所占面积,不扣除间壁墙及单个面积≤0.3 m² 柱、垛、烟囱和孔洞所占面积。

②楼(地)面防水反边高度≤300 mm 算作地面防水,反边高度>300 mm 按墙面防水计算。

2)楼(地)面变形缝按设计图示以长度计算。

四、工程量计算示例

【例6-70】 如图6-77所示为小青瓦屋面,设计屋面坡度为0.5,计算其工程量。

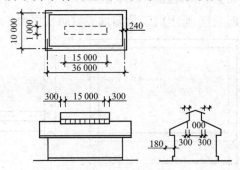

图6-77 小青瓦屋面工程量计算图(尺寸单位:mm)

【解】 瓦屋面工程量＝(36+0.24+0.18×2)×(10+0.24+0.18×2)+[(15+0.3×2)×

0.3×2+1×0.3×2]×1.118

＝399.10(m²)

【例 6-71】 如图 6-78 所示为四坡玻璃钢屋面，已知屋面坡度的高跨比 $B：2A=1：3$，$α=33°40'$，试计算其工程量。

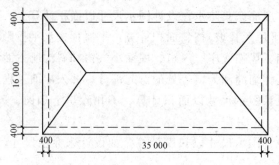

图 6-78　四坡玻璃钢屋面(尺寸单位：mm)

【解】 玻璃钢屋面工程量＝(35+0.4×2)×(16+0.4×2)×1.201 5＝722.63(m²)

【例 6-72】 某工程采用如图 6-79 所示的膜结构屋面，试求其工程量。

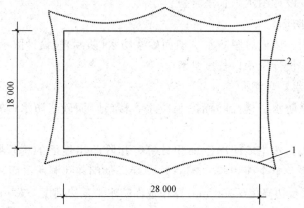

图 6-79　膜结构屋面工程量计算图(尺寸单位：mm)

1—膜布水平的投影面积；2—需覆盖的水平投影面积

【解】 膜结构屋面工程量＝18×28＝504(m²)

【例 6-73】 试计算如图 6-80 所示的三毡四油卷材防水屋面工程量。

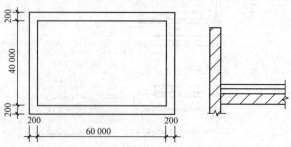

图 6-80　三毡四油卷材防水屋面示意图(尺寸单位：mm)

【解】 卷材防水屋面工程量＝(60＋0.2×2)×(40＋0.2×2)＝2 440.16(m²)

【例 6-74】 计算如图 6-81 所示有挑檐平屋面涂刷聚氨酯涂料的工程量。

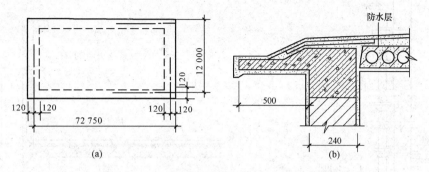

图 6-81 某涂膜防水屋面(尺寸单位：mm)

(a)平面；(b)挑檐

【解】 屋面涂膜防水工程量＝(72.75＋0.24＋0.5×2)×(12＋0.24＋0.5×2)＝979.63(m²)

【例 6-75】 试计算如图 6-82 所示屋面刚性层的工程量。

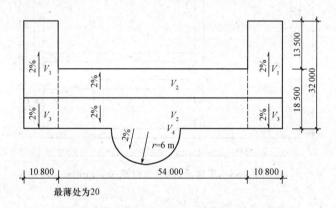

图 6-82 某屋顶平面图(尺寸单位：mm)

【解】 屋面刚性层工程量＝32×10.8×2＋18.5×54＋3.14×6²×$\frac{1}{2}$＝1 746.72(m²)

【例 6-76】 计算如图 6-83 所示铸铁落水口、铸铁水斗及铸铁落水管口的工程量(共 9 处)。

【解】 铸铁落水管工程量＝16＋0.35＝16.35(m)

铸铁落水口工程量＝9 个

铸铁水斗工程量＝9 个

【例 6-77】 如图 6-83 所示，屋面铸铁排水管共两根，并装有铸铁排水口、铸铁水斗和弯头，求铸铁排水管的工程量。

【解】 铸铁排水管工程量＝(10.2＋0.3)×2＝21.0(m)

【例 6-78】 求如图 6-84 所示的屋面排气管工程量。

【解】 屋面排气管工程量＝12＋7＝19(m)

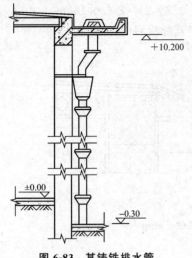

图 6-83 某铸铁排水管

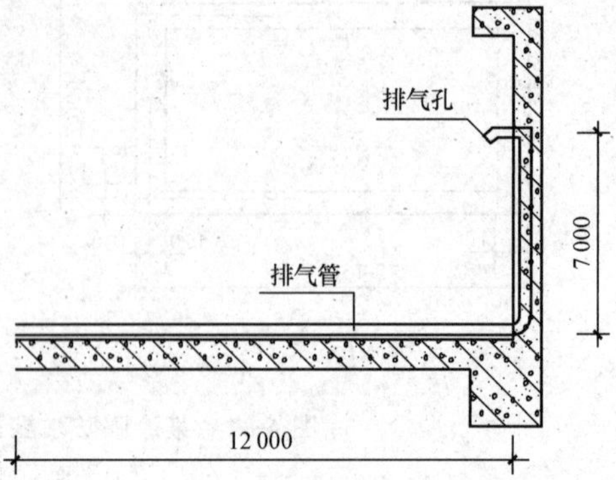

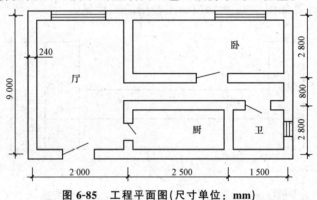

图 6-84 屋面排气管示意图(尺寸单位: mm)

【例 6-79】 计算如图 6-85 所示厨卫墙面二毡三油防水的工程量。

图 6-85 工程平面图(尺寸单位: mm)

【解】 厨卫墙面卷材防水工程量 $=(2.5-0.24)\times(2.8-0.24)+(1.5-0.24)\times(2.8-$
$$0.24)$$
$$=9.01(\text{m}^2)$$

【例 6-80】 某墙面做防水处理,需要抹防水砂浆六层,如图 6-86 所示,求其工程量。

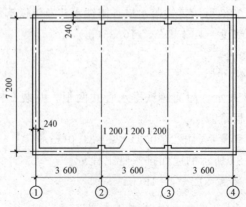

图 6-86 某工程防水示意图(尺寸单位: mm)

【解】 墙面涂膜防水工程量＝(10.8－0.24)×(7.2－0.24)＝73.50(m²)

【例 6-81】 计算如图 6-87 所示建筑物墙基防水层、防潮层的工程量。

【解】 墙面砂浆防水(防潮)工程量＝(8－0.24)×(6＋5－0.24)＝83.50(m²)

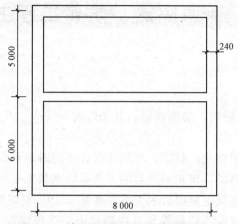

图 6-87 某工程平面图(尺寸单位：mm)

【例 6-82】 某工程在如图 6-88 所示 1/2 长处设置一道伸缩缝，墙厚为 240 mm，试求其工程量。

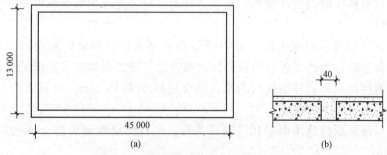

(a)   (b)

图 6-88 某工程示意图(尺寸单位：mm)

(a)平面图；(b)伸缩缝示意图

【解】 伸缩缝工程量＝13.0－0.24＝12.76(m)

【例 6-83】 如图 6-89 所示，计算楼(地)面卷材防水层的工程量。

【解】 楼(地)面卷材防水工程量＝(3.0－0.24)×(3.0－0.24)×2×(1＋0.06)

＝16.15(m²)

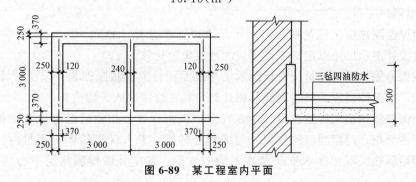

图 6-89 某工程室内平面

第十一节 保温隔热、防腐工程工程量计算

一、定额说明

(1)本章定额包括保温隔热，防腐面层，其他防腐三节。

(2)保温隔热工程。

1)保温层的保温材料配合比、材质、厚度与设计不同时，可以换算。

2)弧形墙墙面保温隔热层，按相应项目的人工乘以系数1.1。

3)柱面保温根据墙面保温定额项目人工乘以系数1.19、材料乘以系数1.04。

4)墙面岩棉板保温、聚苯乙烯板保温及保温装饰一体板保温如使用钢骨架，钢骨架按本定额"第十二章 墙、柱面装饰与隔断、幕墙工程"相应项目执行。

5)抗裂保护层工程如采用塑料膨胀螺栓固定时，每 1 m² 增加：人工 0.03 工日，塑料膨胀螺栓 6.12 套。

6)保温隔热材料应根据设计规范，必须达到国家规定要求的等级标准。

(3)防腐工程。

1)各种胶泥、砂浆、混凝土配合比以及各种整体面层的厚度，如设计与定额不同时，可以换算。定额已综合考虑了各种块料面层的结合层、胶结料厚度及灰缝宽度。

2)花岗岩面层以六面剁斧的块料为准，结合层厚度为 15 mm，如板底为毛面时，其结合层胶结料用量按设计厚度调整。

3)整体面层踢脚板按整体面层相应项目执行，块料面层踢脚板按立面砌块相应项目人工乘以系数1.2。

4)环氧自流平洁净地面中间层(刮腻子)按每层 1 mm 厚度考虑，如设计要求厚度不同时，按厚度可以调整。

5)卷材防腐接缝、附加层、收头工料已包括在定额内，不再另行计算。

6)块料防腐中面层材料的规格、材质与设计不同时，可以换算。

二、定额工程量计算规则

(1)保温隔热工程。

1)屋面保温隔热层工程量按设计图示尺寸以面积计算。扣除>0.3 m² 孔洞所占面积。其他项目按设计图示尺寸以定额项目规定的计量单位计算。

2)天棚保温隔热层工程量按设计图示尺寸以面积计算。扣除面积>0.3 m² 柱、垛、孔洞所占面积，与天棚相连的梁按展开面积计算，其工程量并入天棚内。

3)墙面保温隔热层工程量按设计图示尺寸以面积计算。扣除门窗洞口及面积>0.3 m² 梁、孔洞所占面积；门窗洞口侧壁以及与墙相连的柱，并入保温墙体工程量内。墙体及混凝土板下铺贴隔热层不扣除木框架及木龙骨的体积。其中外墙按隔热层中心线长度计算，

内墙按隔热层净长度计算。

4）柱、梁保温隔热层工程量按设计图示尺寸以面积计算。柱按设计图示柱断面保温层中心线展开长度乘以高度以面积计算，扣除面积＞0.3 m² 梁所占面积。梁按设计图示梁断面保温层中心线展开长度乘以保温层长度以面积计算。

5）楼地面保温隔热层工程量按设计图示尺寸以面积计算。扣除柱、垛及单个＞0.3 m² 孔洞所占面积。

6）其他保温隔热层工程量按设计图示尺寸以展开面积计算。扣除面积＞0.3 m² 孔洞及占位面积。

7）大于 0.3 m² 孔洞侧壁周围及梁头、连系梁等其他零星工程保温隔热工程量，并入墙面的保温隔热工程量内。

8）柱帽保温隔热层，并入天棚保温隔热层工程量内。

9）保温层排气管按设计图示尺寸以长度计算，不扣除管件所占长度，保温层排气孔以数量计算。

10）防火隔离带工程量按设计图示尺寸以面积计算。

（2）防腐工程。

1）防腐工程面层、隔离层及防腐油漆工程量均按设计图示尺寸以面积计算。

2）平面防腐工程量应扣除凸出地面的构筑物、设备基础等以及面积＞0.3 m² 孔洞、柱、垛等所占面积，门洞、空圈、暖气包槽、壁龛的开口部分不增加面积。

3）立面防腐工程量应扣除门、窗、洞口以及面积＞0.3 m² 孔洞、梁所占面积，门、窗、洞口侧壁、垛凸出部分按展开面积并入墙面内。

4）池、槽块料防腐面层工程量按设计图示尺寸以展开面积计算。

5）砌筑沥青浸渍砖工程量按设计图示尺寸以面积计算。

6）踢脚板防腐工程量按设计图示长度乘以高度以面积计算，扣除门洞所占面积，并相应增加侧壁展开面积。

7）混凝土面及抹灰面防腐按设计图示尺寸以面积计算。

三、清单工程量计算规则

（1）保温隔热。

1）保温隔热屋面按设计图示尺寸以面积计算。扣除面积＞0.3 m² 孔洞及占位面积。

2）保温隔热天棚按设计图示尺寸以面积计算。扣除面积＞0.3 m² 上柱、垛、孔洞所占面积；与天棚相连的梁按展开面积，计算并入天棚工程量内。

3）保温隔热墙面按设计图示尺寸以面积计算。扣除门窗洞口以及面积＞0.3 m² 梁、孔洞所占面积；门窗洞口侧壁以及与墙相连的柱，并入保温墙体工程量内。

4）保温柱、梁按设计图示尺寸以面积计算。

①柱按设计图示柱断面保温层中心线展开长度乘保温层高度以面积计算，扣除面积＞0.3 m² 梁所占面积。

②梁按设计图示梁断面保温层中心线展开长度乘保温层长度以面积计算。

5）保温隔热楼地面按设计图示尺寸以面积计算。扣除面积＞0.3 m² 柱、垛、孔洞等所占面积。门洞、空圈、暖气包槽、壁龛的开口部分不增加面积。

6)其他保温隔热按设计图示尺寸以展开面积计算。扣除面积＞0.3 m² 孔洞及占位面积。

（2）防腐面层。

1)防腐混凝土面层、防腐砂浆面层、防腐胶泥面层、玻璃钢防腐面层、聚氯乙烯板面层、块料防腐面层按设计图示尺寸以面积计算。

①平面防腐：扣除凸出地面的构筑物、设备基础等以及面积＞0.3 m² 孔洞、柱、垛等所占面积。门洞、空圈、暖气包槽、壁龛的开口部分不增加面积。

②立面防腐：扣除门、窗、洞口以及面积＞0.3 m² 孔洞、梁所占面积，门、窗、洞口侧壁、垛凸出部分按展开面积并入墙面积内。

2)池、槽块料防腐面层按设计图示尺寸以展开面积计算。

（3）其他防腐。

1)隔离层按设计图示尺寸以面积计算。

①平面防腐：扣除凸出地面的构筑物、设备基础等以及面积＞0.3 m² 孔洞、柱、垛等所占面积，门洞、空圈、暖气包槽、壁龛的开口部分不增加面积

②立面防腐：扣除门、窗、洞口以及面积＞0.3 m² 孔洞、梁所占面积，门、窗、洞口侧壁、垛凸出部分按展开面积并入墙面积内。

2)砌筑沥青浸渍砖按设计图示尺寸以体积计算。

3)防腐涂料按设计图示尺寸以面积计算。

①平面防腐：扣除凸出地面的构筑物、设备基础等以及面积＞0.3 m² 孔洞、柱、垛等所占面积，门洞、空圈、暖气包槽、壁龛的开口部分不增加面积。

②立面防腐：扣除门、窗、洞口以及面积＞0.3 m² 孔洞、梁所占面积，门、窗、洞口侧壁、垛凸出部分按展开面积并入墙面积内。

四、工程量计算示例

【例6-84】 保温平屋面尺寸如图6-90所示。做法如下：空心板上1:3水泥砂浆找平20 mm 厚，刷冷底子油两遍，沥青隔汽层一遍，80 mm 厚水泥蛭石块保温层，1:10 现浇水泥蛭石找坡，1:3水泥砂浆找平20 mm 厚，SBS 改性沥青卷材满铺一层，点式支撑预制混凝土板架空隔热层，试计算保温隔热屋面工程量。

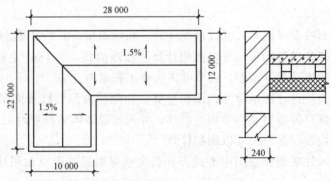

图 6-90 保温平屋面

【解】 保温隔热屋面工程量＝(28−0.24)×(12−0.24)+(10−0.24)×(22−0.24)
＝538.84(m²)

【例 6-85】 求如图 6-91 所示墙体填充沥青玻璃棉的工程量，已知墙高为 4.5 m。

【解】 保温隔热墙面工程量 $=(18.74-0.24\times2)\times4.50$
$$=82.17(\text{m}^2)$$

【例 6-86】 若图 6-92 所示冷库内加设两根直径为 0.5 m 的圆柱，上带柱帽，采用软木保温，试计算工程量。

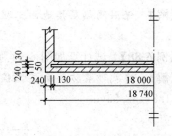

图 6-91 墙体填充沥青玻璃棉示意图

【解】 (1)柱身保温层工程量：
$$S_1=0.6\pi\times(4.5-0.8)\times2=13.94(\text{m}^2)$$

(2)柱帽保温层工程量：
$$S_2=\frac{1}{2}\pi\times(0.7+0.73)\times0.6\times2=2.69(\text{m}^2)$$

(3)保温柱工程量合计：
$$S=S_1+S_2=13.94+2.69=16.63(\text{m}^2)$$

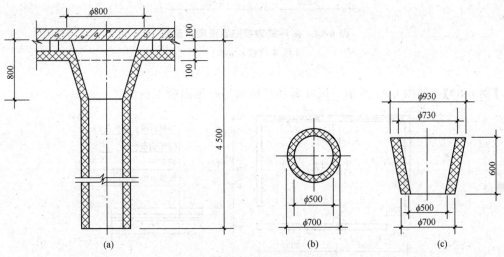

图 6-92 柱保温层结构图(尺寸单位：mm)

【例 6-87】 图 6-93 所示为某冷库简图，设计采用软木保温层，厚度为 100 mm，天棚做带木龙骨保温层，试计算该冷库保温隔热层楼地面工程量。

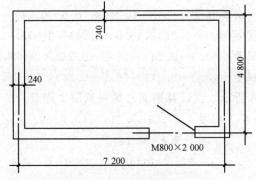

图 6-93 软木保温隔热冷库简图

【解】 保温隔热层楼地面工程量＝(7.2－0.24)×(4.8－0.24)＋0.8×0.24
$$＝31.93(m^2)$$

【例6-88】 试计算如图6-94所示环氧砂浆防腐面层的工程量。

【解】 环氧砂浆防腐面层工程量＝(3.6＋4.8－0.24)×(6.6＋1.8－0.24)－3.0×1.8－
4.8×1.8＝52.55(m²)

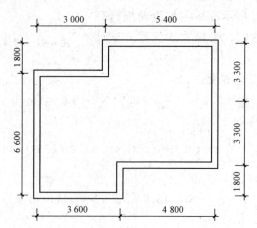

图6-94　某环氧砂浆防腐面层示意图

(尺寸单位：mm)

【例6-89】 如图6-95所示，试计算环氧玻璃钢整体面层工程量。

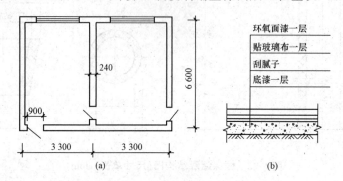

(a)　　　　　　　　　(b)

图6-95　某环氧玻璃钢示意图(尺寸单位：mm)

(a)平面图；(b)局部面层剖面图

【解】 (1)环氧底漆一层工程量＝(3.3－0.24)×(6.6－0.24)×2＝38.92(m²)

(2)环氧刮腻子工程量＝(3.3－0.24)×(6.6－0.24)×2＝38.92(m²)

(3)贴玻璃布一层工程量＝(3.3－0.24)×(6.6－0.24)×2＝38.92(m²)

(4)环氧面漆一层工程量＝(3.3－0.24)×(6.6－0.24)×2＝38.92(m²)

【例6-90】 如图6-96所示，试计算聚氯乙烯板面层工程量。

【解】 聚氯乙烯板面层工程量＝(7.2－0.24)×(3.8－0.24)＋(3.8－0.24)×(4.2＋
3.8－0.24)
$$＝52.40(m^2)$$

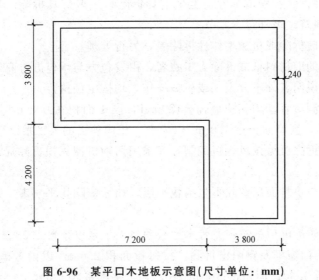

图 6-96　某平口木地板示意图(尺寸单位：mm)

【例 6-91】　计算如图 6-97 所示屋面隔离层的工程量。

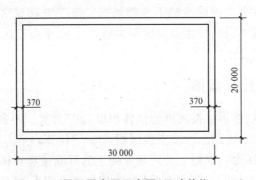

图 6-97　屋面隔离层示意图(尺寸单位：mm)

【解】　屋面隔离层工程量＝$(30-0.37\times2)\times(20-0.37\times2)=563.55(\mathrm{m}^2)$

第十二节　拆除工程工程量计算

一、定额说明

(1)本章定额适用于房屋工程的维修、加固及二次装修前的拆除工程。

(2)本章定额包括砌体拆除、混凝土及钢筋混凝土构件拆除、木构件拆除、抹灰层铲除、块料面层铲除、龙骨及饰面拆除、屋面拆除、铲除油漆涂料裱糊面、栏杆扶手拆除、门窗拆除、金属构件拆除、管道拆除、卫生洁具拆除、一般灯具拆除、其他构配件拆除以及楼层运出垃圾、建筑垃圾外运十六节。

(3)采用控制爆破拆除或机械整体性拆除者，另行处理。

(4)利用拆除后的旧材料抵减拆除人工费者，由发包方与承包方协商处理。

(5)本章定额除说明者外不分人工或机械操作，均按定额执行。

(6)墙体凿门窗洞口者套用相应墙体拆除项目，洞口面积在 0.5 m² 以内者，相应项目的人工乘以系数 3.0，洞口面积在 1.0 m² 以内者，相应项目的人工乘以系数 2.4。

(7)混凝土构件拆除机械按风炮机编制，如采用切割机械无损拆除局部混凝土构件，另按无损切割项目执行。

(8)地面抹灰层与块料面层铲除不包括找平层，如需铲除找平层者，每 10 m² 增加人工 0.20 工日。

(9)拆除带支架防静电地板按带龙骨木地板项目人工乘以系数 1.30。

(10)整樘门窗、门窗框及钢门窗拆除，按每樘面积 2.5 m² 以内考虑，面积在 4 m² 以内者，人工乘以系数 1.30；面积超过 4 m² 者，人工乘以系数 1.50。

(11)钢筋混凝土构件、木屋架、金属压型板屋面、采光屋面、金属构件拆除按起重机械配合拆除考虑，实际使用机械与定额取定机械型号规格不同者，按定额执行。

(12)楼层运出垃圾其垂直运输机械不分卷扬机、施工电梯或塔式起重机，均按定额执行，如采用人力运输，每 10 m³ 按垂直运输距离每 5 m 增加人工 0.78 工日，并取消楼层运出垃圾项目中相应的机械费。

二、定额工程量计算规则

(1)墙体拆除：各种墙体拆除按实拆墙体体积以"m³"计算，不扣除 0.30 m² 以内孔洞和构件所占的体积。隔墙及隔断的拆除按实拆面积以"m²"计算。

(2)钢筋混凝土构件拆除：混凝土及钢筋混凝土的拆除按实拆体积以"m³"计算，楼梯拆除按水平投影面积以"m²"计算，无损切割按切割构件断面以"m²"计算，钻芯按实钻孔数以"孔"计算。

(3)木构件拆除：各种屋架、半屋架拆除按跨度分类以榀计算，檩、椽拆除不分长短按实拆根数计算，望板、油毡、瓦条拆除按实拆屋面面积以"m²"计算。

(4)抹灰层铲除：楼地面面层按水平投影面积以"m²"计算，踢脚线按实际铲除长度以"m"计算，各种墙、柱面面层的拆除或铲除均按实拆面积以"m²"计算，天棚面层拆除按水平投影面积以"m²"计算。

(5)块料面层铲除：各种块料面层铲除均按实际铲除面积以"m²"计算。

(6)龙骨及饰面拆除：各种龙骨及饰面拆除均按实拆投影面积以"m²"计算。

(7)屋面拆除：屋面拆除按屋面的实拆面积以"m²"计算。

(8)铲除油漆涂料裱糊面：油漆涂料裱糊面层铲除均按实际铲除面积以"m²"计算。

(9)栏杆扶手拆除：栏杆扶手拆除均按实拆长度以"m"计算。

(10)门窗拆除：拆整樘门、窗均按樘计算，拆门、窗扇以"扇"计算。

(11)金属构件拆除：各种金属构件拆除均按实拆构件质量以"t"计算。

(12)管道拆除：管道拆除按实拆长度以"m"计算。

(13)卫生洁具拆除：卫生洁具拆除按实拆数量以"套"计算。

(14)灯具拆除：各种灯具、插座拆除均按实拆数量以"套、只"计算。

(15)其他构配件拆除：暖气罩、嵌入式柜体拆除按正立面边框外围尺寸垂直投影面积计算，窗台板拆除按实拆长度计算，筒子板拆除按洞口内侧长度计算，窗帘盒、窗帘轨拆除按实拆长度计算，干挂石材骨架拆除按拆除构件的质量以"t"计算，干挂预埋件拆除以"块"计算，防火隔离带按实拆长度计算。

(16)建筑垃圾外运按虚方体积计算。

三、清单工程量计算规则

(1)砖砌体拆除。以立方米计量，按拆除的体积计算；或者以米计量，按拆除的延长米计算。

(2)混凝土及钢筋混凝土构件拆除以立方米计量，按拆除构件的混凝土体积计算；或者以平方米计量，按拆除部位的面积计算；或者以米计量，按拆除部位的延长米计算。

(3)木构件拆除以立方米计量，按拆除构件的体积计算；或者以平方米计量，按拆除面积计算；或者以米计量，按拆除延长米计算。

(4)抹灰层拆除按拆除部位的面积计算。

(5)块料面层拆除按拆除面积计算。

(6)龙骨及饰面拆除按拆除面积计算。

(7)屋面拆除按铲除部位的面积计算。

(8)铲除油漆涂料裱糊面以平方米计量，按铲除部位的面积计算；或者以米计量，按铲除部位的延长米计算。

(9)栏杆栏板、轻质隔断隔墙拆除。

1)栏杆栏板拆除以平方米计量，按拆除部位的面积计算；或者以米计量，按拆除的延长米计算。

2)隔断隔墙拆除按拆除部位的面积计算。

(10)门窗拆除以平方米计量，按拆除面积计算；以樘计量，按拆除樘数计算。

(11)金属构件拆除。

1)钢梁拆除，钢柱拆除，钢支撑、钢墙架拆除，其他金属构件拆除以吨计量，按拆除构件的质量计算；或者以米计量，按拆除延长米计算。

2)钢网架拆除按拆除构件的质量计算。

(12)管道及卫生洁具拆除。

1)管道拆除按拆除管道的延长米计算。

2)卫生洁具拆除按拆除的数量计算。

(13)灯具、玻璃拆除。

1)灯具拆除按拆除的数量计算。

2)玻璃拆除按拆除的面积计算。

(14)其他构件拆除。

1)暖气罩拆除、柜体拆除以个为单位计量，按拆除个数计算；或者以米为单位计量，按拆除延长米计算。

2)窗台板拆除、筒子板拆除以块计量，按拆除数量计算；以米计量，按拆除的延长米计算。

3)窗帘盒拆除、窗帘轨拆除按拆除的延长米计算。

(15)打孔(打洞)按数量计算。

第十三节　措施项目

一、定额说明

(1)本章定额包括脚手架工程，垂直运输，建筑物超高增加费，大型机械设备进出场及安拆，施工排水、降水五节。

(2)建筑物檐高以设计室外地坪全檐口滴水高度(平屋顶是指屋面板底高度，斜屋面是指外墙外边线与斜屋面板底的交点)为准。凸出主体建筑屋顶的楼梯间、电梯间、水箱间、屋面天窗等不计入檐口高度之内。

(3)同一建筑物有不同檐高时，按建筑物的不同檐高纵向分割，分别计算建筑面积，并按各自的檐高执行相应项目。建筑物多种结构，按不同结构分别计算。

(4)脚手架工程。

1)一般说明。

①本章脚手架措施项目是指施工需要的脚手架搭、拆、运输及脚手架摊销的工料消耗。

②本章脚手架措施项目材料均按钢管式脚手架编制。

③各项脚手架消耗量中未包括脚手架基础加固。基础加固是指脚手架立杆下端以下或脚手架底座下皮以下的一切做法。

④高度在 3.6 m 以外墙面装饰不能利用原砌筑脚手架时，可计算装饰脚手架。装饰脚手架执行双排脚手架定额乘以系数 0.3。室内凡计算了满堂脚手架，墙面装饰不再计算墙面粉饰脚手架，只按每 100 m² 墙面垂直投影面积增加改架一般技工 1.28 工日。

2)综合脚手架。

①单层建筑综合脚手架适用于檐高 20 m 以内的单层建筑工程。

②凡单层建筑工程执行单层建筑综合脚手架项目，二层及二层以上的建筑工程执行多层建筑综合脚手架项目，地下室部分执行地下室综合脚手架项目。

③综合脚手架中包括外墙砌筑及外墙粉饰、3.6 m 以内的内墙砌筑与混凝土浇捣用脚手架以及内墙面和天棚粉饰脚手架。

④执行综合脚手架，有下列情况者，可另执行单项脚手架项目：

a. 满堂基础或者高度(垫层上皮至基础顶面)在 1.2 m 以外的混凝土或钢筋混凝土基础，按满堂脚手架基本层定额乘以系数 0.3；高度超过 3.6 m，每增加 1 m 按满堂脚手架增加层定额乘以系数 0.3。

b. 砌筑高度在 3.6 m 以外的砖内墙，按单排脚手架定额乘以系数 0.3；砌筑高度在 3.6 m

以外的砌块内墙，按相应双排外脚手架定额乘以系数0.3。

c. 砌筑高度在1.2 m以外的屋顶烟囱的脚手架，按设计图示烟囱外围周长另加3.6 m乘以烟囱出屋顶高度以面积计算，执行里脚手架项目。

d. 砌筑高度在1.2 m以外的管沟墙及砖基础，按设计图示砌筑长度乘以高度以面积计算，执行里脚手架项目。

e. 墙面粉饰高度在3.6 m以外的执行内墙面粉饰脚手架项目。

f. 按照建筑面积计算规范的有关规定未计入建筑面积，但施工过程中需要搭设脚手架的施工部位。

⑤凡不适宜使用综合脚手架的项目，可按相应的单项脚手架项目执行。

3)单项脚手架。

①建筑物外墙脚手架，设计室外地坪至檐口的砌筑高度在15 m以内的按单排脚手架计算；砌筑高度在15 m以外或砌筑高度虽不足15 m，但外墙门窗及装饰面积超过外墙表面积60%时，执行双排脚手架项目。

②外脚手架消耗量中已综合斜道、上料平台、护卫栏杆等。

③建筑物内墙脚手架，设计室内地坪至板底(或山墙高度的1/2处)的砌筑高度在3.6 m以内的，执行里脚手架项目。

④围墙脚手架，室外地坪至围墙顶面的砌筑高度在3.6 m以内的，按里脚手架计算；砌筑高度在3.6 m以外的，执行单排外脚手架项目。

⑤石砌墙体，砌筑高度在1.2 m以外时，执行双排外脚手架项目。

⑥大型设备基础，凡距地坪高度在1.2 m以外的，执行双排外脚手架项目。

⑦挑脚手架适用于外檐挑檐等部位的局部装饰。

⑧悬空脚手架适用于有露明屋架的屋面板勾缝、油漆或喷浆等部位。

⑨整体提升架适用于高层建筑的外墙施工。

⑩独立柱、现浇混凝土单(连续)梁执行双排外脚手架定额项目乘以系数0.3。

4)其他脚手架。电梯井架每一电梯台数为一孔。

(5)垂直运输工程。

1)垂直运输工作内容，包括单位工程在合理工期内完成全部工程项目所需要的垂直运输机械台班，不包括机械的场外往返运输，一次安拆及路基铺垫和轨道铺拆等的费用。

2)檐高3.6 m以内的单层建筑，不计算垂直运输机械台班。

3)本定额层高按3.6 m考虑，超过3.6 m者，应另计层高超高垂直运输增加费，每超过1 m，其超高部分按相应定额增加10%，超高不足1 m按1 m计算。

4)垂直运输是按现行工期定额中规定的Ⅱ类地区标准编制的，Ⅰ、Ⅲ类地区按相应定额分别乘以系数0.95和1.1。

(6)建筑物超高增加费。建筑物超高增加人工、机械定额适用于单层建筑物檐口高度超过20 m，多层建筑物超过6层的项目。

(7)大型机械设备进出场及安拆。

1)大型机械设备进出场及安拆费是指机械整体或分体自停放场地运至施工现场或内一个施工地点运至另一个施工地点，所发生的机械进出场运输和转移费用，以及机械在施工现场进行安装、拆卸所需的人工费、材料费、机械费、试运转费和安装所需的辅助设施的费用。

2)塔式起重机及施工电梯基础。

①塔式起重机轨道铺拆以直线形为准,如铺设弧线形时,定额乘以系数1.15。

②固定式基础适用于混凝土体积在 10 m³ 以内的塔式起重机基础,如超出者按实际混凝土工程、模板工程、钢筋工程分别计算工程量,按本定额"第五章　混凝土及钢筋混凝土工程"相应项目执行。

③固定式基础如需打桩时,打桩费用另行计算。

3)大型机械设备安拆费。

①机械安拆费是安装、拆卸的一次性费用。

②机械安拆费中包括机械安装完毕后的试运转费用。

③柴油打桩机的安拆费中,已包括轨道的安拆费用。

④自升式塔式起重机安拆费按塔高 45 m 确定,>45 m 且檐高≤200 m,塔高每增高10 m,按相应定额增加费用10%,尾数不足 10 m 按 10 m 计算。

4)大型机械设备进出场费。

①进出场费中已包括往返一次的费用,其中回程费按单程运费的 25%考虑。

②进出场费中已包括了臂杆、铲斗及附件、道木、道轨的运费。

③机械运输路途中的台班费,不另计取。

5)大型机械设备现场的行驶路线需修整铺垫时,其人工修整可按实际计算。同一施工现场各建筑物之间的运输,定额按 100 m 以内综合考虑,如转移距离超过 100 m,在 300 m以内的,按相应场外运输费用乘以系数 0.3;在 500 m 以内的,按相应场外运输费用乘以系数 0.6。使用道木铺垫按 15 次摊销,使用碎石零星铺垫按一次摊销。

(8)施工排水、降水。

1)轻型井点以 50 根为一套,喷射井点以 30 根为一套,使用时累计根数轻型井点少于25 根,喷射井点少于 15 根,使用费按相应定额乘以系数 0.7。

2)井管间距应根据地质条件和施工降水要求,按施工组织设计确定,施工组织设计未考虑时,可按轻型井点管距1.2 m、喷射井点管距2.5 m确定。

3)直流深井降水成孔直径不同时,只调整相应的黄砂含量,其余不变;PVC-U 加筋管直径不同时,调整管材价格的同时,按管子周长的比例调整相应的密目网及铁丝。

4)排水井分集水井和大口井两种。集水井定额项目按基坑内设置考虑,井深在 4 m 以内,按本定额计算。如井深超过 4 m,定额按比例调整。大口井按井管直径分两种规格,抽水结束时回填大口井的人工和材料未包括在消耗量内,实际发生时应另行计算。

二、定额工程量计算规则

(1)脚手架工程。

1)综合脚手架。综合脚手架按设计图示尺寸以建筑面积计算。

2)单项脚手架。

①外脚手架、整体提升架按外墙外边线长度(含墙垛及附墙井道)乘以外墙高度以面积计算。

②计算内、外墙脚手架时,均不扣除门、窗、洞门、空圈等所占面积。同一建筑物高度不同时,应按不同高度分别计算。

③里脚手架按墙面垂直投影面积计算。

④独立柱按设计图示尺寸，以结构外围周长另加 3.6 m 乘以高度以面积计算。执行双排外脚手架定额项目乘以系数。

⑤现浇钢筋混凝土梁按梁顶面至地面（或楼面）间的高度乘以梁净长以面积计算。执行双排外脚手架定额项目乘以系数。

⑥满堂脚手架按室内净面积计算，其高度在 3.6～5.2 m 之间时计算基本层，5.2 m 以外，每增加 1.2 m 计算一个增加层，不足 0.6 m 按一个增加层乘以系数 0.5 计算。其计算公式为

$$满堂脚手架增加层 = (室内净高 - 5.2)/1.2$$

⑦挑脚手架按搭设长度乘以层数以长度计算。

⑧悬空脚手架按搭设水平投影面积计算。

⑨吊篮脚手架按外墙垂直投影面积计算，不扣除门窗洞口所占面积。

⑩内墙面粉饰脚手架按内墙面垂直投影面积计算，不扣除门窗洞口所占面积。

⑪立挂式安全网按架网部分的实挂长度乘以实挂高度以面积计算。

⑫挑出式安全网按挑出的水平投影面积计算。

3）其他脚手架。电梯井架按单孔以"座"计算。

（2）垂直运输工程。

1）建筑物垂直运输机械台班用量，区分不同建筑物结构及檐高按建筑面积计算。地下室面积与地上面积合并计算，独立地下室由各地根据实际自行补充。

2）本章按泵送混凝土考虑，如采用非泵送，垂直运输费按以下方法增加：相应项目乘以调增系数（5%～10%），再乘以非泵送混凝土数量占全部混凝土数量的百分比。

（3）建筑物超高增加费。

1）各项定额中包括的内容指单层建筑物檐口高度超过 20 m，多层建筑物超过 6 层的全部工程项目，但不包括垂直运输、各类构件的水平运输及各项脚手架。

2）建筑物超高增加费的人工、机械按建筑物超高部分的建筑面积计算。

（4）大型机械设备进出场及安拆。

1）大型机械设备安拆费按台次计算。

2）大型机械设备进出场费按台次计算。

（5）施工排水、降水。

1）轻型井点、喷射井点排水的井管安装、拆除以"根"为单位计算，使用以"套·天"计算；真空深井、自流深井排水的安装拆除以每口井计算，使用以每口"井·天"计算。

2）使用天数以每昼夜（24 h）为一天，并按施工组织设计要求的使用天数计算。

3）集水井按设计图示数量以"座"计算，大口井按累计井深以长度计算。

三、清单工程量计算规则

（1）脚手架工程。

1）综合脚手架按建筑面积计算。

2）外脚手架、里脚手架按所服务对象的垂直投影面积计算。

3）悬空脚手架按搭设的水平投影面积计算。

4)挑脚手架按搭设长度乘以搭设层数以延长米计算。

5)满堂脚手架按搭设的水平投影面积计算。

6)整体提升架、外装饰吊篮按所服务对象的垂直投影面积计算。

(2)混凝土模板及支架(撑)。

1)基础，矩形柱，构造柱，异形柱，基础梁，矩形梁，异形梁，圈梁，过梁，弧形、拱形梁，直形墙，弧形墙，短肢剪力墙、电梯井壁，有梁板，无梁板，平板，拱板，薄壳板，空心板，其他板，栏板按模板与现浇混凝土构件的接触面积计算。

①现浇钢筋混凝土墙、板单孔面积≤0.3 m² 的孔洞不予扣除，洞侧壁模板亦不增加；单孔面积>0.3 m² 时应予扣除，洞侧壁模板面积并入墙、板工程量内计算。

②现浇框架分别按梁、板、柱有关规定计算；附墙柱、暗梁、暗柱并入墙内工程量内计算。

③柱、梁、墙、板相互连接的重叠部分，均不计算模板面积。

④构造柱按图示外露部分计算模板面积。

2)天沟、檐沟按模板与现浇混凝土构件的接触面积计算。

3)雨篷、悬挑板、阳台板按图示外挑部分尺寸的水平投影面积计算，挑出墙外的悬臂梁及板边不另计算。

4)楼梯按楼梯(包括休息平台、平台梁、斜梁和楼层板的连接梁)的水平投影面积计算，不扣除宽度≤500 mm 的楼梯井所占面积，楼梯踏步、踏步板、平台梁等侧面模板不另计算，伸入墙内部分也不增加。

5)其他现浇构件按模板与现浇混凝土构件的接触面积计算。

6)电缆沟、地沟按模板与电缆沟、地沟接触的面积计算。

7)台阶按图示台阶水平投影面积计算，台阶端头两侧不另计算模板面积。架空式混凝土台阶，按现浇楼梯计算。

8)扶手按模板与扶手的接触面积计算。

9)散水按模板与散水的接触面积计算。

10)后浇带按模板与后浇带的接触面积计算。

11)化粪池、检查井按模板与混凝土接触面积计算。

(3)垂直运输按建筑面积计算；或者按施工工期日历天数计算。

(4)超高施工增加按建筑物超高部分的建筑面积计算。

(5)大型机械设备进出场及安拆按使用机械设备的数量计算。

(6)施工排水、降水。

1)成井按设计图示尺寸以钻孔深度计算。

2)排水、降水按排、降水日历天数计算。

(7)安全文明施工及其他措施项目。

1)安全文明施工。

①环境保护：现场施工机械设备降低噪声、防扰民措施；水泥和其他易飞扬细颗粒建筑材料密闭存放或采取覆盖措施等；工程防扬尘洒水；土石方、建渣外运车辆防护措施等；现场污染源的控制、生活垃圾清理外运、场地排水排污措施；其他环境保护措施。

②文明施工："五牌一图"；现场围挡的墙面美化(包括内外粉刷、刷白、标语等)、压

顶装饰；现场厕所便槽刷白、贴面砖，水泥砂浆地面或地砖，建筑物内临时便溺设施；其他施工现场临时设施的装饰装修、美化措施；现场生活卫生设施；符合卫生要求的饮水设备、淋浴、消毒等设施；生活用洁净燃料；防煤气中毒、防蚊虫叮咬等措施；施工现场操作场地的硬化；现场绿化、治安综合治理；现场配备医药保健器材、物品和急救人员培训；现场工人的防暑降温、电风扇、空调等设备及用电；其他文明施工措施。

③安全施工：安全资料、特殊作业专项方案的编制，安全施工标志的购置及安全宣传；"三宝"（安全帽、安全带、安全网）、"四口"（楼梯口、电梯井口、通道口、预留洞口）、"五临边"（阳台围边、楼板围边、屋面围边、槽坑围边、卸料平台两侧），水平防护架、垂直防护架、外架封闭等防护；施工安全用电，包括配电箱三级配电、两级保护装置要求、外电防护措施；起重机、塔式起重机等起重设备（含井架、门架）及外用电梯的安全防护措施（含警示标志）及卸料平台的临边防护、层间安全门、防护棚等设施；建筑工地起重机械的检验检测；施工机具防护棚及其围栏的安全保护设施；施工安全防护通道；工人的安全防护用品、用具购置；消防设施与消防器材的配置；电气保护、安全照明设施；其他安全防护措施。

④临时设施：施工现场采用彩色、定型钢饭、砖、混凝土砌块等围挡的安砌、维修、拆除；施工现场临时建筑物、构筑物的搭设、维修、拆除，如临时宿舍、办公室、食堂、厨房、厕所、诊疗所、临时文化福利用房、临时仓库、加工场、搅拌台、临时简易水塔、水池等；施工现场临时设施的搭设、维修、拆除，如临时供水管道、临时供电管线、小型临时设施等；施工现场规定范围内临时简易道路铺设，临时排水沟、排水设施安砌、维修、拆除；其他临时设施搭设、维修、拆除。

2）夜间施工。

①夜间固定照明灯具和临时可移动照明灯具的设置、拆除。

②夜间施工时，施工现场交通标志、安全标稗、警示灯等的设置、移动、拆除。

③包括夜间照明设备及照明用电、施工人员夜班补助、夜间施工劳动效率降低等。

3）非夜间施工照明。为保证工程施工正常进行，在地下室等特殊施工部位施工时所采用的照明设备的安拆、维护及照明用电等。

4）二次搬运。由于施工场地条件限制而发生的材料、成品、半成品等一次运输不能到达堆放地点，必须进行的二次或多次搬运。

5）冬雨期施工。

①冬雨（风）期施工时增加的临时设施（防寒保温、防雨、防风设施）的搭设、拆除。

②冬雨（风）期施工时，对砌体、混凝土等采用的特殊加温、保温和养护措施。

③冬雨（风）期施工时，施工现场的防滑处理、对影响施工的雨雪的清除。

④包括冬雨（风）期施工时增加的临时设施、施工人员的劳动保护用品、冬雨（风）期施工劳动效率降低等。

6）地上、地下设施、建筑物的临时保护设施。在工程施工过程中，对已建成的地上、地下设施和建筑物进行的遮盖、封闭、隔离等必要保护措施。

7）已完工程及设备保护。对已完工程及设备采取的覆盖、包裹、封闭、隔离等必要保护措施。

四、工程量计算示例

【例 6-92】 如图 6-98 所示，单层建筑物高度为 4.2 m，试计算其脚手架工程量。

【解】 该单层建筑物脚手架按综合脚手架考虑，则

综合脚手架工程量 $= (40 + 0.25 \times 2) \times (25 + 50 + 0.25 \times 2) + 50 \times (50 + 0.25 \times 2)$
$= 5\,582.75\,(\text{m}^2)$

【例 6-93】 某工程外墙平面尺寸如图 6-99 所示，已知该工程设计室外地坪标高为 -0.500 m，女儿墙顶面标高 $+15.200$ m，外封面贴面砖及墙面勾缝时搭设钢管扣件式脚手架，试计算该钢管外脚手架清单工程量。

【解】 外脚手架清单工程量按所服务对象的垂直投影面积计算。

周长 $= (60 + 20) \times 2 = 160\,(\text{m})$

高度 $= 15.2 + 0.5 = 15.7\,(\text{m})$

外脚手架工程量 $= 160 \times 15.7 = 2\,512\,(\text{m}^2)$

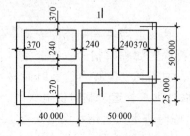

图 6-98 某单层建筑平面图

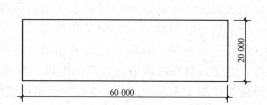

图 6-99 某工程外墙平面图

【例 6-94】 某厂房构造如图 6-100 所示，求其室内采用满堂脚手架的工程量。

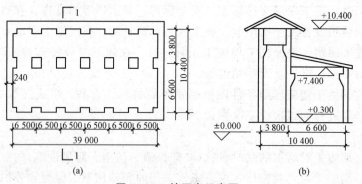

图 6-100 某厂房示意图

(a)平面图；(b)1—1 剖面图

【解】 满堂脚手架定额工程量计算规则和清单工程量计算规则不同，下面分别求解。

(1)定额工程量计算。根据定额计算规则，满堂脚手架按室内净面积计算，其高度在 $3.6 \sim 5.2$ m 时计算基本层，5.2 m 以外，每增加 1.2 m 计算一个增加层，不足 0.6 m 按一个增加层乘以系数 0.5 计算。

满堂脚手架低跨增加层 $= ($室内净高$-5.2)/1.2 = (7.4 - 0.3 - 5.2)/1.2 \approx 2\,($层$)$

满堂脚手架高跨增加层 $= ($室内净高$-5.2)/1.2 = (10.4 - 0.3 - 5.2)/1.2 \approx 4\,($层$)$

则：满堂脚手架定额工程量＝39×(6.6＋3.8)＋6.6×39×2＋3.8×39×4＝1 513.2(m²)

＝15.132(100 m²)

(2)工程量计算。根据清单计算规则，满堂脚手架工程量按搭设的水平投影面积计算。

满堂脚手架工程量＝39×(6.6＋3.8)＝405.6(m²)

【例6-95】 某五层建筑物底层为框架结构，二层及二层以上为砖混结构，每层建筑面积为1 200 m²，合理施工工期为165天，试计算其垂直运输清单工程量。

【解】 建筑物垂直运输工程量应按建筑物的建筑面积或施工工期的日历天数计算。

(1)以建筑面积计算，垂直运输工程量＝1 200×5＝6 000(m²)

(2)以日历天数计算，垂直运输工程量＝165天

【例6-96】 某高层建筑如图6-101所示，框架-剪力墙结构，共11层，采用自升式塔式起重机及单笼施工电梯，试计算超高施工增加。

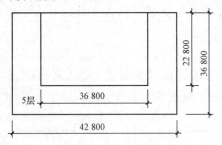

图6-101 某高层建筑示意图

【解】 根据超高施工增加工程量计算规则，超高施工增加工程量＝多层建筑物超过6层部分的建筑面积，即

超高施工增加工程量＝36.8×22.8×(11－6)＝4 195.2(m²)

本章小结

工程量是指以物理计量单位或自然计量单位所表示的分部分项工程项目和措施项目的数量。工程量计算的方法包括统筹法、按施工顺序计算法、列表法、重复计算法及按定额项目顺序计算法。学习时掌握应计算面积的范围、规则，同时明确不计算建筑面积的范围；能够进行土石方工程，地基处理与边坡支护工程，桩基工程，砌筑工程，混凝土及钢筋混凝土工程，金属结构工程，木结构工程，屋面及防水工程，保温隔热、防腐工程，拆除工程，措施项目的工程量计算规则与方法。

思考与练习

一、填空题

1.建筑面积包括_____、_____和_____。

2. 沟槽、基坑、一般土方的划分为：底宽≤7 m且底长＞3倍底宽为_____；底长≤3倍底宽且底面积≤150 m²为_____；超出上述范围则为一般土方。

3. 平整场地，是指建筑物所在现场厚度_____的就地挖、填及平整。

4. 定额说明规定，深层搅拌水泥桩项目按1喷2搅施工编制，实际施工为2喷4搅时，项目的人工、机械乘以系数_____；实际施工为2喷2搅，4喷4搅时分别按_____、_____计算。

5. 定额工程量计算规则规定，浇筑连续墙混凝土工程量按设计长度乘以墙厚及墙深加_____，以体积计算。

6. 混凝土及钢筋混凝土工程定额说明规定，斜梁（板）按坡度综合考虑的。斜梁（板）坡度在10°以内的执行项目；坡度在30°以上、45°以内时人工乘以系数；坡度在45°以上、60°以内时人工乘以系数_____；坡度在60°以上时人工乘以系数_____。

7. 定额说明规定，柱面保温根据墙面保温定额项目人工乘以系数_____、材料乘以系数_____。

二、计算题

1. 某地区冻土厚度为0.5 m，试计算如图6-102所示的地坑开挖冻土工程量。地坑上表面为2 500 mm×2 500 mm，放坡系数为1∶1.5。

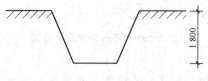

图6-102　地坑示意图

2. 某管沟基槽如图6-103所示，管沟基槽宽度为500 mm，深度为1 000 mm，管道长度为12 000 mm，试计算其工程量。

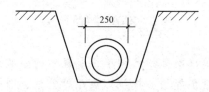

图6-103　管沟基槽（尺寸单位：mm）

3. 某工程采用振冲桩加固地基，机械采用40 t的振动打拔桩机，钢管外径为320 mm，桩长为8 m，采用一次复打，共计100根。试求振冲桩定额工程量。

4. 图6-104所示为地下连续墙示意，已知槽深为900 mm，墙厚为240 mm，混凝土强度等级为C30。试求该连续墙工程量。

5. 某宿舍楼铺设室外排水管道80 m（净长度），陶土管径为φ250，水泥砂浆接口，管底铺黄砂垫层，砖砌圆形检查井（S231，φ700）无地下水，井深为1.5 m，共10个，计算室外排水系统项目砖检查井工程量。

6. 如图6-105所示，砌块柱共20个，试求其工程量。

200

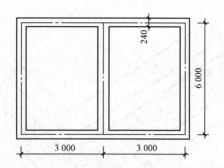

图 6-104　地下连续墙示意(尺寸单位：mm)

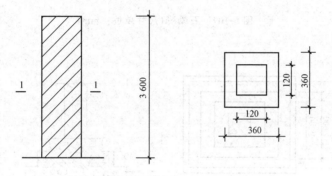

图 6-105　砌块柱(尺寸单位：mm)

7. 求如图 6-106 所示毛石基础的工程量。

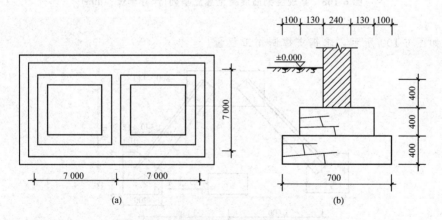

(a)　　　　　　　　　　(b)

图 6-106　基础示意图(尺寸单位：mm)

(a)基础平面示意图；(b)毛石基础剖面示意图

8. 求如图 6-107 所示石勒脚的工程量。

9. 某现浇钢筋混凝土独立基础的尺寸如图 6-108 所示，共 3 个。垫层混凝土强度等级为 C15，基础混凝土强度等级为 C20。计算现浇钢筋混凝土独立基础和混凝土垫层的工程量。

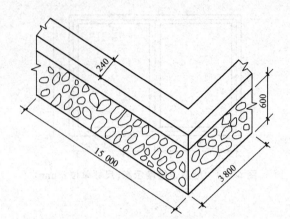

图 6-107　石勒脚(尺寸单位：mm)

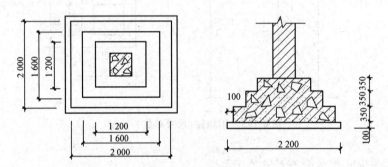

图 6-108　某现浇钢筋混凝土独立基础(尺寸单位：mm)

10. 如图 6-109 所示，求钢支撑制作工程量。

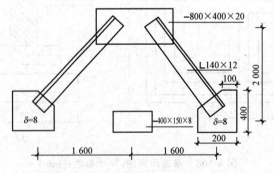

图 6-109　钢支撑示意(尺寸单位：mm)

11. 某工程采用图 6-110 所示的木屋架，共 20 榀，试计算其工程量。

12. 如图 6-111 所示，镀锌薄钢板天沟长度为 25 m，计算其工程量。

13. 池槽表面砌筑沥青浸渍砖，如图 6-112 所示，计算其工程量。

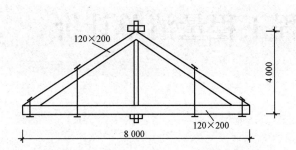

图 6-110　木屋架示意(尺寸单位：mm)

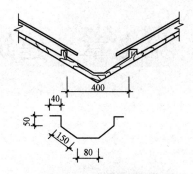

图 6-111　某镀锌薄钢板
天沟剖面(尺寸单位：mm)

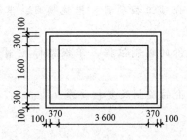

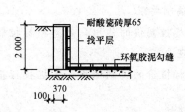

图 6-112　池槽示意(尺寸单位：mm)

第七章 建筑工程工程量清单计价

知识目标

1. 了解工程量清单的编制依据，掌握分部分项工程项目、措施项目、其他项目、规费及税金的具体编制要求。

2. 了解招标控制价的作用，熟悉招标控制价的编制依据，掌握招标控制价的编制与复核及投诉与处理要求。

3. 熟悉投标报价的编制依据，掌握投标报价的编制及复核要求。

能力目标

能够进行工程量清单、招标控制价和投标报价的编制。

素养目标

1. 能运用批判策略和创造策略，从多方面考虑问题。
2. 听取他人意见，积极讨论各种观点。

第一节 工程量清单计价概述

一、实行工程量清单计价的目的和意义

(1)推行工程量清单计价是深化工程造价管理改革，推进建设市场化的重要途径。长期以来，工程预算定额是我国承发包计价、定价的主要依据。现预算定额中规定的消耗量和有关施工措施性费用是按社会平均水平编制的，以此为依据形成的工程造价基本上也属于社会平均价格。这种平均价格可作为市场竞争的参考价格，但不能反映参与竞争企业的实际消耗和技术管理水平，在一定程度上限制了企业的公平竞争。

20世纪90年代，国家提出了"控制量、指导价、竞争费"的改革措施，将工程预算定额

中的人工、材料、机械消耗量和相应的量价分离，国家控制量以保证质量，价格逐步走向市场化，这一措施走出了向传统工程预算定额改革的第一步。但是，这种做法难以改变工程预算定额中国家指令性内容较多的状况，难以满足招标投标竞争定价和经评审的合理低价中标的要求。因为，国家定额的控制量是社会平均消耗量，不能反映企业的实际消耗量，不能全面体现企业的技术装备水平、管理水平和劳动生产率，不能体现公平竞争的原则，社会平均水平不能代表社会先进水平，改变以往的工程预算定额的计价模式，适应招标投标的需要，推行工程量清单计价办法是十分必要的。

工程量清单计价是建设工程招标投标中，按照国家统一的工程量清单计价规范，由招标人提供工程数量，投标人自主报价，经评审低价中标的工程造价计价模式。采用工程量清单计价能反映工程个别成本，有利于企业自主报价和公平竞争。

(2)在建设工程招标投标中实行工程量清单计价是规范建筑市场秩序的治本措施之一，适应社会主义市场经济的需要。工程造价是工程建设的核心，也是市场运行的核心内容，建筑市场存在着许多不规范的行为，大多数与工程造价有直接联系。建筑产品是商品，具有商品的共性，它受价值规律、货币流通规律和供求规律的支配。但是，建筑产品与一般的工业产品价格构成不一样，建筑产品具有某些特殊性：

1)它竣工后一般不在空间发生物理运动，可以直接移交用户，立即进入生产消费或生活消费，因而价格中不含商品使用价值运动发生的流通费用，即因生产过程在流通领域内继续进行而支付的商品包装运输费、保管费。

2)它是固定在某地方的。

3)由于施工人员和施工机具围绕着建设工程流动，因而，有的建设工程构成还包括施工企业远离基地的费用，甚至包括成建制转移到新的工地所增加的费用等。

建筑产品价格随建设时间和地点而变化，相同结构的建筑物在同一地段建造，施工的时间不同造价就不一样；同一时间、不同地段造价也不一样；即使时间和地段相同，施工方法、施工手段、管理水平不同工程造价也有所差别。所以说，建筑产品的价格，既有它的同一性，又有它的特殊性。

建筑产品市场形成价格是社会主义市场经济的需要。过去工程预算定额在调节承发包双方利益和反映市场价格、需求方面存在着不相适应的地方，特别是公开、公正、公平竞争方面，还缺乏合理的机制，甚至出现了一些漏洞，高估冒算，相互串通，从中回扣。发挥市场规律"竞争"和"价格"的作用是治本之策。尽快建立和完善市场形成工程造价的机制，是当前规范建筑市场的需要。通过推行工程量清单计价有利于发挥企业自主报价的能力，同时也有利于规范业主在工程招标中计价行为，有效改变招标单位在招标中盲目压价的行为，从而真正体现公开、公平、公正的原则，反映市场经济规律。

(3)实行工程量清单计价，是促进建设市场有序竞争和企业健康发展的需要。工程量清单是招标文件的重要组成部分，由招标单位编制或委托有资质的工程造价咨询单位编制，工程量清单编制的准确、详尽、完整，有利于提高招标单位的管理水平，减少索赔事件的发生。由于工程量清单是公开的，有利于防止招标工程中弄虚作假、暗箱操作等不规范行为。投标单位通过对单位工程成本、利润进行分析，统筹考虑，精心选择施工方案，根据企业的定额合理确定人工、材料、机械等要素投入量的合理配置，优化组合，在满足招标文件需要的前提下，合理确定自己的报价，让企业有自主报价权。改变了过去依赖建设行政主管部门发布的定额和规定的取费标准进行计价的模式，有利于提高劳动生产率，促进企业技术进步，节约投资和规范建设市场。采用工程量清单计价后，将使招标活动的透明度增加，在充分竞争的基础上降低了造价，提高了投资效益，且便于操作和推行，业主和承包商将都会接受这种计价模式。

（4）实行工程量清单计价，有利于我国工程造价政府职能的转变。按照政府部门真正履行起"经济调节、市场监督、社会管理和公共服务"的职能要求，政府对工程造价管理的模式要进行相应的改变，将推行政府宏观调控、企业自主报价、市场形成价格、社会全面监督的工程造价管理思路。实行工程量清单计价，将会有利于我国工程造价政府职能的转变，由过去的政府控制的指令性定额转变为制定适应市场经济规律需要的工程量清单计价方法，由过去的行政干预转变为对工程造价进行依法监管，有效地强化政府对工程造价的宏观调控。

二、工程量清单计价的影响因素

工程量清单报价中标的工程，无论采用何种计价方法，在正常情况下，基本说明工程造价已确定，只是当出现设计变更或工程量变动时，通过签证再结算调整另行计算。工程量清单工程成本要素的管理重点，是在既定收入的前提下，如何控制成本支出。

1. 对用工批量的有效管理

人工费支出约占建筑产品成本的17%，且随市场价格波动而不断变化。对人工单价在整个施工期间作出切合实际的预测，是控制人工费用支出的前提条件。

首先根据施工进度，月初依据工序合理做出用工数量，结合市场人工单价计算出本月控制指标。

其次在施工过程中，依据工程分部分项，对每天用工数量连续记录，在完成一个分项后，就同工程量清单报价中的用工数量对比，进行横评找出存在问题，办理相应手续以便对控制指标加以修正。每月完成几个工程分项后各自同工程量清单报价中的用工数量对比，考核控制指标完成情况。通过这种控制节约用工数量，就意味着降低人工费支出，即增加了相应的效益。这种对用工数量控制的方法，最大优势在于不受任何工程结构形式的影响，分阶段加以控制，有很强的实用性。人工费用控制指标，主要是从量上加以控制。重点通过对在建工程过程控制，积累各类结构形式下实际用工数量的原始资料，以便形成企业定额体系。

2. 材料费用的管理

材料费用开支约占建筑产品成本的63%，是成本要素控制的重点。材料费用因工程量清单报价形式不同，材料供应方式不同而有所不同。如业主限价的材料价格，如何管理？其主要问题可从施工企业采购过程降低材料单价来把握。

首先对本月施工分项所需材料用量下发采购部门，在保证材料质量前提下货比三家。采购过程以工程清单报价中材料价格为控制指标，确保采购过程产生收益。对业主供材供料，确保足斤足两，严把验收入库环节。

其次在施工过程中，严格执行质量方面的程序文件，做到材料堆放合理布局，减少二次搬运。具体操作依据工程进度实行限额领料，完成一个分项后，考核控制效果。最后是杜绝没有收入的支出，把返工损失降到最低限度。月末应把控制用量和价格同实际数量横向对比，考核实际效果，对超用材料数量落实清楚，是在哪个工程子项造成的？原因是什么？是否存在同业主计取材料差价的问题等。

3. 机械费用的管理

机械费的开支约占建筑产品成本的 7%，其控制指标，主要是根据工程量清单计算出使用的机械控制台班数。在施工过程中，每天做详细台班记录，是否存在维修、待班的台班。如存在现场停电超过合同规定时间，应在当天同业主做好待班现场签证记录，月末将实际使用台班同控制台班的绝对数进行对比，分析量差发生的原因。对机械费价格一般采取租赁协议，合同一般在结算期内不变动，所以，控制实际用量是关键。依据现场情况做到设备合理布局，充分利用，特别是要合理安排大型设备进出场时间，以降低费用。

4. 施工过程中水电费的管理

水电费的管理，在以往工程施工中一直被忽视。水作为人类赖以生存的宝贵资源，越来越短缺，正在给人类敲响警钟。这对加强施工过程中水电费管理的重要性不言而喻。为便于施工过程支出的控制管理，应把控制用量计算到施工子项以便于水电费用控制。月末依据完成子项所需水电用量同实际用量对比，找出差距的出处，以便制订改正措施。总之，施工过程中对水电用量控制不仅仅是一个经济效益的问题，更重要的是一个合理利用宝贵资源的问题。

5. 对设计变更和工程签证的管理

在施工过程中，时常会遇到一些原设计未预料的实际情况或业主单位提出要求改变某些施工做法、材料代用等，引发设计变更；同样，对施工图以外的内容及停水、停电，或因材料供应不及时造成停工、窝工等都需要办理工程签证。以上两部分工作，首先应由负责现场施工的技术人员做好工程量的确认，如存在工程量清单不包括的施工内容，应及时通知技术人员，将需要办理工程签证的内容落实清楚；其次，工程造价人员审核变更或签证签字内容是否清楚完整、手续是否齐全。如手续不齐全，应在当天督促施工人员补办手续，变更或签证的资料应连续编号；最后，工程造价人员还应特别注意在施工方案中涉及的工程造价问题。在投标时工程量清单是依据以往的经验计价，建立在既定的施工方案基础上的。施工方案的改变便是对工程量清单造价的修正。变更或签证是工程量清单工程造价中所不包括的内容，但在施工过程中费用已经发生，工程造价人员应及时地编制变更及签证后的变动价值。加强设计变更和工程签证工作是施工企业经济活动中的一个重要组成部分，它可防止应得效益的流失，反映工程真实造价构成，对施工企业各级管理者来说更显得重要。

6. 对其他成市要素的管理

成本要素除工料单价法包含的外，还有管理费用、利润、临设费、税金、保险费等。这部分收入已分散在工程量清单的子项之中，中标后已成既定的数，因而，在施工过程中应注意以下几点：

（1）节约管理费用是重点，制定切实的预算指标，对每笔开支严格依据预算执行审批手续；提高管理人员的综合素质做到高效精干，提倡一专多能。对办公费用的管理，从节约一张纸、减少每次通话时间等方面着手，精打细算，控制费用支出。

（2）利润作为工程量清单子项收入的一部分，在成本不亏损的情况下，就是企业既定利润。

（3）临设费管理的重点是，依据施工的工期及现场情况合理布局临设。尽可能就地取材搭建临设，工程接近竣工时及时减少临设的占用。对购买的彩板房每次安、拆要高抬轻放，延长使用次数。日常使用及时维护易损部位，延长使用寿命。

（4）对税金、保险费的管理重点是一个资金问题，依据施工进度及时拨付工程款，确保按国家规定的税金及时上缴。

以上六个方面是施工企业的成本要素，针对工程量清单形式带来的风险性，施工企业要从加强过程控制的管理入手，才能将风险降到最低点。积累各种结构形式下成本要素的资料，逐步形成科学、合理的，具有代表人力、财力、技术力量的企业定额体系。通过企业定额，使报价不再盲目，避免了一味过低或过高报价所形成的亏损、废标，以应付复杂激烈的市场竞争。

三、2013 版清单计价规范简介

2012 年 12 月 25 日，住房和城乡建设部发布了《建设工程工程量清单计价规范》(GB 50500—2013)(以下简称"13 计价规范")和《房屋建筑与装饰工程工程量计算规范》(GB 50854—2013)、《仿古建筑工程工程量计算规范》(GB 50855—2013)、《通用安装工程工程量计算规范》(GB 50856—2013)、《市政工程工程量计算规范》(GB 50857—2013)、《园林绿化工程工程量计算规范》(GB 50858—2013)、《矿山工程工程量计算规范》(GB 50859—2013)、《构筑物工程工程量计算规范》(GB 50860—2013)、《城市轨道交通工程工程量计算规范》(GB 50861—2013)、《爆破工程工程量计算规范》(GB 50862—2013)9 本计量规范(以下简称"13 工程计量规范")，全部 10 本规范于 2013 年 7 月 1 日起实施。

"13 计价规范"及"13 工程计量规范"是在《建设工程工程量清单计价规范》(GB 50500—2008)(以下简称"08 计价规范")基础上，以原建设部发布的工程基础定额、消耗量定额、预算定额以及各省、自治区、直辖市或行业建设主管部门发布的工程计价定额为参考，以工程计价相关的国家或行业的技术标准、规范、规程为依据，收集近年来新的施工技术、工艺和新材料的项目资料，经过整理，在全国广泛征求意见后编制而成。

"13 计价规范"共设置 16 章、54 节、329 条，各章名称为：总则、术语、一般规定、工程量清单编制、招标控制价、投标报价、合同价款约定、工程计量、合同价款调整、合同价款期中支付、竣工结算与支付、合同解除的价款结算与支付、合同价款争议的解决、工程造价鉴定、工程计价资料与档案和工程计价表格。相比"08 计价规范"而言，分别增加了 11 章、37 节、192 条。

"13 计价规范"适用于建设工程发承包及实施阶段的招标工程量清单、招标控制价、投标报价的编制，工程合同价款的约定，竣工结算的办理以及施工过程中的工程计量、合同价款支付、施工索赔与现场签证、合同价款调整和合同价款争议的解决等计价活动。相对于"08 计价规范"，"13 计价规范"将"建设工程工程量清单计价活动"修改为"建设工程发承包及实施阶段的计价活动"，从而对清单计价规范的适用范围进一步进行了明确，表明了不分何种计价方式，建设工程发承包及实施阶段的计价活动必须执行"13 计价规范"。之所以规定"建设工程发承包及实施阶段的计价活动"，主要是因为工程建设具有周期长、金额大、不确定因素多的特点，从而决定了建设工程计价具有分阶段计价的特点。建设工程决策阶段、设计阶段的计价要求与发承包及实施阶段人计价要求是有区别的，这就避免了因理解上的歧义而发生纠纷。

"13 计价规范"规定："建设工程发承包及实施阶段的工程造价应由分部分项工程费、措施项目费、其他项目费、规费和税金组成。"这说明了无论采用什么计价方式，建设工程发承包及实施阶段的工程造价均由这五部分组成，这五部分也称之为建筑安装工程费。

根据原人事部、原建设部《关于印发〈造价工程师执业制度暂行规定〉的通知》(人发〔1996〕77 号)、《注册造价工程师管理办法》(建设部第 150 号令)以及《全国建设工程造价员管理办法》(中价协〔2011〕021 号)的有关规定，"13 计价规范"规定："招标工程量清单、招标控制价、投标报价、工程计量、合同价款调整、合同价款结算与支付以及工程造价鉴定等工程造价文件的编制与核对，应由具有专业资格的工程造价人员承担。""承担工程造价文件的编制与核对的工程造价人员及其所在单位，应对工程造价文件的质量负责。"

另外，由于建设工程造价计价活动不仅要客观反映工程建设的投资，更应体现工程建设交易活动的公正、公平的原则，因此"13计价规范"规定，工程建设双方，包括受其委托的工程造价咨询方，在建设工程发承包及实施阶段从事计价活动均应遵循客观、公正、公平的原则。

第二节　工程量清单计价相关规定

一、计价方式

(1)使用国有资金投资的建设工程发承包，必须采用工程量清单计价。国有投资的资金包括国家融资资金、国有资金为主的投资资金。

1)国有资金投资的工程建设项目包括：

①使用各级财政预算资金的项目；

②使用纳入财政管理的各种政府性专项建设资金的项目；

③使用国有企事业单位自有资金，并且国有资产投资者实际拥有控制权的项目。

2)国家融资资金投资的工程建设项目包括：

①使用国家发行债券所筹资金的项目；

②使用国家对外借款或者担保所筹资金的项目；

③使用国家政策性贷款的项目；

④国家授权投资主体融资的项目；

⑤国家特许的融资项目。

建设工程工程量
清单计价规范

3)国有资金为主的工程建设项目是指国有资金占投资总额50%以上，或虽不足50%但国有投资者实质上拥有控股权的工程建设项目。

(2)非国有资金投资的建设工程，"13计价规范"鼓励采用工程量清单计价方式，但是否采用，由项目业主自主确定。

(3)不采用工程量清单计价的建设工程，应执行"13计价规范"中除工程量清单等专门性规定外的其他规定。

(4)实行工程量清单计价应采用综合单价法，无论分部分项工程项目、措施项目、其他项目，还是以单价形式或以总价形式表现的项目，其综合单价的组成内容均包括完成该项目所需的、除规费和税金以外的所有费用。

(5)根据《中华人民共和国安全生产法》《中华人民共和国建筑法》《建设工程安全生产管理条例》《安全生产许可证条例》等法律、法规的规定，建设部办公厅印发了《建筑工程安全防护、文明施工措施费及使用管理规定》（建办〔2005〕89号），将安全文明施工费纳入国家强制性标准管理范围，其费用标准不予竞争，并规定"投标方安全防护、文明施工措施的报价，不得低于依据工程所在地工程造价管理机构测定费率计算所需费用总额的90％"。2012年2月14日，财政部、国家安全生产监督管理总局印发《企业安全生产费用提取和使用管理办去》（财企〔2012〕16号）规定："建设工程施工企业提取的安全费用列入工程造价，在竞标时，不得删减，列入标外管理"。

"13计价规范"规定措施项目清单中的安全文明施工费必须按国家或省级、行业建设主管部门的规定费用标准计算，招标人不得要求投标人对该项费用进行优惠，投标人也不得将该项费用参与市场竞争。此处的安全文明施工费包括《建筑安装工程费用项目组成》（建标〔2013〕44号）中措施费的文明施工费、环境保护费、临时设施费、安全施工费。

（6）根据住房和城乡建设部、财政部印发的《建筑安装工程费用项目组成》（建标〔2013〕44号）的规定，规费是政府和有关权力部门规定必须缴纳的费用。税金是国家按照税法预先规定的标准，强制地、无偿地要求纳税人缴纳的费用。它们都是工程造价的组成部分，但是其费用内容和计取标准都不是发、承包人能自主确定的，更不是由市场竞争决定的。因而"13计价规范"规定："规费和税金必须按国家或省级、行业建设主管部门的规定计算，不得作为竞争性费用。"

二、发包人提供材料和机械设备

《建设工程质量管理条例》第14条规定："按照合同约定，由建设单位采购建筑材料、建筑构配件和设备的，建设单位应当保证建筑材料、建筑构配件和设备符合设计文件和合同要求"。《中华人民共和国合同法》第283条规定："发包人未按照约定的时间和要求提供原材料、设备、场地、资金、技术资料的，承包人可以顺延工程日期，并有权要求赔偿停工、窝工等损失"。"13计价规范"根据上述法律条文对发包人提供材料和机械设备的情况进行了如下约定：

（1）发包人提供的材料和工程设备（以下简称甲供材料）应在招标文件中按照规定填写《发包人提供材料和工程设备一览表》，写明甲供材料的名称、规格、数量、单价、交货方式、交货地点等。承包人投标时，甲供材料价格应计入相应项目的综合单价中。签约后，发包人应按合同约定扣除甲供材料款，不予支付。

（2）承包人应根据合同工程进度计划的安排，向发包人提交甲供材料交货的日期计划。发包人应按计划提供。

（3）发包人提供的甲供材料如规格、数量或质量不符合合同要求，或由于发包人原因发生交货日期延误、交货地点及交货方式变更等情况的，发包人应承担由此增加的费用和（或）工期延误，并应向承包人支付合理利润。

（4）发承包双方对甲供材料的数量发生争议不能达成一致的，应按照相关工程的计价定额同类项目规定的材料消耗量计算。

（5）若发包人要求承包人采购已在招标文件中确定为甲供材料的，材料价格应由发承包双方根据市场调查确定，并应另行签订补充协议。

三、承包人提供材料和工程设备

《建设工程质量管理条例》第29条规定："施工单位必须按照工程设计要求、施工技术标准和合同约定，对建筑材料、建筑构配件、设备和商品混凝土进行检验，检验应当有书面记录和专人签字；未经检验或者检验不合格的，不得使用。""13 计价规范"根据此法律条文对承包人提供材料和机械设备的情况进行了如下约定：

(1)除合同约定的发包人提供的甲供材料外，合同工程所需的材料和工程设备应由承包人提供，承包人提供的材料和工程设备均应由承包人负责采购、运输和保管。

(2)承包人应按合同约定将采购材料和工程设备的供货人及品种、规格、数量和供货时间等提交发包人确认，并负责提供材料和工程设备的质量证明文件，满足合同约定的质量标准。

(3)对承包人提供的材料和工程设备经检测不符合合同约定的质量标准，发包人应立即要求承包人更换，由此增加的费用和(或)工期延误应由承包人承担。对发包人要求检测承包人已具有合格证明的材料、工程设备，但经检测证明该项材料、工程设备符合合同约定的质量标准，发包人应承担由此增加的费用和(或)工期延误，并向承包人支付合理利润。

四、计价风险

(1)建设工程发承包，必须在招标文件、合同中明确计价中的风险内容及其范围，不得采用无限风险、所有风险或类似语句规定计价中的风险内容及范围。

风险是一种客观存在的、会带来损失的、不确定的状态。它具有客观性、损失性、不确定性的特点，并且风险始终是与损失相联系的。工程施工发包是一种期货交易行为，工程建设本身又具有单件性和建设周期长的特点。在工程施工过程中影响工程施工及工程造价的风险因素很多，但并非所有的风险都是承包人能预测、能控制和应承担其造成损失的。

工程施工招标发包是工程建设交易方式之一，一个成熟的建设市场应是一个体现交易公平性的市场。在工程建设施工发包中实行风险共担和合理分摊原则是实现建设市场交易公平性的具体体现，是维护建设市场正常秩序的措施之一。其具体体现则是应在招标文件或合同中对发、承包双方各自应承担的风险内容及其风险范围或幅度进行界定和明确，而不能要求承包人承担所有风险或无限度风险。

根据我国工程建设特点，投标人应完全承担的风险是技术风险和管理风险，如管理费和利润；应有限度承担的是市场风险，如材料价格、施工机械使用费等的风险；应完全不承担的是法律、法规、规章和政策变化的风险。

(2)由于下列因素出现，影响合同价款调整的，应由发包人承担：

1)由于国家法律、法规、规章或有关政策出台导致工程税金、规费等发生变化的；

2)对于根据我国目前工程建设的实际情况，各省、自治区、直辖市建设行政主管部门均根据当地人力资源和社会保障行政主管部门的有关规定发布人工成本信息或人工费调整，对此关系职工切身利益的人工费进行调整的，但承包人对人工费或人工单价的报价高于发布的除外；

3)按照《中华人民共和国合同法》第 63 条规定："执行政府定价或者政府指导价的，在合同约定的交付期限内价格调整时，按照交付的价格计价。逾期交付标的物的，遇价格上涨时，按照原价格执行；价格下降时，按照新价格执行。逾期提取标的物或者逾期付款的，遇价格上涨时，按照新价格执行；价格下降时，按照原价格执行"。因此，对政府定价或政府指导价管理的原材料价格按照相关文件规定进行合同价款的调整。

因承包人原因导致工期延误的，应按本书后叙"合同价款调整"中"法律法规变化"和"物价变化"中的有关规定进行处理。

（3）对于主要由市场价格波动导致的价格风险，如工程造价中的建筑材料、燃料等价格风险，应由发承包双方合理分摊，并按规定填写《承包人提供主要材料和工程设备一览表》作为合同附件；当合同中没有约定，发承包双方发生争议时，应按"13 计价规范"的相关规定调整合同价款。

"13 计价规范"中提出承包人所承担的材料价格的风险宜控制在 5％以内，施工机械使用费的风险可控制在 10％以内，超过者予以调整。

（4）由于承包人使用机械设备、施工技术以及组织管理水平等自身原因造成施工费用增加的，应由承包人全部承担。

（5）当不可抗力发生，影响合同价款时，应按本书后叙"合同价款调整"中"不可抗力"的相关规定处理。

第三节　工程量清单编制

工程量清单是表现拟建工程的分部分项工程项目、措施项目、其他项目、规费项目和税金项目的名称和相应数量的明细清单。工程量清单包括分部分项工程量清单、措施项目清单、其他项目清单、规费项目清单和税金项目清单。

工程量清单应由招标人负责编制，若招标人不具有编制工程量清单的能力，则可根据《工程造价咨询企业管理办法》（建设部第 149 号令）的规定，委托具有工程造价咨询资质的工程造价咨询人编制。

一、工程量清单编制依据

（1）《房屋建筑与装饰工程工程量计算规范》（GB 50854—2013）和"13 计价规范"；

（2）国家或省级、行业建设主管部门颁发的计价依据和办法；

（3）建设工程设计文件；

（4）与建设工程项目有关的标准、规范、技术资料；

（5）拟定招标文件；

（6）施工现场情况、工程特点及常规施工方案；

（7）其他相关资料。

二、分部分项工程项目

"分部分项工程"是"分部工程"和"分项工程"的总称。"分部工程"是单位工程的组成部分，系按结构部位、路段长度及施工特点或施工任务将单位工程划分为若干分部的工程。例如，房屋建筑工程分为土石方工程、桩基工程、砌筑工程、混凝土及钢筋混凝土工程等分部工程。"分项工程"是分部工程的组成部分，系按不同施工方法、材料、工序及路段长度等分部工程划分为若干个分项或项目的工程。例如，现浇混凝土基础分为带形基础、独立基础、满堂基础、桩承台基础、设备基础等分项工程。

分部分项工程量清单根据《房屋建筑与装饰工程工程量计算规范》（GB 50854—2013）附录的规定包括项目编码、项目名称、项目特征、计量单位、工程量计算规则和工作内容六项内容。

1. 项目编码

项目编码是指分部分项工程和措施项目工程量清单项目名称的阿拉伯数字标志的顺序码。工程量清单项目编码，应采用 12 位阿拉伯数字表示，1～9 位应按附录的规定设置，10～12 位应根据拟建工程的工程量清单项目名称设置，同一招标工程的项目编码不得有重码。

2. 项目名称

分部分项工程项目名称的设置或划分一般以形成工程实体为原则进行命名，所谓实体是指形成生产或工艺作用的主要实体部分，对附属或次要部分均一般不设置项目。对于某些不形成工程实体的项目如"挖基础土方"，考虑土石方工程的重要性及对工程造价有较大影响，仍列入清单项目。

分部分项工程量清单的项目名称应按《房屋建筑与装饰工程工程量计算规范》（GB 50854—2013）中附录的项目名称结合拟建工程的实际确定。

3. 项目特征

项目特征是表征构成分部分项工程项目、措施项目自身价值的本质特征，是对体现分部分项工程量清单、措施项目清单价值的特有属性和本质特征的描述。从本质上讲，项目特征体现的是对分部分项工程的质量要求，是确定一个清单项目综合单价不可缺少的重要依据，在编制工程量清单时，必须对项目特征进行准确和全面的描述。工程量清单项目特征描述的重要意义在于：项目特征是区分具体清单项目的依据；项目特征是确定综合单价的前提；项目特征是履行合同义务的基础，如在施工中，施工图纸中特征与标价的工程量清单中分部分项工程项目特征不一致或发生变化时，即可按合同约定调整该分部分项工程的综合单价。

分部分项工程量清单项目特征应按《房屋建筑与装饰工程工程量计算规范》（GB 50854—2013）附录中规定的项目特征，结合拟建工程项目的实际、技术规范、标准图集、施工图纸，按照工程结构、使用材质及规格或安装位置等，予以详细而准确的表述和说明。如010502003 异形柱，需要描述的项目特征有：柱形状、混凝土类别、混凝土强度等级，其中混凝土类别可以是清水混凝土、彩色混凝土等，或预拌（商品）混凝土、现场搅拌混凝土等。

为达到规范、简洁、准确、全面描述项目特征的要求，在描述工程量清单项目特征时应按以下原则进行。

（1）项目特征描述的内容应按《房屋建筑与装饰工程工程量计算规范》（GB 50854—2013）附录中的规定，结合拟建工程的实际，能满足确定综合单价的需要。

（2）若采用标准图集或施工图纸能够全部或部分满足项目特征描述的要求，项目特征描述可直接采用详见××图集或××图号的方式。对不能满足项目特征描述要求的部分，仍应用文字描述。

在对分部分项工程进行项目特征描述时还应注意以下几点：

（1）必须描述的内容。

1）涉及正确计量的内容必须描述。如 010509001 矩形柱，当以"根"为单位计量时，项目特征需要描述单件体积；当以"m³"为单位计量时，则单件体积描述的意义不大，可不描述。

2）涉及结构要求的内容必须描述。如混凝土构件的混凝土强度等级，是使用 C20 还是 C30 或 C40 等，因混凝土强度等级不同，其综合单价也不同，强度等级也是混凝土构件质量要求，所以必须描述。

3）涉及材质要求的内容必须描述。如管材的材质，是碳钢管还是塑钢管、不锈钢钢管等；混凝土构件混凝土的种类，是清水混凝土还是彩色混凝土，是预拌（商品）混凝土还是现场搅拌混凝土。

4）涉及安装方式的内容必须描述：如管道工程中的钢管的连接方式是螺纹连接还是焊接；塑料管是胶粘连接还是热熔连接等，就必须描述。

（2）可不描述或可不详细描述的内容。

1）对计量计价没有实质影响的内容可以不描述。如对现浇混凝土柱的高度、断面大小等的特征可以不描述，因为混凝土构件是按"m³"计量，对此的描述实质意义不大。

2）应由投标人根据施工方案确定的可以不描述。如对石方的预裂爆破的单孔深度及装药量的特征，如清单编制人来描述是困难的，由投标人根据施工要求，在施工方案中确定，自主报价比较恰当。

3）应由投标人根据当地材料和施工要求确定的可以不描述。如对混凝土构件中的混凝土拌合料使用的石子种类及粒径、砂的种类及特征可以不描述。因为混凝土拌合料使用石还是碎石，使用粗砂还是中砂、细砂或特细砂，除构件本身特殊要求需要指定外，主要取决于工程所在地砂、石子材料的供应情况。至于石子的粒径大小，主要取决于钢筋配筋的密度。

4）应由施工措施解决的可以不描述。如对现浇混凝土板、梁的标高的特征可以不描述。因为同样的板或梁，都可以将其归并在同一个清单项目中，但由于标高的不同，将会导致因楼层的变化对同一项目提出多个清单项目，不同的楼层工效不一样，但这样的差异可以由投标人在报价中考虑，或在施工措施中去解决。

5）对采用标准图集或施工图纸能够全部或部分满足项目特征描述要求的，项目特征描述可直接采用详见××图集或××图号的方式。

6）对注明由投标人根据施工现场实际自行考虑决定报价的，项目特征可不描述。如石方工程中弃渣运距。

4. 计量单位

分部分项工程量清单的计量单位应按《房屋建筑与装饰工程工程量计算规范》（GB 50854—2013）附录中规定的计量单位确定。

5. 工程量计算规则

《房屋建筑与装饰工程工程量计算规范》（GB 50854—2013）统一规定了分部分项工程项目的工程量计算规则。其原则是按施工图图示尺寸（数量）计算工程实体工程数量的净值。工程量清单中所列工程量应按规定的工程量计算规则计算。

6. 工作内容

工作内容是指为了完成分部分项工程项目或措施项目所需要发生的具体施工作业内容。《房屋建筑与装饰工程工程量计算规范》(GB 50854—2013)附录中给出的是一个清单项目所可能发生的工作内容，在确定综合单价时需要根据清单项目特征中的要求，或根据工程具体情况，或根据常规施工方案，从中选择其具体的施工作业内容。

工作内容不同于项目特征，在清单编制时不需要描述。项目特征体现的是清单项目质量或特性的要求或标准，工作内容体现的是完成一个合格的清单项目需要具体做的施工作业，对于一项明确了分部分项工程项目或措施项目，工作内容确定了其工程成本。

如 010401001 砖基础，其项目特征为：砖品种、规格、砂浆强度等级；基础类型；防潮层材料种类。工程内容为：砂浆制作、运输；砌砖；防潮层铺设；材料运输。通过对比可以看出，如"砂浆强度等级"是对砂浆质量标准的要求，属于项目特征；"砂浆制作、运输"是砌筑过程中的工艺和方法，体现的是如何做，属于工作内容。

【例 7-1】 某项目施工图如图 7-1 所示，土质类别为坚土，取土、弃土运距均为 5 m。

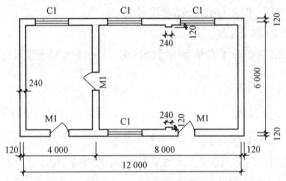

图 7-1　某项目施工图

某地区定额资料见表 7-1。

表 7-1　定额资料

消耗量标准编号	项目名称	单位	单价(基价表)/元			单价(市场价)/元		
			人工费	材料费	机械费	人工费	材料费	机械费
A1—3	平整场地	100 m²	220.50	0	0	239.40	0	0
说明：单价(基价表)中人工工资单价为：42 元/工日。								

要求列出上述项目土石方工程的清单项目名称，描述其项目特征，计算清单工程量，计算清单项目组价工程量，计算清单项目综合单价。

【解】 (1)列出清单项目名称，描述其项目特征，计算工程量；根据清单项目特征列出组价定额项目名称，计算组价定额项目工程量，见表 7-2。

表 7-2　分部分项工程量计算表

序号	项目编码	项目名称及项目特征	单位	数量	工程量计算规则/计算式

序号	项目编码	项目名称及项目特征	单位	数量	工程量计算规则/计算式
1	010101001001	平整场地 1. 土壤类别：坚土 2. 弃土运距：5 m 3. 取土运距：5 m	m²	76.38	按设计图示尺寸以建筑物首层建筑面积计算
					$12.24 \times 6.24 = 76.38(\text{m}^2)$
1	A1—3	平整场地	100 m²	166.30	按建筑物外墙外边线每边各加 2 m，以平方米计算
					$(12.24 + 2 \times 2) \times (6.24 + 2 \times 2) = 166.30(\text{m}^2)$
	组价说明： 　组价定额列项总体原则：所列定额项目所包含的工作内容必须与清单项目特征规定的工作内容一致。 　定额子目 A1—3 包含的工作内容，与清单项目特征的要求一致。故此，组价时直接套用定额子目 A—13。				

（2）计算清单项目综合单价所包含的费用计算。

按建筑工程取费标准取费：

人工费：239.40 元/100 m²【市场单价】×166.30 m²【工程量】=398.12 元

材料费：0

机械费：0

企业管理费：220.50 元/100 m²【市场单价】/42 元/工日【人工消耗量】×60 元/工日【取费人工单价】×166.30 m²【工程量】×5.11%【费率】=26.77 元

利润：（220.50 元/100 m²/42 元/工日【人工消耗量】×60 元/工日【取费人工单价】×166.30 m²【工程量】+26.77 元【企业管理费】）×3.11%【费率】=17.12 元

合计：398.12+26.77+17.12=442.01（元）

（3）综合单价计算。

综合单价=442.01 元【清单项目费用合计】/76.38 m²【工程量】=5.79 元/m²

（4）编制分部分项工程量清单与计价表，见表 7-3。

表 7-3　分部分项工程和单价措施项目清单与计价表

工程名称：　　　　　　　　　　　标段：　　　　　　　　　　　第 页 共 页

序号	项目编码	项目名称	项目特征描述	计量单位	工程量	综合单价	合价	其中暂估价
1	010101001001	平整场地	1. 土壤类别：坚土 2. 弃土运距：5 m 3. 取土运距：5 m	m²	76.38	5.79	442.01	

本页小计		
合计		

三、措施项目

"措施项目"是相对于工程实体的分部分项工程项目而言，对实际施工中必须发生的施工准备和施工过程中技术、生活、安全、环境保护等方面的非工程实体项目的总称。如安全文明施工、模板工程、脚手架工程等。

《房屋建筑与装饰工程工程量计算规范》(GB 50854—2013)附录中列出了两种类型的措施项目，一类措施项目中列出了项目编码、项目名称、项目特征、计量单位、工程量计算规则的项目，编制工程量清单时，与分部分项工程项目的相关规定一致；另一类措施项目列出项目编码、项目名称，未列出项目特征、计量单位和工程量计算规则的项目，编制工程量清单时，应按规范中措施项目规定的项目编码、项目名称确定。

措施项目应根据拟建工程的实际情况列项，若出现《房屋建筑与装饰工程工程量计算规范》(GB 50854—2013)中未列出的项目，可根据工程实际情况补充。

四、其他项目、规费和税金

其他项目、规费和税金项目清单应按照现行国家标准"13 计价规范"的相关规定编制。

第四节　招标控制价编制

一、招标控制价的作用

(1)我国对国有资金投资项目的投资控制实行投资概算审批制度，国有资金投资的工程原则上不能超过批准的投资概算。因此，在工程招标发包时，当编制的招标控制价超过批准的概算，招标人应当将其报原概算审批部门重新审核。

(2)国有资金投资的工程进行招标，根据《中华人民共和国招标投标法》的规定，招标人可以设标底。当招标人不设标底时，为有利于客观、合理地评审投标报价和避免哄抬标价，造成国有资产流失，招标人必须编制招标控制价。

(3)国有资金投资的工程，招标人编制并公布的招标控制价相当于招标人的采购预算，同时要求其不能超过批准的概算，因此，招标控制价是招标人在工程招标时能接受投标人报价的最高限价。

二、招标控制价的编制与复核

招标控制价的作用决定了招标控制价不同于标底，无须保密。为体现招标的公平、公正，防止招标人有意抬高或压低工程造价，招标人应在招标文件中如实公布招标控制价，不得对所编制的招标控制价进行上浮或下调。招标人在招标文件中公布招标控制价时，应公布招标控制价各组成部分的详细内容，不得只公布招标控制价总价。

招标控制价是招标人根据国家或省级、行业建设主管部门颁发的有关计价依据和办法，按设计施工图纸计算的，对招标工程限定的最高工程造价。国有资金投资的工程建设项目必须实行工程量清单招标，并必须编制招标控制价。

招标人应将招标控制价及有关资料报送工程所在地或有该工程管辖权的行业管理部门工程造价管理机构备查。

1. 招标控制价的编制人员

招标控制价应由具有编制能力的招标人编制，当招标人不具有编制招标控制价的能力时，可委托具有相应资质的工程造价咨询人编制。工程造价咨询人接受招标人委托编制招标控制价，不得再就同一工程接受投标人委托编制投标报价。

所谓具有相应工程造价咨询资质的工程造价咨询人，是指依法取得工程造价咨询企业资质，并在其资质许可的范围内接受招标人的委托，编制招标控制价的工程造价咨询企业。即取得甲级工程造价咨询资质的咨询人可承担各类建设项目的招标控制价编制，取得乙级（包括乙级暂定）工程造价咨询资质的咨询人，则只能承担 5 000 万元以下的招标控制价的编制。

2. 招标控制价的编制依据

(1)"13 计价规范"；

(2)国家或省级、行业建设主管部门颁发的计价定额和计价办法；

(3)建设工程设计文件及相关资料；

(4)拟定的招标文件及招标工程量清单；

(5)与建设项目相关的标准、规范、技术资料；

(6)施工现场情况、工程特点及常规施工方案；

(7)工程造价管理机构发布的工程造价信息，当工程造价信息没有发布时，参照市场价；

(8)其他相关资料。

3. 招标控制价的编制内容与要求

(1)综合单价中应包括招标文件中划分的应由投标人承担的风险范围及其费用。招标文件中没有明确的，如是工程造价咨询人编制，应提请招标人明确；如是招标人编制，应予明确。

(2)分部分项工程和措施项目中的单价项目，应根据拟定的招标文件和招标工程量清单项目中的特征描述及有关要求确定综合单价计算。招标文件中提供了暂估单价的材料，按暂估的单价计入综合单价。

(3)措施项目中的总价项目应根据拟定的招标文件和常规施工方案采用综合单价计价。措施项目中的安全文明施工费必须按国家或省级、行业建设主管部门的规定计算，不得作为竞争性费用。

(4)其他项目费应按下列规定计价：

1)暂列金额。暂列金额应按招标工程量清单中列出的金额填写。

2)暂估价。暂估价包括材料暂估单价、工程设备暂估单价和专业工程暂估价。暂估价中的材料、工程设备单价应根据招标工程量清单列出的单价计入综合单价。

3）计日工。计日工包括计日工人工、材料和施工机械。在编制招标控制价时，对计日工中的人工单价和施工机械台班单价应按省级、行业建设主管部门或其授权的工程造价管理机构公布的单价计算；材料应按工程造价管理机构发布的工程造价信息中的材料单价计算，若工程造价信息未发布材料单价的材料，其价格应按市场调查确定的单价计算。

4）总承包服务费。招标人编制招标控制价时，总承包服务费应根据招标文件中列出的内容和向总承包人提出的要求，按照省级或行业建设主管部门的规定或参照下列标准计算：

①招标人仅要求对分包的专业工程进行总承包管理和协调时，按分包的专业工程估算造价的 1.5％计算；

②招标人要求对分包的专业工程进行总承包管理和协调，并同时要求提供配合服务时，根据招标文件中列出的配合服务内容和提出的要求，按分包的专业工程估算造价的 3％～5％计算；

③招标人自行供应材料的，按招标人供应材料价值的 1％计算。

（5）招标控制价的规费和税金必须按国家或省级、行业建设主管部门的规定计算。

4. 编制招标控制价时的注意事项

编制招标控制价时，应注意以下事项：

（1）使用的计价标准、计价政策应是国家或省、自治区、直辖市建设行政主管部门或行业建设主管部门颁布的计价定额和计价方法；

（2）采用的材料价格应是工程造价管理机构通过工程造价信息发布的材料单价，工程造价信息未发布材料单价的材料，其材料价格应通过市场调查确定；

（3）国家或省、自治区、直辖市建设行政主管部门或行业建设主管部门对工程造价计价中费用或费用标准有规定的，应按规定执行。

三、投诉与处理

投标人经复核认为招标人公布的招标控制价未按照"13 计价规范"的规定进行编制的，应在招标控制价公布后 5 天内向招投标监督机构和工程造价管理机构投诉。

投诉人不得进行虚假、恶意投诉，阻碍招投标活动的正常进行。投诉人投诉时，应当提交由单位盖章和法定代表人或其委托人签名或盖章的书面投诉书。

1. 投诉书内容

（1）投诉人与被投诉人的名称、地址及有效联系方式；

（2）投诉的招标工程名称、具体事项及理由；

（3）投诉依据及有关证明材料；

（4）相关的请求及主张。

2. 投诉审查与处理

（1）工程造价管理机构在接到投诉书后应在 2 个工作日内进行审查，对有下列情况之一的，不予受理：

1）投诉人不是所投诉招标工程招标文件的收受人；

2）投诉书提交的时间不符合规定的；

3）投诉书不符合规定的；

4)投诉事项已进入行政复议或行政诉讼程序的。

(2)工程造价管理机构应在不迟于结束审查的次日将是否受理投诉的决定书面通知投诉人、被投诉人以及负责该工程招投标监督的招投标管理机构。

(3)工程造价管理机构受理投诉后，应立即对招标控制价进行复查，组织投诉人、被投诉人或其委托的招标控制价编制人等单位人员对投诉问题逐一核对。有关当事人应当予以配合，并应保证所提供资料的真实性。

(4)工程造价管理机构应当在受理投诉的10天内完成复查，特殊情况下可适当延长，并做出书面结论通知投诉人、被投诉人及负责该工程招投标监督的招投标管理机构。

(5)当招标控制价复查结论与原公布的招标控制价误差大于±3%时，应当责成招标人改正。

(6)招标人根据招标控制价复查结论需要重新公布招标控制价的，其最终公布的时间至招标文件要求提交投标文件截止时间不足15天的，应相应延长投标文件的截止时间。

第五节　投标报价编制

一、投标报价的编制依据

(1)"13计价规范"；
(2)国家或省级、行业建设主管部门颁发的计价办法；
(3)企业定额，国家或省级、行业建设主管部门颁发的计价定额和计价办法；
(4)招标文件、招标工程量清单及其补充通知、答疑纪要；
(5)建设工程设计文件及相关资料；
(6)施工现场情况、工程特点及投标时拟定的施工组织设计或施工方案；
(7)与建设项目相关的标准、规范等技术资料；
(8)市场价格信息或工程造价管理机构发布的工程造价信息；
(9)其他相关资料。

二、投标报价的编制与复核要求

投标报价应由投标人或受其委托具有相应资质的工程造价咨询人编制，编制要求如下：
(1)投标报价不低于工程成本。
(2)投标人必须按照招标人工程量清单填报价格。项目编码、项目名称、项目特征、计量单位、工程量必须与招标工程量清单一致。
(3)投标人的投标报价高于招标控制价的应作为废标。
(4)综合单价中应包括招标文件中划分的应由投标人承担的风险范围及其费用，招标文件中没有明确的，应提请招标人明确。
(5)分部分项工程和措施项目中的单价项目，应根据招标文件和招标工程量清单项目中的特征描述确定综合单价计算。

(6)投标人可根据工程实际情况并结合施工组织设计，对招标人所列的措施项目进行增补。由于各投标人拥有的施工装备、技术水平和采用的施工方法有所差异，而招标人提出的措施项目清单是根据一般情况确定的，没有考虑不同投标人的"个性"，投标人投标时应根据自身编制的投标施工组织设计或施工方案确定措施项目，对招标人提供的措施项目进行调整。投标人根据投标施工组织设计或施工方案调整和确定的措施项目应通过评标委员会的评审。

措施项目中的总价项目应采用综合单价计价。其中安全文明施工费应按国家或省级、行业建设主管部门的规定确定，且不得作为竞争性费用。

(7)其他项目应按下列规定报价：

1)暂列金额应按招标工程量清单中列出的金额填写，不得变动；

2)材料、工程设备暂估价应按招标工程量清单中列出的单价计入综合单价，不得变动和更改；

3)专业工程暂估价应按招标工程量清单中列出的金额填写，不得变动和更改；

4)计日工应按招标工程量清单中列出的项目和数量，自主确定综合单价并计算计日工金额；

5)总承包服务费应依据招标工程量清单中列出的专业工程暂估价内容和供应材料、设备情况，按照招标人提出协调、配合与服务要求和施工现场管理需要自主确定。

(8)规费和税金应按国家或省级、行业建设主管部门的规定计算，不得作为竞争性费用。规费和税金的计取标准是依据有关法律、法规和政策规定制定的，具有强制性。投标人是法律、法规和政策的执行者，不能改变，更不能制定，而必须按照法律、法规、政策的有关规定执行。

(9)招标工程量清单与计价表中列明的所有需要填写单价和合价的项目，投标人均应填写且只允许有一个报价。未填写单价和合价的项目，可视为此项费用已包含在已标价工程量清单中其他项目的单价和合价之中。当竣工结算时，此项目不得重新组价予以调整。

(10)实行工程量清单招标，投标人的投标总价应当与组成已标价工程量清单的分部分项工程费、措施项目费、其他项目费和规费、税金的合计金额相一致，即投标人在投标报价时，不能进行投标总价优惠(或降价、让利)，投标人对招标人的任何优惠(或降价、让利)均应反映在相应清单项目的综合单价中。

本章小结

编制工程量清单时，分部分项工程量清单包括项目编码、项目名称、项目特征、计量单位、工程量计算规则和工作内容六项内容。措施项目清单分为两类，一类措施项目中列出了项目编码、项目名称、项目特征、计量单位、工程量计算规则的项目，编制工程量清单时，与分部分项工程项目的相关规定一致；另一类措施项目列出项目编码、项目名称，未列出项目特征、计量单位和工程量计算规则的项目，编制工程量清单时，应按规范中措施项目规定的项目编码、项目名称确定。本章还阐述了招标控制价和投标报价的编制。

221

一、填空题

1. 工程量清单是表现拟建工程的_____、_____、_____、_____和_____的名称和相应数量的明细清单。

2. 招标控制价应由具有编制能力的招标人编制，当招标人不具有编制招标控制价的能力时，可委托_____编制。

二、选择题

1.（　　）是指分部分项工程和措施项目工程量清单项目名称的阿拉伯数字标志的顺序码。

    A. 项目编码   B. 项目顺序码

    C. 项目名称   D. 项目施工顺序

2.（　　）是单位工程的组成部分，是按结构部位、路段长度及施工特点或施工任务将单位工程划分为若干分部的工程。

    A."分部工程"   B. 项目顺序码

    C. 项目名称   D. 项目施工顺序

3. 招标人仅要求对分包的专业工程进行总承包管理和协调时，按分包的专业工程估算造价的（　　）计算。

    A. 3%   B. 1%   C. 1.5%   D. 3%～5%

三、问答题

1. 编制工程量清单的依据是什么？

2. 分部分项工程量清单包括哪些内容？

3. 试述招标控制价的作用。

4. 招标控制价应由哪些人员编制？

5. 简述投标报价的编制依据。

第八章　建设工程工程结算

知识目标

1. 明确工程价款主要结算方式，掌握工程结算常用术语，了解工程结算编制、审查人员的责任与任务及工程结算的编制、审查原则。

2. 熟悉工程结算编制文件的组成及编制成果的文件形式，了解工程结算的编制依据与原则，掌握工程结算的编制程序与方法。

3. 熟悉工程结算审查文件的组成及审查成果的文件形式，了解工程结算的审查依据与原则，掌握工程结算的审查程序与方法。

4. 明确工程结算文件质量要求和归档管理。

能力目标

能够进行工程结算文件的编制和审查，并进行文件的归档管理。

素养目标

1. 具有参与的热忱，在工作中寻找乐趣，定期对所学的内容进行交流与诠释。

2. 认知团队中不同的角色和各自的责任，分清个人对目标达成有利的优点。

3. 具有高度的抗挫折能力、百折不挠的意志，说话要态度好、有诚意。

第一节　概　　述

一、工程结算工作常用术语

工程结算工作常用术语见表 8-1。

表 8-1　工程结算工作常用术语

序号	项目	内容
1	工程结算	发承包双方依据约定的合同价款的确定和调整以及索赔等事项，对合同范围内部分完成、中止、竣工工程项目进行计算和确定工程价款的文件

序号	项目	内容
2	竣工结算	承包人按照合同约定的内容完成全部工作，经发包人或有关机构验收合格后，发承包双方依据约定的合同价款的确定和调整以及索赔等事项，最终计算和确定竣工项目工程价款的文件
3	分包工程结算	总包人与分包人依据约定的合同价款的确定和调整以及索赔等事项，对完成、中止、竣工分包工程项目进行计算和确定工程价款的文件
4	工程造价咨询企业	取得建设行政主管部门颁发的工程造价咨询资质，具有独立法人资格，从事工程造价咨询活动的企业
5	工程造价专业人员	从事工程造价活动，并取得注册证书的造价工程师和造价员
6	造价工程师	取得建设行政主管部门颁发的《造价工程师注册证书》，在一个单位注册，从事建设工程造价活动的专业人员
7	造价员	取得中国建设工程造价管理协会颁发的《全国建设工程造价员资格证书》，在一个单位注册，从事建设工程造价活动的专业人员
8	结算编制和审查委托人	委托他人编制工程结算的总包人或分包人；委托他人审查工程结算的发包人或投资人
9	结算编制和审查受委托人	接受结算编制人或结算审查人的委托，承担结算编制或结算审查的工程造价咨询单位
10	结算审查对比表	工程结算审查文件中与报审工程结算文件相对应的汇总、明细等各类反映工程量、单价、合价、总价等内容增减变化的对比表格
11	工程结算审定结果签署表	由审查工程结算文件的工程造价咨询企业编制，并由审查单位、承包单位和委托单位以及建设单位共同认可工程造价咨询企业审定的工程结算价格，并签字、盖章的成果文件

二、工程价款主要结算方式

我国现行工程价款结算根据不同情况，可采取多种方式。

1. 按月结算

按月结算是指实行旬末或月中预支，月终结算，竣工后清算的方法。跨年度竣工的工程，在年终进行工程盘点，办理年度结算。我国现行建筑安装工程价款结算中，相当一部分实行这种按月结算。

2. 竣工后一次结算

建设项目或单项工程全部建筑安装工程建设期在 12 个月以内，或者工程承包合同价值在 100 万元以下的，可以实行工程价款每月月中预支，竣工后一次结算。

3. 分段结算

分段估算即当年开工，当年不能竣工的单项工程或单位工程按照工程形象进度，划分不同阶段进行结算。分段结算可以按月预支工程款。分段的划分标准，由各部门、自治区、直辖市、计划单列市规定。

4. 目标结款方式

目标结款方式即在工程合同中，将承包工程的内容分解成不同的控制界面，以业主验收控制界面作为支付工程价款的前提条件。也就是说，将合同中的工程内容分解成不同的验收单元，当承包商完成单元工程内容并经业主(或其委托人)验收后，业主支付构成单元工程内容的工程价款。

采用目标结款方式时，承包商要想获得工程价款，必须按照合同约定的质量标准完成界面内的工程内容；要想尽早获得工程价款，承包商必须充分发挥自己的组织实施能力，在保证质量的前提下，加快施工进度。这意味着承包商拖延工期时，则业主推迟付款，因此会增加承包商的财务费用、运营成本，降低承包商的收益，客观上使承包商因延迟工期而遭受损失。同样，当承包商积极组织施工，提前完成控制界面内的工程内容，承包商可提前获得工程价款，增加承包收益，客观上承包商因提前工期而增加了有效利润。同时，因承包商在界面内质量达不到合同约定的标准而业主不予验收，承包商也会因此而遭受损失。可见，目标结款方式实质上是运用合同手段、财务手段对工程的完成进行主动控制。

目标结款方式中，对控制界面的设定应有明确描述，才便于量化和质量控制；同时，也要适应项目资金的供应周期和支付频率。

5. 结算双方约定的其他结算方式

施工企业在采用按月结算工程价款方式时，要先取得各月实际完成的工程数量，并按照工程预算定额中的相关费用预算单价、费用定额和合同中采用的利税率，计算出已完工程造价。实际完成的工程数量，由施工单位根据有关资料计算，并编制"已完工程月报表"，然后按照发包单位编制"已完工程月报表"，将各个发包单位的本月已完工程造价汇总反映。再根据"已完工程月报表"编制"工程价款结算账单"，与"已完工程月报表"一起分送发包单位和经办银行，据以办理结算。

施工企业在采用分段结算工程价款方式时，要在合同中规定工程部位完工的月份，根据已完工程部位的工程数量计算已完工程造价，按发包单位编制"已完工程月报表"和"工程价款结算账单"。

对于工期较短、能在年度内竣工的单项工程或小型建设项目，可在工程竣工后编制"工程价款结算账单"，按合同中工程造价一次结算。

"工程价款结算账单"是办理工程价款结算的依据。"工程价款结算账单"中所列应收工程款应与随同附送的"已完工程月报表"中的工程造价相符，"工程价款结算账单"除要列明应收工程款外，还应列明应扣预收工程款、预收备料款、发包单位供给材料价款等应扣款项，算出本月实收工程款。

为了保证工程按期收尾竣工，工程在施工期间，无论工程长短，其结算工程款一般不得超过承包工程价值的95%，结算双方可以在5%的幅度内协商确定尾款比例，并在工程承包合同中订明。施工企业如已向发包单位出具履约保函或有其他保证的，可以不留工程尾款。

"已完工程月报表"和"工程价款结算账单"的格式见表8-2、表8-3。

表8-2　已完工程月报表

发包单位名称：　　　　　　　　　　　　　　　　　　　　　　　　　　　　　　　元

单项工程和单位工程名称	合同造价	建筑面积	开竣工日期		实际完成数		备注
			开工日期	竣工日期	至上月(期)止已完工程累计	本月(期)已完工程	

施工企业：　　　　　　　　　　　　　　　　　　　　　　编制日期：　年　月　日

表 8-3　工程价款结算账单

发包单位名称：　　　　　　　　　　　　　　　　　　　　　　　　　　　　　　　元

单项工程和单位工程名称	合同造价	本月(期)应收工程款	应扣款项			本月(期)实收工程款	尚未归还	累计已收工程款	备注
			合计	预收工程款	预收备料款				

施工企业：　　　　　　　　　　　　　　　　　　　　　　　　　　编制日期：　年　月　日

三、工程结算编制、审查人员的责任与任务

(1)工程结算编制人、审核人、审定人应各尽其职，其责任和任务分别如下：

1)工程结算编制人员按其专业分别承担其工作范围内的工程结算相关编制依据收集、整理工作，编制相应的初步成果文件，并对其编制的初步成果文件质量负责。

2)工程审核人员应由专业负责人和技术负责人承担，对其专业范围内的内容进行审核，并对其审核专业的工程结算成果文件的质量负责。

3)工程审定人员应由专业负责人和技术负责人承担，对工程结算的全部内容进行审定，并对工程结算成果文件的质量负责。

(2)工程结算审查人、审核人、审定人的各自职责和任务分别如下：

1)工程结算审查人员按其专业分别承担其工作范围内的工程结算审查相关编制依据收集、整理工作，编制相应的初步成果文件，并对编制的成果文件质量负责。

2)工程结算审核审查人员应由专业负责人或技术负责人担任，对其专业范围内的内容进行校对、复核，并对其审核专业内的工程结算审查成果文件的质量负责。

3)工程结算审查审定人员应由专业负责人或技术负责人担任，对工程结算审查的全部内容进行审定，并对工程结算审查成果文件的质量负责。

四、工程结算编制与审查的原则

工程造价咨询企业和工程造价专业人员工程结算的编制或审查活动应符合《建设项目工程结算编审规程》(CECA/GC 3—2010)规定外，还应符合现行国家有关标准的规定。

(1)工程造价咨询单位应以平等、自愿、公平和诚实信用的原则订立工程咨询服务合同。

(2)在结算编制和结算审查中，工程造价咨询单位和工程造价咨询专业人员必须严格遵循国家相关法律、法规和规章制度，坚持实事求是、诚实信用和客观公正的原则。拒绝任何一方违反法律、行政法规、社会公德，影响社会经济秩序和损害公共利益的要求。

(3)结算编制应当遵循承发包双方在建设活动中平等和责、权、利对等原则；结算审查应当遵循维护国家利益、发包人和承包人合法权益的原则。造价咨询单位和造价咨询专业人员应以遵守职业道德为准则，不受干扰，公正、独立地开展咨询服务工作。

(4)工程造价咨询企业和工程造价专业人员在进行结算编制和结算审查时，应依据工程造价咨询服务合同约定的工作范围和工作内容开展工作，严格履行合同义务，做好工作计划和工作组织，掌握工程建设期间政策和价款调整的有关因素，认真开展现场调研，全面、准确、客观地反映建设项目工程价款确定和调整的各项因素。

(5)工程结算编制严禁巧立名目、弄虚作假、高估冒算；工程结算审查严禁滥用职权、营私舞弊或提供虚假结算审查报告。

(6)承担工程结算编制或工程结算审查咨询服务的受托人，应严格履行合同，及时完成工程造价咨询服务合同约定范围内的工程结算编制和审查工作。

(7)工程造价咨询单位承担工程结算编制，其成果文件一般应得到委托人的认可。

(8)工程造价咨询单位承担工程结算审查，其成果文件一般应得到审查委托人、结算编制人和结算审查受托人以及建设单位共同认可，并签署"结算审定签署表"。确因非常原因不能共同签署时，工程造价咨询单位应单独出具成果文件，并承担相应法律责任。

(9)工程造价专业人员在进行工程结算审查时，应独立开展工作，有权拒绝其他人的修改和其他要求，并保留其意见。

(10)工程结算编制应采用书面的形式，有电子文本要求的应一并报送与书面形式内容一致的电子版本。

(11)工程结算应严格按工程结算编制程序进行编制，做到程序化、规范化，结算资料必须完整。

(12)结算编制或审核受托人应与委托人在咨询服务委托合同内约定结算编制工作的所需时间，并在约定的期限内完成工程结算编制工作。合同未做约定或约定不明的，结算编制或审核受托人应以财政部、原建设部联合颁发的《建设工程价款结算暂行办法》有关结算期限相关内容规定为依据，在规定期限内完成结算编制或审查工作。结算编制或审查受托人未在合同约定的规定期限内完成，且无正当理由延期的，应当承担违约责任。

第二节　工程结算的编制

一、结算编制文件的组成

工程结算文件一般由工程结算汇总表、单项工程结算汇总表、单位工程结算汇总表和分部分项(措施、其他、零星)工程结算表及工程结算编制说明等组成。

(1)工程结算汇总表、单项工程结算汇总表、单位工程结算汇总表应当按表格所规定的内容详细编制。

(2)工程结算编制说明可根据委托工程的实际情况，以单位工程、单项工程或建设项目为对象进行编制，并应说明以下内容：

1)工程概况；

2)编制范围；

3)编制依据；

4)编制方法；

5)有关材料、设备、参数和费用说明；

6)其他有关问题的说明。

(3)工程结算文件提交时，受、委托人应当同时提供与工程结算相关的附件，包括所依据的发承包合同调整条款、设计变更、工程洽商、材料及设备定价单、调价后的单价分析表等与工程结算相关的书面证明材料。

二、工程结算的编制依据与原则

1. 工程结算编制依据

工程结算编制依据是指编制工程结算时需要工程计量、价格确定、工程计价有关参数、率值确定的基础资料。

(1)建设期内影响合同的法律、法规和规范性文件。

(2)国务院住房和城乡建设主管部门以及各省、自治区、直辖市和有关部门发布的工程造价计价标准、计价办法、有关规定及相关解释。

(3)施工发承包合同、专业分包合同及补充合同，有关材料、设备采购合同。

(4)招投标文件，包括招标答疑文件、投标承诺、中标报价书及其组成内容。

(5)工程竣工图或施工图、施工图会审记录，经批准的施工组织设计，以及设计变更、工程洽商和相关会议纪要。

(6)经批准的开工、竣工报告或停工、复工报告。

(7)工程材料及设备中标价、认价单。

(8)双方确认追加(减)的工程价款。

(9)影响工程造价的相关资料。

(10)结算编制委托合同。

2. 工程结算编制原则

(1)工程结算按工程的施工内容或完成阶段，可分为竣工结算、分阶段结算、合同终止结算和专业分包结算等形式进行编制。

(2)工程结算的编制应对相应的施工合同进行编制。当合同范围内设计整个项目的，应按建设项目组成，将各单位工程汇总为单项工程，再将各单位工程汇总为建设项目，编制相应的建设项目工程结算成果文件。

(3)实行分阶段结算的建设项目，应按合同要求进行分阶段结算，出具各阶段工程结算成果文件。在竣工结算时，将各阶段工程结算汇总，编制相应竣工结算成果文件。

(4)除合同另有约定外，分阶段结算的工程项目，其工程结算文件用于价款支付时，应包括下列内容：

1)本周期已完成工程的价款；

2)累计已完成工程的价款；

3)累计已支付的工程价款；

4)本周期已完成计日工金额；

5)应增加和扣减的变更金额；

6)应增加和扣减的索赔金额；

7)应抵扣的工程预付款；

8)应扣减的质量保证金；

9)根据合同应增加和扣减的其他金额；

10）本付款周期实际应支付的工程价款。

（5）进行合同终止结算时，应按已完工程的实际工程量和施工合同的有关约定，编制合同终止结算。

（6）实行专业分包结算的工程，应将各专业分包合同的要求，对各专业分包分别编制工程结算。总承包人应按工程总承包合同的要求将各专业分包结算汇总在相应的单位工程或单项工程结算内进行工程总承包结算。

（7）工程结算编制应区分施工合同类型及工程结算的计价模式采用相应的工程结算编制方法。

1）施工合同类型按计价方式应分为总价合同、单价合同、成本加酬金合同；

2）工程结算的计价模式应分为单价法和实物量法，单价法分为定额单价法和工程量清单单价法。

（8）工程结算编制时，采用总价合同的，应在合同价基础上对设计变更、工程洽商以及工程索赔等合同约定可以调整的内容进行调整。

（9）工程结算编制时，采用单价合同的，工程结算的工程量应按照经发承包双方在施工合同中约定的方法对合同价款进行调整。

（10）工程结算编制时，采用成本加酬金合同的，应依据合同约定的方法计算各个分部分项工程以及设计变更、工程洽商、施工措施等内容的工程成本，并计算酬金及有关税费。

三、工程结算的编制程序

工程结算编制应按准备、编制和定稿三个工作阶段进行，并实行编制人、校对人和审核人分别签名盖章确认的编审签署制度。

1. 结算编制准备阶段

（1）收集与工程结算编制相关的原始资料。

（2）熟悉工程结算资料内容，进行分类、归纳、整理。

（3）召集相关单位或部门的有关人员参加工程结算预备会议，对结算内容和结算资料进行核对与充实完善。

（4）收集建设期内影响合同价格的法律和政策性文件。

（5）掌握工程项目发承包方式，现场施工条件，应采用的工程计价标准、定额、费用标准，材料价格变化等情况。

2. 结算编制阶段

（1）根据竣工图及施工图以及施工组织设计进行现场踏勘，对需要调整的工程项目进行观察、对照、必要的现场实测和计算，做好书面或影像记录；

（2）按既定的工程量计算规则计算需调整的分部分项、施工措施或其他项目工程量；

（3）按招标文件、施工发承包合同规定的计价原则和计价办法对分部分项、施工措施或其他项目进行计价；

（4）对于工程量清单或定额缺项以及采用新材料、新设备、新工艺的，应根据施工过程中的合理消耗和市场价格，编制综合单价或单位估价分析表；

（5）工程索赔应按合同约定的索赔处理原则、程序和计算方法，提出索赔费用，经发包人确认后作为结算依据；

(6)汇总计算工程费用，初步确定工程结算价格；

(7)编写编制说明；

(8)计算主要技术经济指标；

(9)提交结算编制的初步成果文件待校对、审核。

3. 结算编制定稿阶段

(1)由结算编制受托人单位的部门负责人对初步成果文件进行检查、校对；

(2)工程结算审定人对审核后的初步成果文件进行审定；

(3)工程结算编制人、审核人、审定人分别在工程结算成果文件上签名，并应盖造价工程师或造价员执业或从业印章；

(4)工程结算文件经编制、审核、审定后，工程造价咨询企业的法定代表人或其授权人在成果文件上签字或盖章；

(5)工程造价咨询企业在正式的工程结算上签署工程造价咨询企业执业印章。

四、工程结算的编制方法

(1)采用工程量清单方式计价的工程，一般采用单价合同，应按工程量清单单价法编制工程依据结算。

(2)分部分项工程费应依据施工合同相应约定以及实际完成的工程量、投标时的综合单价等进行计算。

(3)工程结算中涉及工程单价调整时，应当遵循以下原则：

1)合同中已有适用于变更工程、新增工程单价的，按已有的单价结算；

2)合同中有类似变更工程、新增工程单价的，可以参照类似单价作为结算依据；

3)合同中没有适用或类似变更工程、新增工程单价的，结算编制受委托人可与承包人或发包人商洽适当的价格，经对方确认后作为结算依据。

(4)工程结算编制时措施项目费应依据合同约定的项目和金额计算，发生变更、新增的措施项目，以发承包双方合同约定的计价方式计算，其中措施项目清单中的安全文明费用应按照国家或省级、行业建设主管部门的规定计算。施工合同中未约定措施项目费结算方法时，措施项目费可按以下方法结算：

1)与分部分项实体相关的措施项目，应随该分部分项工程的实体工程量的变化，依据双方确定的工程量、合同约定的综合单价进行结算；

2)独立性的措施项目，应充分体现其竞争性，一般应固定不变，按合同价中相应的措施项目费用进行结算；

3)与整个建设项目相关的综合取定的措施项目费用，可按照投标时的取费基数、费率基数及费率进行结算。

(5)其他项目费应按以下方法进行结算：

1)计日工按发包人实际签证的数量和确定的事项进行结算；

2)暂估价中的材料单价按发承包双方最终确认价在分部分项工程费中对相应综合单价进行调整，计入相应的分部分项工程；

3)专业工程结算价应按中标价或发包人、承包人与分包人最终确认的分包工程价进行结算；

4）总承包服务费应依据合同约定的结算方式进行结算；

5）暂列金额应按合同约定计算实际发生的费用，并分别列入相应的分部分项工程费、措施项目费中。

（6）招标工程量清单漏项、设计变更、工程洽商等费用应依据施工图，以及发承包双方签证资料确认的数量和合同约定的计价方式进行结算，其费用列入相应的分部分项工程费或措施项目费中。

（7）工程索赔费用应依据发承包双方确认的索赔事项和合同约定的计价方式进行结算，其费用列入相应的分部分项工程费或措施项目费中。

（8）规费和税金应按国家、省级或行业建设主管部门的规费规定计算。

五、编制的成果文件形式

（1）工程结算成果文件包括以下几项：

1）工程结算书封面，包括工程名称、编制单位和印章、日期等；

2）签署页，包括工程名称，编制人、审核人、审定人姓名和执业（从业）印章，单位负责人印章（或签字）等；

3）目录；

4）工程结算编制说明；

5）工程结算相关表式；

6）必要的附件。

（2）工程结算文件表格包括工程结算汇总表，单项工程结算汇总表，单位工程结算汇总表，分部分项清单计价表，措施项目清单与计价表，其他项目清单与计价汇总表，规费、税金项目清单与计价表及必要的相关表格，表格的格式参见《建设项目工程结算编审规程》（CECA/GC 3—2010）附件 A。

第三节　工程结算的审查

一、结算审查文件的组成

工程结算审查文件一般由工程结算审查报告、结算审定签署表、工程结算审查汇总对比表、分部分项（措施、其他、零星）工程结算审查对比表以及结算内容审查说明等组成。

（1）工程结算审查报告可根据该委托工程项目的实际情况，以单位工程、单项工程或建设项目为对象进行编制，并应说明以下内容：

1）概述；

2）审查范围；

3）审查原则；

4）审查依据；

5)审查方法；

6)审查程序；

7)审查结果；

8)主要问题；

9)有关建议。

(2)结算审定签署表由结算审查受托人填制，并由结算审查委托单位、结算编制人和结算审查受委托人签字盖章。当结算审查委托人与建设单位不一致时，按工程造价咨询合同要求或结算审查委托人的要求，确定是否增加建设单位在结算审定签署表上签字盖章。

(3)工程结算审查汇总对比表、单项工程结算审查汇总对比表、单位工程结算审查汇总对比表应当按表格所规定的内容详细编制。

(4)结算内容审查说明应阐述以下内容：

1)主要工程子目调整的说明；

2)工程数量增减变化较大的说明；

3)子目单价、材料、设备、参数和费用有重大变化的说明；

4)其他有关问题的说明。

二、工程结算审查的依据与原则

1. 工程结算审查的依据

工程结算审查的依据包括委托合同和完整、有效的工程结算文件，具体工程结算审查依据主要有以下几个方面：

(1)建设期内影响合同价格的法律、法规和规范性文件；

(2)工程结算审查委托合同；

(3)完整、有效的工程结算书；

(4)施工发承包合同、专业分包合同及补充合同，有关材料、设备采购合同；

(5)与工程结算编制相关的国务院建设行政主管部门以及各省、自治区、直辖市和有关部门发布的建设工程造价计价标准、计价方法、计价定额、价格信息、相关规定等计价依据；

(6)招标文件、投标文件；

(7)工程竣工图或施工图、经批准的施工组织设计、设计变更、工程洽商、索赔与现场签证，以及相关的会议纪要；

(8)工程材料及设备中标价、认价单；

(9)双方确认追加(减)的工程价款；

(10)经批准的开工、竣工报告或停工、复工报告；

(11)工程结算审查的其他专项规定；

(12)影响工程造价的其他相关资料。

2. 工程结算审查的原则

(1)工程价款结算审查按工程的施工内容或完成阶段分类，其形式包括竣工结算审查、分阶段结算审查、合同终止结算审查和专业分包结算审查。

(2)建设项目由多个单项工程或单位工程构成的，应按建设项目划分标准的规定，分别审查各单项工程或单位工程的竣工结算，将审定的工程结算汇总，编制相应的工程结算审定文件。

(3)分阶段结算的审定工程，应分别审查各阶段工程结算，将审定结算汇总，编制相应的工程结算审查成果文件。

(4)除合同另有约定外，分阶段结算的支付申请文件应审查以下内容：

1)本周期已完成工程的价款；

2)累计已完成工程的价款；

3)累计已支付的工程价款；

4)本周期已完成计日工金额；

5)应增加和减扣的变更金额；

6)应增加和减扣的索赔金额；

7)应抵扣的工程预付款；

8)应扣减的质量保证金；

9)根据合同应增加和扣减的其他金额；

10)本付款合同增加和扣减的其他金额。

(5)合同终止工程的结算审查，应按发包人和承包人认可的已完工程的实际工程量和施工合同的有关规定进行审查。合同中止结算审查方法基本同竣工结算的审查方法。

(6)专业分包的工程结算审查，应在相应的单位工程或单项工程结算内分别审查各专业分包工程结算，并按分包合同分别编制专业分包工程结算审查成果文件。

(7)工程结算审查应区分施工发承包合同类型及工程结算的计价模式采用相应的工程结算审查方法。

(8)审查采用合同的工程结算时，应审查与合同所约定结算编制方法的一致性，按照合同约定可以调整的内容，在合同价基础上对调整的设计变更、工程洽商以及工程索赔等合同约定可以调整的内容进行审查。

(9)审查采用单价合同的工程结算时，应审查按照竣工图或施工图以内的各个分部分项工程量计算的准确性，依据合同约定的方式审查分部分项工程项目价格，并对设计变更、工程洽商、施工措施以及工程索赔等调整内容进行审查。

(10)审查采用成本加酬金合同的工程结算时，应依据合同约定的方法审查各个分部分项工程以及设计变更、工程洽商、施工措施等内容的工程成本，并审查酬金及有关税费的取定。

(11)采用工程量清单计价的工程结算审查包括以下几项：

1)工程项目的所有分部分项工程量，以及实施工程项目采用的措施项目工程量；为完成所有工程量并按规定计算的人工费、材料费和施工机械使用费、企业管理费利润，以及规费和税金取定的准确性；

2)对分部分项工程和措施项目以外的其他项目所需计算的各项费用进行审查；

3)对设计变更和工程变更费用依据合同约定的结算方法进行审查；

4)对索赔费用依据相关签证进行审查；

5)合同约定的其他费用的审查。

(12)工程结算审查应按照与合同约定的工程价款方式对原合同进行审查，并应按照分部分项工程费、措施费、措施项目费、其他项目费、规费、税金项目进行汇总。

(13)采用预算定额计价的工程结算审查应包括以下几项：

1)套用定额的分部分项工程量、措施项目工程量和其他项目，以及为完成所有工程量和其他项目并按规定计算的人工费、材料费、机械使用费、规费、企业管理费、利润和税金与合同约定的编制方法的一致性，计算的准确性；

2)对设计变更和工程变更费用在合同价基础上进行审查；

3)工程索赔费用按合同约定或签证确认的事项进行审查；

4)合同约定的其他费用的审查。

三、工程结算审查的程序

工程结算审查应按准备、审查和审定三个工作阶段进行，并实行编制人、校对人和审核人分别签名盖章确认的内部审核制度。

1. 结算审查准备阶段

(1)审查工程结算手续的完备性、资料内容的完整性，对不符合要求的应退回限时补正；

(2)审查计价依据及资料与工程结算的相关性、有效性；

(3)熟悉招投标文件、工程发承包合同、主要材料设备采购合同及相关文件；

(4)熟悉竣工图纸或施工图纸、施工组织设计、工程概况，以及设计变更、工程洽商和工程索赔情况等；

(5)掌握工程量清单计价规范、工程预算定额等与工程相关的国家和当地的住房城乡建设主管部门发布的工程计价依据及相关规定。

2. 结算审查阶段

(1)审查结算项目范围、内容与合同约定的项目范围、内容的一致性；

(2)审查工程量计算的准确性、工程量计算规则与计价规范或定额的一致性；

(3)审查结算单价时应严格执行合同约定或现行的计价原则、方法。对于清单或定额缺项以及采用新材料、新工艺的，应根据施工过程中的合理消耗和市场价格审核结算单价；

(4)审查变更签证凭据的真实性、合法性、有效性，核准变更工程费用；

(5)审查索赔是否依据合同约定的索赔处理原则、程序和计算方法以及索赔费用的真实性、合法性、准确性；

(6)审查取费标准时，应严格执行合同约定的费用定额标准及有关规定，并审查取费依据的时效性、相符性；

(7)编制与结算相对应的结算审查对比表；

(8)提交工程结算审查初步成果文件，包括编制与工程结算相对应的工程结算审查对比表，待校对、复核。

3. 结算审定阶段

(1)工程结算审查初稿编制完成后，应召开由结算编制人、结算审查委托人及结算审查受托人共同参加的会议，听取意见，并进行合理的调整；

(2)由结算审查受托人单位的部门负责人对结算审查的初步成果文件进行检查、校对；

(3)由结算审查受托人单位的主管负责人审核批准；

（4）发承包双方代表人和审查人应分别在"结算审定签署表"上签认并加盖公章；

（5）对结算审查结论有分歧的，应在出具结算审查报告前，至少组织两次协调会；凡不能共同签认的，审查受托人可适时结束审查工作，并做出必要说明；

（6）在合同约定的期限内，向委托人提交经结算审查编制人、校对人、审核人和受托人单位盖章确认的正式的结算审查报告。

四、工程结算审查的方法

（1）工程结算的审查应依据施工发承包合同约定的结算方法进行，根据施工发承包合同类型，采用不同的审查方法。审查方法主要适用于采用单价合同的工程量清单单价法编制竣工结算的审查。

（2）审查工程结算，除合同约定的方法外，对分部分项工程费用的审查应参照本章"第二节　四、工程结算编制的方法"相关内容。

（3）工程结算审查时，对原招标工程量清单描述不清或项目特征发生变化，以及变更工程、新增工程中的综合单价应按下列方法确定：

1）合同中已有使用的综合单价，应按已有的综合单价确定；

2）合同中有类似的综合单价，可参照类似的综合单价确定；

3）合同中没有适用或类似的综合单价，由承包人提出综合单价，经发包人确认后执行。

（4）工程结算审查中设计措施项目费用调整时，措施项目费应依据合同约定的项目和金额计算，发生变更、新增的措施项目，以发承包双方合同约定的计价方式计算，其中措施项目清单中的安全文明措施费用应审查是否按国家或省级、行业建设主管部门的规定计算。施工合同中未约定措施项目费结算方法时，审查措施项目费可参照本章"第二节　四、工程结算编制的方法"相关内容，按以下方法审查：

1）审查与分部分项实体消耗相关的措施项目，应随该分部分项工程的实体工程量的变化，是否依据双方确定的工程量、合同约定的综合单价进行结算；

2）审查独立性的措施项目是否按合同价中相应的措施项目费用进行结算；

3）审查与整个建设项目相关的综合取定的措施项目费用是否参照投标报价的取费基数及费率进行结算。

（5）工程结算审查中涉及其他项目费用的调整时，按下列方法确定：

1）审查计日工是否按发包人实际签证的数量、投标时的计日工单价，以及确认的事项进行结算；

2）审查暂估价中的材料单价是否按发承包双方最终确认价在分部分项工程费中对相应综合单价进行调整，计入相应分部分项工程费用；

3）对专业工程结算价的审查应按中标价或发包人、承包人与分包人最终确定的分包工程价进行结算；

4）审查总承包服务费是否依据合同约定的结算方式进行结算，以总价形式确定的总承包服务费不予调整，以费率形式确定的总承包服务费，应按专业分包工程中标价或发包人、承包人与分包人最终确定的分包工程价为基数和总承包单位的投标费率计算；

5）审查计算金额是否按合同约定计算实际发生的费用，并分别列入相应的分部分项工程费、措施项目费中。

（6）投标工程量清单的漏项、设计变更、工程洽商等费用应依据施工图，以及发承包双方签证资料确认的数量和合同约定的计价方式进行结算，其费用列入相应的分部分项工程费或措施项目费中。

（7）工程结算审查中涉及索赔费用的计算时，应依据发承包双方确认的索赔事项和合同约定的计价方式进行结算，其费用列入相应的分部分项工程费或措施项目费中。

（8）工程结算审查中涉及规费和税金的计算时，应按国家、省级或行业建设主管部门的规定计算并调整。

五、审查的成果文件形式

（1）工程结算审查成果包括以下内容：

1）工程结算书封面；

2）签署页；

3）目录；

4）结算审查报告书；

5）结算审查相关表式；

6）有关的附件。

（2）采用工程量清单计价的工程结算审查相关表式宜按《建设项目工程结算编审规程》（CECA/GC 3—2010）附件 B 规定的格式编制，具体表格包括：工程结算审定表，工程结算审查汇总对比表，单项工程结算审查汇总对比表，单位工程结算审查汇总对比表，分部分项工程清单与计价结算审查对比表，措施项目清单与计价审查对比表，其他项目清单与计价审查汇总对比表，规费、税金项目清单与计价审查对比表。

第四节　质量和档案管理

一、质量管理

（1）工程造价咨询企业承担工程结算编制或工程结算审核，应满足国家或行业有关质量标准的精度要求。当工程结算编制或工程结算审核委托方对质量标准有更高的要求时，应在工程造价咨询合同中予以明确。

（2）工程造价咨询单位应建立相应的质量管理体系，对项目的策划和工作大纲的编制，基础资料收集、整理，工程结算编制、审核和修改的过程文件的整理和归档，成果文件的印制、签署、提交和归档，工作中其他相关文件借阅、使用、归还与移交，均应建立具体的管理制度。

（3）工程造价咨询企业应对工程结算编制和审核方法的正确性，工程结算编审范围的完整性，计价依据的正确性、完整性和时效性，工程计量与计价的准确性负责。

（4）工程造价咨询企业对工程结算的编制和审核应实行编制、审核与审定三级质量管理制度，并应明确审核、审定人员的工作程度。

（5）工程造价专业人员从事工程结算的编制和工程结算审查工作的应当实行个人签署负责制，审核、审定人员对编制人员完成的工作进行修改应保持工作记录，承担相应责任。

二、档案管理

（1）工程造价咨询企业对与工程结算编制和工程结算审查业务有关的成果文件、工作过程文件、使用和移交的其他文件清单、重要会议纪要等，均应收集齐全，整理立卷后归档。

（2）工程造价咨询单位应建立完善的工程结算编制与审查档案管理制度。工程结算编制和工程结算审查文件的归档应符合国家、相关部门或行业组织发布的相关规定。

（3）工程造价咨询单位归档的文件保存期，成果文件应为 10 年，过程文件和相关移交清单、会议纪要等一般应为 5 年。

（4）归档的工程结算编制和审查的成果文件应包括纸质原件和电子文件。其他文件及依据为纸质原件、复印件或电子文件。

（5）归档文件应字迹清晰、图表整洁、签字盖章手续完备。归档文件应采用耐久性强的书写材料，不得使用易褪色的书写材料。

（6）归档文件必须完整、系统，能够反映工程结算编制和审查活动的全过程。

（7）归档文件必须经过分类整理，并应组成符合要求的案卷。

（8）归档可以分阶段进行，也可以在项目结算完成后进行。

（9）向有关单位移交工作中使用或借阅的文件，应编制详细的移交清单，双方签字、盖章后方可交接。

本章小结

工程结算指的是发承包双方依据约定的合同价款的确定和调整以及索赔等事项，对合同范围内部分完成、中止、竣工工程项目进行计算和确定工程价款的文件。工程结算编制应按准备、编制和定稿三个工作阶段进行，并实行编制人、校对人和审核人分别签名盖章确认的编审签署制度。工程结算审查应按准备、审查和审定三个工作阶段进行，并实行编制人、校对人和审核人分别签名盖章确认的内部审核制度。

思考与练习

一、填空题

1. 工程结算应严格按工程结算编制程序进行编制，做到_____、_____，结算资料必须完整。

2. 施工合同类型按计价方式，应分为_____、_____、_____。

3. 工程结算的计价模式应分为_____和_____。

4. 工程结算编制应按准备、编制和定稿三个工作阶段进行，并实行_____、

_____和_____分别签名盖章确认的编审签署制度。

二、选择题

1. 承包人按照合同约定的内容完成全部工作，经发包人或有关机构验收合格后，发承包双方依据约定的合同价款的确定和调整以及索赔等事项，最终计算和确定竣工项目工程价款的文件指的是( )。

   A. 工程结算　　　B. 分包工程结算　　C. 竣工结算　　　D. 项目中期结算

2. 为了保证工程按期收尾竣工，工程在施工期间，无论工程长短，其结算工程款一般不得超过承包工程价值的百分比是多少，结算双方可以在百分之几的幅度内协商确定尾款比例，并在工程承包合同中订明。下列选项中正确的是( )。

   A. 95%，5%　　　B. 85%，5%　　　C. 95%，10%　　　D. 85%，10%

三、问答题

1. 什么是工程结算、竣工结算及分包工程结算？
2. 工程价款结算方式有哪些？
3. 试述工程结算编制、审查人员的责任与任务。
4. 结算编制、审查文件由哪些内容组成？
5. 简述工程结算编制准备阶段的工作。
6. 简述工程结算审查阶段的工作。

第九章 建设工程竣工决算

知识目标

1. 了解竣工决算的作用，掌握竣工决算的概念和内容。
2. 了解竣工决算的编制依据，掌握竣工决算的编制步骤与要求。

能力目标

能够完成竣工决算文件的编制。

素养目标

1. 具有良好的工作态度，遇到问题，分析问题，解决问题。
2. 乐于助人，耐心倾听他人意见。

第一节 概 述

一、竣工决算的概念及作用

竣工决算是以实物数量和货币指标为计量单位，综合反映竣工项目从筹建开始到项目竣工交付使用为止的全部建设费用、建设成果和财务情况的总结性文件，是竣工验收报告的重要组成部分。竣工决算是正确核定新增固定资产价值、考核分析投资效果、建立健全经济责任制的依据，是反映建设项目实际造价和投资效果的文件。

(1)建设项目竣工决算是综合、全面地反映竣工项目建设成果及财务情况的总结性文件，它采用货币指标、实物数量、建设工期和各种技术经济指标，综合、全面地反映建设项目自开始建设到竣工为止的全部建设成果和财务状况。

(2)建设项目竣工决算是办理交付使用资产的依据，也是竣工验收报告的重要组成部分。建设单位与使用单位在办理交付资产的验收交接手续时，通过竣工决算反映了交付使用资产的全部价值，包括固定资产、流动资产、无形资产和其他资产的价值。同时，它还详细提供了交付使用资产的名称、规格、数量、型号和价值等明细资料，是使用单位确定各项新增资产价值并登记入账的依据。

(3)建设项目竣工决算是分析和检查设计概算的执行情况、考核投资效果的依据。竣工决算反映了竣工项目计划、实际的建设规模、建设工期及设计和实际的生产能力，反映了概算总投资和实际的建设成本；同时，还反映了所达到的主要技术经济指标。通过对这些指标计划数、概算数与实际数进行对比分析，不仅可以全面掌握建设项目计划和概算执行情况，而且可以考核建设项目投资效果，为今后制订基建计划、降低建设成本、提高投资效果提供必要的资料。

二、竣工决算的内容

建设项目竣工决算应包括从筹集项目建设资金到竣工投产全过程的全部实际费用，即包括建筑工程费，安装工程费，设备及工、器具购置费用及预备费和投资方向调节税等费用。按照财政部、国家发改委及住房和城乡建设部的有关文件规定，竣工决算是由竣工决算报告情况说明书、竣工财务决算报表、工程竣工图和工程竣工造价对比分析四部分组成的。前两个部分又称建设项目竣工财务决算，是竣工决算的核心内容。

1. 竣工决算报告情况说明书

竣工决算报告情况说明书主要反映竣工工程建设的成果和经验，是对竣工决算报表进行分析和补充说明的文件，是全面考核、分析工程投资与造价的书面总结。其内容主要包括以下几项：

(1)建设项目概况；即对工程总的评价。一般从进度、质量、安全和造价施工方面进行分析说明。进度方面主要说明开工和竣工时间，对照合理工期和要求工期分析是提前还是延期；质量方面的主要根据是竣工验收委员会或相当一级质量监督部门的验收评定等级、合格率和优良品率；安全方面主要根据劳动工资和施工部门的记录，对有无设备和人身事故进行说明；造价方面主要对照概算造价，说明节约还是超支，用金额和百分率进行分析说明。

(2)资金来源及运用等财务分析。主要包括工程价款结算、会计账务的处理、财产物资情况及债权债务的清偿情况。

(3)基本建设收入、投资包干结余、竣工结余资金的上交分配情况。通过对基本建设投资包干情况的分析，说明投资包干数、实际支用数和节约额、投资包干节余的有机构成和包干节余的分配情况。

(4)各项经济技术指标的分析。概算执行情况分析，根据实际投资完成额与概算进行对比分析；新增生产能力的效益分析，说明支付使用财产占总投资额的比例、占支付使用财产的比例，不增加固定资产的造价占投资总额的比例，分析有机构成和成果。

(5)工程建设的经验及项目管理和财务管理工作以及竣工财务决算中有待解决的问题。

(6)需要说明的其他事项。

2. 竣工财务决算报表

建设项目竣工财务决算报表根据大中型建设项目和小型建设项目分别制定。大中型建设项目竣工决算报表包括建设项目竣工财务决算审批表，大中型建设项目概况表，大中型建设项目竣工财务决算表，大中型建设项目交付使用资产总表；小型建设项目竣工财务决算报表包括建设项目竣工财务决算审批表、竣工财务决算总表、建设项目交付使用资产明细表。

(1)建设项目竣工财务决算审批表(表 9-1)。

表 9-1　建设项目竣工财务决算审批表

建设项目法人(建设单位)		建设性质	
建设项目名称		主管部门	
开户银行意见： （盖章） 　年　　月　　日			
专员办审批意见： （盖章） 　年　　月　　日			
主管部门或地方财政部门审批意见： （盖章） 　年　　月　　日			

表 9-1 为竣工决算上报有关部门审批时使用，其格式是按照中央级小型项目审批要求设计的，地方级项目可按审批要求做适当修改，大型、中型、小型项目均应按照下列要求填报此表。

1)表 9-1 中"建设性质"按照新建、改建、扩建、迁建和恢复建设项目等分类填列。

2)表 9-1 中"主管部门"是指建设单位的主管部门。

3)所有建设项目均需经过开户银行签署意见后，按照有关要求进行报批：中央级小型项目由主管部门签署审批意见；中央级大中型建设项目报所在地财政监察专员、办事机构签署意见后，再由主管部门签署意见报财政部审批；地方级项目由同级财政部门签署审批意见。

4)已具备竣工验收条件的项目，3 个月内应及时填报审批表，如 3 个月内不办理竣工验收和固定资产移交手续的视同项目已正式投产，其费用不得从基本建设投资中支付，所实现的收入作为经营收入，不再作为基本建设收入管理。

(2)大中型建设项目概况表(表 9-2)。该表综合反映大中型项目的基本概况，内容包括该项目总投资、建设起止时间、新增生产能力、主要材料消耗、建设成本、完成主要工程量和主要技术经济指标，为全面考核和分析投资效果提供依据。

(3)大中型建设项目竣工财务决算表(表 9-3)。

表 9-2　大中型建设项目概况表

建设项目(单项工程)名称		建设地址		基本建设支出	项目	概算/元	实际/元	备注
主要设计单位		主要施工企业			建筑安装工程投资			
					设备、工具、器具			
占地面积	设计	实际	总投资/万元	设计	实际	待摊投资		
					其中：建设单位管理费			
新增生产能力	能力(效益)名称		设计	实际	其他投资			
					待核销基建支出			
建设起止时间	设计	从年月开工至年月竣工			非经营项目转出投资			
	实际	从年月开工至年月竣工			合计			
设计概算批准文号								

完成主要工程量	建设规模		设备(台、套、吨)	
	设计	实际	设计	实际

收尾工程	工程项目、内容	已完成投资额	尚需投资额	完成时间

表 9-3　大中型建设项目竣工财务决算表　　　　　　　　　　　　　元

资金来源	金额	资金占用	金额
一、基建拨款		一、基本建设支出	
1. 预算拨款		1. 交付使用资产	
2. 基建基金拨款		2. 在建工程	
其中：国债专项资金拨款		3. 待核销基建支出	
3. 专项建设基金拨款		4. 非经营性项目转出投资	
4. 进口设备转账拨款		二、应收生产单位投资借款	
5. 器材转账拨款		三、拨付所属投资借款	
6. 煤代油专用基金拨款		四、器材	
7. 自筹资金拨款		其中：待处理器材损失	
8. 其他拨款		五、货币资金	
二、项目资产		六、预付及应收款	
1. 国家资本		七、有价证券	
2. 法人资本		八、固定资产	
3. 个人资本		固定资产原价	
4. 外商资本		减：累计折旧	
三、项目资本公积		固定资产净值	
四、基建借款		固定资产清理	

资金来源	金额	资金占用	金额
其中：国债转贷		待处理固定资产损失	
五、上级拨入投资借款			
六、企业债券资金			
七、待冲基建支出			
八、应付款			
九、未交款			
1. 未交税金			
2. 其他未交款			
十、上级拨入资金			
十一、留成收入			
合计		合计	

补充资料：基建投资借款期末余额；

应收生产单位投资借款期末数；

基建结余资金。

第二节　竣工决算的编制

一、竣工决算的编制依据

(1)经批准的可行性研究报告、投资估算书，初步设计或扩大的初步设计，修正总概算及其批复文件。

(2)经批准的施工图设计及其施工图预算书。

(3)设计交底或图纸会审会议纪要。

(4)设计变更记录、施工记录或施工签证单及其他施工发生的费用记录。

(5)标底造价、承包合同、工程结算等有关资料。

(6)历年基建计划、历年财务决算及批复文件。

(7)设备、材料调价文件和调价记录。

(8)有关财务核算制度、办法和其他有关资料。

二、竣工决算的编制要求

为了严格执行建设项目竣工验收制度，正确核定新增固定资产价值，考核分析投资效果，建立健全经济责任制，所有新建、扩建和改建建设项目竣工后，都应及时、完整、正确地编制好竣工决算。建设单位要做好相关工作。

1. 按照规定组织竣工验收，保证竣工决算的及时性

对建设工程进行全面考核，所有的建设项目(或单项工程)按照批准的设计文件所规定的内容建成后，具备了投产和使用条件的，都要及时组织验收。对于竣工验收中发现的问题，应及时查明原因，采取措施加以解决，以保证建设项目按时交付使用和及时编制竣工决算。

2. 积累、整理竣工项目资料，保证竣工决算的完整性

积累、整理竣工项目资料是编制竣工决算的基础工作，它关系到竣工决算的完整性和质量的好坏。因此，在建设过程中，建设单位必须随时收集项目建设的各种资料，并在竣工验收前，对各种资料进行系统整理，分类立卷，为编制竣工决算提供完整的数据资料，为投产后加强固定资产管理提供依据。在工程竣工时，建设单位应将各种基础资料与竣工决算一起移交给生产单位或使用单位。

3. 清理、核对各项账目，保证竣工决算的正确性

工程竣工后，建设单位要认真核实各项交付使用资产的建设成本；做好各项账务、物资以及债权的清理结余工作，应偿还的及时偿还，该收回的应及时收回，对各种结余的材料、设备、施工机械工具等，要逐项清点核实，妥善保管，按照国家有关规定进行处理，不得任意侵占；对竣工后的结余资金，要按规定上交财政部门或上级主管部门。做完上述工作，在核实各项数字的基础上，正确编制从年初起到竣工月份止的竣工年度财务决算，以便根据历年的财务决算和竣工年度财务决算进行整理汇总，编制建设项目决算。

按照规定，竣工决算应在竣工项目办理验收交付手续后一个月内编好，并上报主管部门，有关财务成本部分，还应送经办行审查签证。主管部门和财政部门对报送的竣工决算进行审批后，建设单位即可办理决算调整和结束有关工作。

三、竣工决算的编制步骤

(1)收集、整理和分析有关依据资料。在编制竣工决算文件之前，应系统地整理所有的技术资料、工料结算的经济文件、施工图纸和各种变更与签证资料，并分析它们的准确性。完整、齐全的资料，是准确而迅速编制竣工决算的必要条件。

(2)清理各项财务、债务和结余物资。在收集、整理和分析有关资料时，要特别注意建设工程从筹建到竣工投产或使用的全部费用的各项账务、债权和债务的清理，做到工程完毕账目清晰，既要核对账目，又要查点库存实物的数量，做到账与物相等，账与账相符，对结余的各种材料、工器具和设备，要逐项清点核实，妥善管理，并按规定及时处理，收回资金。对各种往来款项要及时进行全面清理，为编制竣工决算提供准确的数据和结果。

(3)核实工程变动情况。重新核实各单位工程、单项工程造价，将竣工资料与原设计图纸进行查对、核实，确认实际变更情况。根据经审定的承包人竣工结算等原始资料，按照有关规定对原预算进行增减调整，重新核定建设项目实际造价。

(4)编制建设工程竣工决算说明。按照建设工程竣工决算说明的内容要求，根据编制依据材料填写在报表中的结果，编写文字说明。

(5)填写竣工决算报表。按照建设工程决算表格中的内容，根据编制依据中的有关资料进行统计或计算各个项目和数量，并将其结果填到相应表格的栏目内，完成所有报表的填写。

（6）做好工程造价对比分析。

（7）清理、装订好竣工图。

（8）上报主管部门审查。

将上述编写的文字说明和填写的表格经核对无误后，装订成册，即建设工程竣工决算文件。将其上报主管部门审查，并把其中财务成本部分送交开户银行签证。竣工决算在上报主管部门的同时，抄送有关设计单位。大中型建设项目的竣工决算还应抄送财政部、建设银行总行和省、市、自治区的财政局及建设银行分行各一份。建设工程竣工决算的文件，由建设单位负责组织人员编写，在竣工建设项目办理验收使用一个月之内完成。

本章小结

竣工决算是以实物数量和货币指标为计量单位，综合反映竣工项目从筹建开始到项目竣工交付使用为止的全部建设费用、建设成果和财务情况的总结性文件，是竣工验收报告的重要组成部分。建设项目竣工决算应包括从筹集到竣工投产全过程的全部实际费用，即包括建筑工程费，安装工程费，设备及工、器具购置费用及预备费和投资方向调节税等费用。

竣工决算是由竣工财务决算说明书、竣工财务决算报表、工程竣工图和工程竣工造价对比分析四部分组成的。竣工决算的编制步骤：收集、整理和分析有关依据资料；清理各项财务、债务和结余物资；核实工程变动情况；编制建设工程竣工决算说明；填写竣工决算报表；做好工程造价对比分析；清理、装订好竣工图；上报主管部门审查。

思考与练习

一、填空题

1. _____、_____又称建设项目竣工财务决算，是竣工决算的核心内容。

2. _____主要反映竣工工程建设的成果和经验，是对竣工决算报表进行分析和补充说明的文件。

二、问答题

1. 试述竣工决算的作用。

2. 竣工决算包括哪些内容？

3. 简述竣工决算的编制依据。

4. 竣工决算编制应符合哪些要求？

5. 应按照哪几个步骤进行竣工决算的编制？

参考文献

[1] 中华人民共和国住房和城乡建设部 . GB 50854—2013 房屋建筑与装饰工程工程量计算规范[S]. 北京：中国计划出版社，2013.

[2] 中华人民共和国住房和城乡建设部 . TY 01—31—2015 房屋建筑与装饰工程消耗量定额[S]. 北京：中国计划出版社，2015.

[3] 中国建设工程造价管理协会标准 . CECA/GC 1—2015 建设项目投资估算编审规程[S]. 北京：中国计划出版社，2016.

[4] 中国建设工程造价管理协会标准 . CECA/GC 2—2015 建设项目设计概算编审规程[S]. 北京：中国计划出版社，2016.

[5] 中国建设工程造价管理协会标准 . CECA/GC5—2010 建设项目施工图预算编审规程[S]. 北京：中国计划出版社，2010.

[6] 中国建设工程造价管理协会标准 . CECA/GC3—2010 建设项目工程结算编审规程[S]. 北京：中国计划出版社，2010.

[7] 戴望炎，李芸 . 建筑工程定额与预算[M]. 7 版 . 南京：东南大学出版社，2018.

[8] 王娟丽，杨文娟 . 建筑工程定额与概预算[M]. 北京：北京理工大学出版社，2010.

[9] 欧阳洋，伍娇娇，姜安民 . 定额编制原理与实务[M]. 武汉：武汉大学出版社，2018.